话说石油
Petroleum Stories

编委会主任 焦方正

匡立春 汤天知 马广蛇
宋强功 汪海阁 陈宝 等编著

利器在握
石油工程技术精粹

图书在版编目（CIP）数据

利器在握：石油工程技术精粹/匡立春等编著．
北京：石油工业出版社，2024.10. --（话说石油）．
ISBN 978-7-5183-7043-6

Ⅰ.TE-49
中国国家版本馆 CIP 数据核字第 2024BG0899 号

出版发行：石油工业出版社
　　　　　（北京安定门外安华里2区1号　100011）
　　　　　网　　址：www.petropub.com
　　　　　编辑部：（010）64523687　　图书营销中心：（010）64523633
经　　销：全国新华书店
印　　刷：北京中石油彩色印刷有限责任公司

2024年10月第1版　2024年12月第2次印刷
710×1000 毫米　开本：1/16　印张：24.75
字数：332 千字

定价：80.00 元
（如出现印装质量问题，我社图书营销中心负责调换）
版权所有，翻印必究

《话说石油》

◆ 丛书编委会

主　　　任：焦方正
副 主 任：孙龙德　江同文　匡立春　雷　平　李俊军　李国欣
　　　　　何　骁　张少华
专家组组长：胡文瑞　刘　合　徐春明
编　　　委：（按姓氏笔画排序）
　　　　　马广蛇　马新华　王　龙　王　彪　王一端　王少华
　　　　　王同良　王志明　王俊亮　王雪松　文　龙　庄　涛
　　　　　刘人和　刘植昌　闫建文　汤天知　孙兆辉　苏春梅
　　　　　李　中　吴因业　汪海阁　沙　秋　宋　永　宋强功
　　　　　宋新辉　张卫国　张功成　张红超　陈　宝　陈　雷
　　　　　陈建军　陈湘球　苗　勇　苟　量　罗　凯　周德军
　　　　　庞奇伟　郑　冰　孟祥海　赵　喆　赵　霞　赵红超
　　　　　胡　杰　胡国艺　贾进华　徐凤银　郭进举　陶士振
　　　　　曹晓宇　崔玉波　崔完生　章卫兵　梁筱筱　葛稚新
　　　　　窦红波　熊　珍
审稿专家：（按姓氏笔画排序）
　　　　　王　海　王大鹏　王利明　王晓梅　尹　竞　艾慕阳
　　　　　刘　丰　许立昕　苏　青　李新民　杨　威　吴　奇
　　　　　吴　莉　吴冠京　张　伟　张玉峰　张闻天　郑家伟
　　　　　孟纯绪　赵振宇　胡森林　段　伟　宫　柯　党录瑞
　　　　　唐大麟　崔　丽　康　剑　梁光川　颜　实　熊　英

《利器在握——石油工程技术精粹》

编 写 组

组　　长：匡立春　汤天知

副组长：马广蛇　宋强功　汪海阁　陈　宝

成　　员：（按姓氏笔画排序）

万　磊	王　炜	王　博	王成祥	王纳申	王怡红
韦秀波	支宏旭	甘志强	古希浩	石艳玲	史　赫
付代轩	冯琳伟	曲从锋	朱　萍	乔顺刚	伍　莹
任国辉	刘　力	刘　杰	刘　昭	刘　森	刘英明
刘雅莉	刘慧婷	牟　瑜	纪国栋	苏远大	杜海涛
李　伦	李　阳	李　兵	李　姗	李　鹏	李亚辉
李传伟	李华祎	李妍僖	李盛清	吴　频	辛秀艳
闵祥玲	汪长辉	沈　阳	宋晓伟	张　坤	张　洁
张绍波	张革民	张巍毅	陆思远	陈声远	陈畅畅
林盛杰	周　恒	周艳敏	周振晓	宗　畅	孟仁洲
赵　超	郝　磊	胡春昊	胡祖志	查永进	侯　雯
侯学理	官　璇	贺柳琼	贾明宾	党　勋	晁利宁
徐艳婷	徐朝红	高甲佳	唐长明	黄玉峰	黄洪春
曹莉敏	葛云龙	葛云华	董　功	董卫斌	蒋　钢
蒋宏伟	程　亮	程荣超	程道解	曾兴昌	解渭红
廖　刚	廖广志	谭艺昕	翟显治	魏月婷	

《利器在握——石油工程技术精粹》

审稿专家：（按姓氏笔画排序）

王　海	王　雷	王维旭	令狐松	毕宗岳	刘　静
刘卫平	刘雪军	闫建文	安佩君	李　欣	李华川
李显义	肖立志	吴洪涛	何　莉	张　武	张玉峰
张建磊	张锦刚	张慕刚	陈　鹏	陈建军	苑清英
罗国安	罗敏学	周明高	郑家伟	贺洪举	夏　颖
党卫中	郭　鹏	郭进举	唐　凯	唐晓明	曹明强
崔玉波	崔完生	章卫兵	董凤树	董占春	鲁保平
窦红波	翟立新				

序

　　创新是引领发展的第一动力。2016 年，习近平总书记提出创新发展的"两翼理论"，把科学普及放在与科技创新同等重要的位置，希望广大科技工作者以提高全民科学素养为己任，"在全社会推动形成讲科学、爱科学、学科学、用科学的良好氛围，使蕴藏在亿万人民中间的创新智慧充分释放、创新力量充分涌流"。

　　新时代新场景，做好科学普及、讲好科技创新故事、提高公民科学素质、厚植科学文化，既是建设世界科技强国的迫切需要，也是科学家、企业、社会组织等各界力量义不容辞的社会责任和历史使命。

　　历史波澜壮阔，油气熠熠生辉！人类利用石油已有逾千年的历史。美国人哈维·奥康诺所著《世界石油危机》中写道："德雷克在宾夕法尼亚西部钻掘而开创近代石油工业，近 2000 年前，聪明的中国人就已经在四川和陕西开掘了深达 3500 英尺的深井。"班固（公元 32—92 年）在《汉书·地理志》中记载："高奴，有洧水，可蘸。"

　　千年卓筒井，钻井活化石！四川大英卓筒井，被称为"世界石油钻井之父"。中华第一矿，梦溪续华章！1905 年，延一井出油，中国现代陆上第一口油井诞生。大地沉睡亿万年，松基三井破云天！1959 年，大庆油田横空出世。"五朵金花"次第开，中国炼油奠强基！1965 年，中国石油产品实现了当时供给水平上的全部自给。春江潮水连海平，海上明月共潮生！2010 年，"海上大庆"建成，半世纪美梦成真。磨刀石上闹革命，低渗透中铸丰碑！2013 年，"西部大庆"建成，实现油气当量年产 5000 万吨。千万吨炼油百万吨乙烯，炼化一体化闪耀绽神州！2022 年，中国成为世界第一大炼油国、第一大乙烯生产国。2023 年，中国原油产量达 2.08 亿吨，世界排名第六；天然气产量达 2300 亿立方米，世界排名第四，全面跨入产油气大国。

讲好中国石油科技创新故事，是贯彻落实习近平总书记重要指示批示精神的具体举措。回望过往，我国石油工业发展史是一部艰苦奋斗史，也是一部石油精神、大庆精神铁人精神传承史，更是一部科技创新史。《话说石油》是一套大型石油科普史话丛书，通过讲好石油科技创新故事、弘扬石油精神和石油科学家精神，突出体现科技创新对石油工业发展的重大推进作用。丛书分为《"石化"实说——你已经离不开石油》《"油"来已久——漫话石油历史》《"油"然而生——脑海里的石油梦》《石破天惊——世界特大油气发现》《地宫掘金——唤醒地下沉睡的黑金》《利器在握——石油工程技术精粹》《人间奇迹——油气超级工程》《蓝海探宝——大闹龙宫夺油气》《点石成金——石油变身的魔法》《源源不断——能源秀场出新秀》十个分册，选取有代表性的人物和事件，用讲故事的方式，以图文＋音视频的形式展现石油科技历史，让社会公众在故事中了解石油、认知石油，从而热爱石油、传播石油知识、弘扬石油文化。

《话说石油》是一部壮丽的石油科技历史画卷。一部艰难创业史，几多科技新篇章。宁肯心血熬干，也要高产稳产，寄托科技梦想；无畏早生华发，引得油气欢唱，奏响盛世华章。《话说石油》也是一曲弘扬科学家精神的历史壮歌。以生动感人的石油科学家创新故事，诠释胸怀祖国、服务人民的爱国精神，勇攀高峰、敢为人先的创新精神，追求真理、严谨治学的求实精神，淡泊名利、潜心研究的奉献精神，集智攻关、团结协作的协同精神，甘为人梯、奖掖后学的育人精神。《话说石油》也是一部石油知识的百科全书。以故事为媒介，系统性地为社会大众提供全方位的石油知识，传承石油工业进步的智慧与力量，拓展知识视野和学习资源，促进石油工业多学科间的交叉与融合，为提高全民科学素养奠定坚实基础。《话说石油》更是一部多媒体全书。通过图书、动漫、视频、音频全媒体形式，以故事叙述为主线，围绕石油的某个主题领域讲科技、讲事件、讲热点，着重体现石油科技与人文的结合、与生产的结合、与社会生活的结合，其中，动漫、视频、音频既作为图书的富媒体，也独立成集，形式丰富，内容系统全面，形象、生动、直观、趣味横生、引人入胜。

　　掩卷沉思，精品难得！《话说石油》饱含石油院士和百余名专家学者的心血、智慧，凝结专业编辑团队的辛劳汗水。攀高山之巅，涉江河之源，方知高山之峻，江河之奇！希望广大读者，从中启迪心智、增加知识、开阔眼界、追溯历史、面向未来。我相信，本套丛书一定会为传播石油知识、弘扬石油精神贡献力量，发挥作用。

中国科学院院士（102岁）李德生
2024年10月17日

分册前言

为了贯彻落实习近平总书记关于科普工作的重要指示批示精神，2022年，中共中央办公厅、国务院办公厅印发《关于新时代进一步加强科学技术普及工作的意见》，明确提出：企业要积极开展科普活动，加大科普投入，把科普作为履行社会责任的重要内容。中国石油党组明确要求，要打造"科普中国石油"品牌，把科研成果和科技知识转化为深入浅出、通俗易懂的科普作品，讲好石油故事，普及石油知识，不断扩大社会影响和传播范围。为此，中国石油牵头组织石油行业相关领域院士专家，编写出版一套集图书、动漫、视频、音频为一体的科普史话系列丛书《话说石油》。这是中央企业积极开展科普活动，履行社会责任的生动实践，也是普及科技知识、弘扬科学精神、传播科学思想、倡导科学方法的创新活动。

《话说石油》共十个分册，《利器在握——石油工程技术精粹》是其中的第六个分册。它用一个个科技创新故事，向社会大众生动地介绍了物探、测井、钻井、装备等四大领域石油工程技术的发展历程及重要成就，讲述广大石油人如何克服种种困难，利用先进的技术和不懈的努力为祖国找油找气。这些故事不仅展示了技术的进步，更展现了人类智慧与自然界的和谐共存。

翻开本书，你会走进一片神奇的土地：那里有操控着巨大机器在草原上"跳舞"的勘探者们，他们既要保证工作的效率，又要保护好生态环境，不让草原受到破坏；你会遇到一群勇敢的探索者，他们在深海中寻找着石油的踪迹，每一次下潜都充满了未知与挑战；你还会见到那些在实验室里夜以继日钻研新技术的研发人员，他们每一次科研突破都可能带来整个石油行业的变革。

本书采用通俗易懂的语言，把复杂的科学原理和工程技术融入科研工作者们科技创新的故事中。无论是专业技术人员还是普通读者，都能从中获得知识、增长见识、受到启发。我们希望通过这种方式，让更多的人了解石油工程的重要性，同时也激励年轻一代投身于这个领域，为人类社会的进步贡献力量。

此外，本书不仅仅是一本科普书籍，还是一部关于梦想与坚持的真实纪录片。书中的人物都是真实存在的，他们虽然面临着各种各样的难题，但从未放弃。正是这种坚持不懈的精神，推动着石油工程技术不断向前发展。我们希望读者能够从这些故事中汲取勇气与力量，在自己的人生旅途中勇往直前。

随着科技的不断发展，未来的石油工程技术必将迎来更多的机遇与挑战。本书在讲述现有技术的同时，也展望了未来的发展趋势。例如，射孔技术如何从最初简单的机械打孔发展到今天高度精准的聚能射孔；随着人工智能技术的应用，未来的测井处理解释软件将变得更加高效精确，甚至有可能实现像 ChatGPT 那样智能的自动化分析。

总之，本书是一本集知识性、趣味性与启发性于一体的书籍。它不仅带领读者穿越时空，感受石油工程技术的魅力，更传递一种积极向上的精神：无论遇到多大的困难，只要我们敢于探索、勇于创新，就没有克服不了的难关。

本书在中国石油天然气集团有限公司科技管理部的组织下，在中国石油学会、中国石油科学技术协会的指导下，中国石油集团东方地球物理勘探有限责任公司、中国石油集团测井有限公司、中国石油集团工程技术研究院有限公司、宝鸡石油机械有限责任公司、中海油田服务股份有限公司、中国石油勘探开发研究院、中国石油大学（北京）、中国石油大学（华东）、中国石油集团宝石管业有限公司、中国石油集团济柴动力有限公司、中国石油集团渤海石油装备制造有限公司、北京石油机械有限公司等单位积极组织精兵强将参与编写工作，并邀请资深行业专家、科普作家、教师、学生等仔细审读。视觉中国提供了部分图片。在此，向所有参与本书编写与出版工作的人员表示感谢。由于笔者水平有限，本书难免有不足之处，敬请广大读者批评指正。

现在，请翻开书页，和我们一起踏上这段精彩的旅程吧！

目录

绿色勘探激发源——可控震源 ·1

你想探寻地球内部的神秘宝藏吗，地下的石油藏在哪里呢？可控震源可以帮助你，作为一种大型特种勘探车辆，它行驶在全球陆上各种复杂的作业环境中，运载底盘确保它到达探测地点，控制系统和振动系统通过接触地面，像一只"大手"轻叩地面，激发产生地震波。地震波人工可控，产生方式对环境友好，在地下深层遨游，携带着丰富的地质信息返回地面，地下世界里的宝藏掀开了神秘面纱，人们对于地球的探知迈进了新的时代，可控震源被认为是绿色勘探的激发源。

世界上早期的可控震源　/2
一个中国航空生的可控震源梦　/4
荷兰皇家壳牌公司的考验　/7
穿越火成岩　/10

地下信息接收器——地震仪器 ·15

1949年新中国成立前，翁文波意外收到三封匿名信，其内容大致相同：其一，劝他切勿前往台湾；其二，请他妥善保护好进口的地震仪器。翁文波依言将进口地震仪器精心保管。待新中国成立后，他更是将此作为一份厚礼献给了国家。1950年，新中国第一支地震勘探队成立，有幸用上了这台进口地震仪器，由此拉开了新中国石油勘探的宏大序幕。

神奇的千里眼和顺风耳　/16
划时代的发明　/18
三封匿名信　/21

无法超越的水深　　/23

物探中国"芯"——GeoEast 软件　　· 29

"如果研发不成功,我就从 11 层顶楼跳下去!"这是 GeoEast V1.0 项目长在软件项目启动会会上的铮铮誓言,会场随后格外沉寂,一根针掉到地上的声音都能听得到,几秒钟后,会场爆发出长时间热烈的掌声。这掌声,凝结着中国石油人面临国外技术封锁的辛酸以及与项目长同甘共苦不达目的决不罢休的勇气,这一天是 2003 年 4 月 17 日,中国石油人开启了自研物探中国"芯"的坚实步伐。

无法近身的"黑屋子"　　/30
令人敬佩的项目长誓言　　/34
GeoEast 到底行不行?　　/39
难以置信的"魔法神灯"　　/45

深海寻宝——海底节点地震勘探　　· 49

海洋蕴藏的油气资源量约占全球总量的三分之一,是全球油气生产不可或缺的重要来源。海洋拖缆、海底电缆(OBC)和海底节点(OBN)是常见的三种海洋油气地震勘探方式,其中 OBN 地震勘探凭借其独特的优势在海洋地震勘探中独占鳌头,改变了全球海洋勘探的行业格局。当 OBN 地震勘探技术在国外成熟应用时,东方物探公司 OBN 地震勘探技术后来居上,逐渐占据了全球 OBN 的半壁江山,助推我国海洋地震勘探实现了跨越式发展。

第一个海底节点　　/50

半个世纪的等待　　/ 53
詹姆斯带来的春天　　/ 57
OBN 的半壁江山　　/ 59

地震勘探的助手——时频电磁技术　·63

2023 年 9 月，中国科学院发布了一则令人振奋的消息：中国科学家在南海中央海盆 4000 米水深的海底，利用人工场源电磁探测技术，发现了该区特殊的地质构造和油气显示。这个历史性的突破，使中国成为世界上少数几个能够掌握这项技术的国家之一。

历史上最伟大的发现　　/ 64
硬币实验带来的发明　　/ 66
鱼和熊掌也可兼得　　/ 67
危难之处显身手　　/ 70

走向世界物探舞台的 C 位　·73

2018 年 7 月 19 日，中国石油天然气集团有限公司与阿布扎比国家石油公司签署战略合作框架协议，并由东方物探公司与之签署全球物探行业最大勘探合同，勘探面积达 5.3 万平方千米，合同额 16 亿美元，约合 110 亿元人民币，成为"一带一路"的标志性工程，象征着东方物探公司站在了世界石油物探舞台的中央！

"死亡之海"的世界纪录　　/ 74
中国人能搞地震勘探？　　/ 78

海洋石油勘探中的黑马　/81
出奇制胜的法宝　/83

百年测井话沧桑——为地层画像的风雨历程　·89

测井是地质学家的"眼睛",从点到线、从单条曲线到多条曲线、从二维到三维,对地层信息的不断采集和逐渐丰富,如同绘画中从勾勒线条的简笔,到单一色彩写实的素描,再到逼真细腻、立体感强的油画,为地层描绘的图像越来越清晰立体,逐层覆盖,地质学家的这双"眼睛"越来越明亮。

一次神奇的"家庭魔术"表演　/90
中国测井奠基人翁文波　/93
先辈的足迹　/95
浓墨重彩描绘地层的油画　/99
地层的动态连环画　/103

地层流体刻画大师——核磁共振成像测井技术　·107

1944年,科学家伊西多·艾萨克·拉比获得诺贝尔物理学奖,他是核磁领域早期做出非常重要贡献的科学家。他发现在磁场中的原子核会沿磁场方向呈正向或反向有序平行排列,而施加无线电波之后,原子核的自旋方向发生翻转,这是人类关于原子核与磁场以及外加射频场相互作用的最早认识。

微观粒子的量子进动——奇妙的核磁共振　/108
井下找油找气的"神奇透视镜"　/110

你方唱罢我登场——国际油服公司争先开发新技术　/112

十年铸剑——国产利器横空出世　/115

射线交织的"画卷"——绿色核测井之路　·121

核测井就像一把神奇的魔杖，用射线探寻深埋数千米的石油和天然气宝藏。但石油工人在利用它测井作业时，有接触到大量射线的风险。为了减少射线对测井作业人员产生的影响，我们梦想着打造一把"绿色魔杖"——一种可控射线发射装置。它在测井不工作时就不发射放射性射线，让测井作业变得既高效又安全。踏上绿色核测井的征途，不仅是国家和行业的呼唤，更是核测井技术进化的必然趋势！

驾驭放射性的大师　/122

绚丽多彩的光子　/124

打开微观世界的钥匙——中子　/127

为放射性装上"安全阀"　/129

"穿深望远"——透视深层的声波远探测技术　·133

第二次世界大战期间，德国U型潜艇像海底幽灵般神出鬼没，加上采用的海上狼群战术，肆无忌惮地在大西洋海上交通线疯狂地猎杀同盟国过往的船只，曾一度让盟军损失惨重。直到盟军使用主动声呐发射声波，并分析反射回来的信号来定位潜艇，才显著降低了潜艇对商船和军舰的威胁。将声呐技术的原理用于油气勘探开发中，就是声波远探测技术，这项技术使得曾经一度隐藏在井外的油气资源"无所遁形"，提高了勘探效率和准确性。

从"一孔近见"到"一孔远见"　/134

反射纵波做"黑白 B 超"　/137
反射横波做"二维彩超"　/140
方位偶极做"三维彩超"　/146

地层探秘者——神奇的地层测试技术　·153

　　大部分测井仪器都是运用核、电、声等测井技术原理间接测量地层特性，那能不能直接取得地层油气样品，直接测量呢？地层测试器可以做到。地层测试器直接使用探针坐封在井壁之上，隔离环空钻井液后，直接抽吸地层流体，获得地层压力和地层流体样品，属于直接测量。如果其他测井仪器是隔着帽子猜测的探险家，那么地层测试器能直接掀开帽子一睹真容。

从追赶到并跑　/154
"乒乓老人"话往事　/156

地下油气密码的破译者——解释评价技术　·161

　　2011 年 5 月，北京钓鱼台国宾馆的一场新闻发布会轰动了中国石油测井领域，由中国自主研发的测井处理解释软件代表 CIFLog1.0 在这里展示了它强大的功能，由此中国的石油人开始使用自己的测井处理解释软件。

芝麻开门——神奇的阿尔奇公式　/162
见微知著——致密油气的山重水复　/165
长缨缚龙——缝洞油气藏的显形记　/168

巍然亮剑——CIFLog 磨砺测井软件"里程碑" /170

"临门一脚"出油气
——"指哪打哪"的射孔技术　·173

"点火！"一个寻常的下午，对讲机里传来铿锵有力的声音。听到指令后，操作员郑重地按下鼠标按钮。电脑屏幕上变绿的图标反馈出每一颗射孔弹都通信良好，射孔弹打破油气与井筒之间的"屏障"，形成一条通路，油气便能从中流出。从油气到井筒这"临门一脚"，曾经是人们冥思苦想的课题，而今天，射孔技术早已声名远扬，中国射孔也已经登上了世界舞台。

射孔百年——破开地下油气的最后一道门　/174
弹之力——破壁的"金刚钻"　/176
枪之准——完井的"瓷器活"　/178
所向披靡——中国射孔走出国门　/180

漫话 2000 年钻井史　·183

上天容易入地难，地球的直径近 6400 千米，大陆地壳厚度超过 30 千米，然而人类至今最大钻探深度却未超过 13000 米，也就是说如果把地球这颗行星比作鸡蛋，甚至还未打穿蛋壳。中国 2000 年前就发明卓筒井技术，这一技术成为西方现代钻井技术的雏形，但直到 1835 年井深才由中国突破了 1000 米。中国现已实现向地下垂直钻进 10000 米，成为世界上第二个达到如此向下垂直深度的国家。

卓筒井——中国古代第五大发明　/184

旋转的魅力——顿钻钻井的终结者　/189

莫深1井——中国陆上超深第一井　/195

万米"双子星"——挑战"马里亚纳海沟"深度　/197

钻头不到　油气不冒　·201

　　1979年2月3日，邓小平在美国参观贝克休斯公司位于英国休斯敦的钻井工具公司，并仔细观看时任美国总统卡特作为国礼送给他的一枚J44型三牙轮钻头。回国后，邓小平将这枚钻头交给康世恩。按照邓小平"要把最好的钻头交给全国研究钻头最得行的单位去研究研究"的指示要求，康世恩让时任石油工业部副部长李天相将这枚钻头转赠给西南石油学院（现西南石油大学）。这只钻头成为该校校史馆的镇馆之宝。

石油钻头——从咖啡研磨机获得的灵感　/202

十年磨一剑——国产钻头发展之路　/204

从依靠"洋拐杖"到甩掉"洋拐杖"
　　——钻头实现"中国造"　/206

滴水穿石——世界第一只加长喷射牙轮钻头　/208

一趟钻利器"畅想曲"　/212

"嗅着油味走"的航地导弹——轨迹测控 ·215

1934年，得克萨斯州康罗油田的一口井发生井喷，一位名叫伊斯特曼的定向井工程师用一部车载钻机，用斜向器导航，从远处钻了一口定向斜井（救援井）过去，井底位置接近井喷井，从新的井眼猛灌重钻井液把井压住，一下子制服了井喷。自那之后，可以通过给钻头导航从一口井钻到远处另一口井地下位置或另一个特定目标的消息不胫而走，人们对地下深处也能做到如此精准导航赞叹不已。

地下照相追踪轨迹——给井底钻头定位　/216
揭秘地下钻头的走向——白家祉法　/218
指哪打哪——让钻头"自动驾驶"　/220
智能导航——"让钻头嗅着油味走"　/225
成就"地宫之吻"——磁导向技术　/229

钻井的"血液"——钻井液 ·233

1960年，王进喜率领的1205钻井队在大庆石油会战2589号井钻井施工时遭遇了高压油层，发生井喷。大量的油气呼啸着喷出井口，现场随时可能发生燃爆，来不及多想，王进喜紧急和工人们研究决定把水泥加入泥浆池里提高泥浆密度。水泥加入泥浆池后，王进喜不顾腿伤，"噗通"一下跳进了泥浆池，奋力地拍打着泥浆，用身体充当搅拌机，其他同志见状也纷纷效仿。经过几个小时的奋战，井喷终于被控制住。故事中压井用的泥浆，就是钻井液。

"血液"决定钻井成败　/234
"由浅入深"的开路先锋——三磺钻井液　/236

深层钻井的"万金油"——抗"三高"油基钻井液　/ 239

开启万米深地宝藏的钥匙——超高温水基钻井液　/ 243

守护油气井筒安全的秘密——固井　·247

2010年4月20日，在墨西哥作业的"深水地平线"钻井平台突然发生大火，此后很长一段时间内，平台下的原油持续泄漏，对墨西哥湾沿岸的生态环境造成了"毁灭性"的影响。造成此次严重后果的主要原因之一是固井过程中水泥未能封隔住地下油气，导致地下油气大量涌入井筒并喷出地面，最终引发火灾。固井作业的质量直接影响到井筒的稳定性和油气资源的开发安全！

为井筒穿上"盔甲"——固井技术解密　/ 248

柳暗花明又一村——国产油井管的逆袭之路　/ 250

千磨万击还坚劲——韧性水泥技术的突破之路　/ 253

各领风骚数百年——"自动驾驶"固井的引领之路　/ 256

中国钻机钻达"地下珠峰"　·261

2024年3月4日14时48分48秒，中国首口设计井深超万米的科学探索井——深地塔科1井钻探深度突破10000米，成为世界陆上第二口、亚洲第一口垂直深度超万米井。而其所用的钻机正是由中国自主研发、全球首创的12000米自动化钻机！

前世今生——中国的石油钻机　/ 262

不负众望——成功研制 9000 米超深井钻机　/ 265

首开先河——12000 米特深井钻机　/ 268

大国重器——全球首创 12000 米自动化钻机　/ 271

油气钻井的"心脏"——钻井泵　·275

> 2022 年 11 月，在宝石机械公司的一个生产车间，四五个工人正在紧锣密鼓地组装一个"大家伙"——钻井泵，它是为德国客户量身打造的，待组装完毕即包装发运。据悉，这是宝石机械公司钻井泵首次出口德国市场，"以前我们都是学习德国的先进技术，现在我们亲手组装的钻井泵马上要出口德国了，我们特别自豪"，组装的工人兴奋而又激动！

"心脏"的起源和进化　/ 276

从小功率到大功率——国内首台 2200 马力 52 兆帕
　　高压钻井泵　/ 278

从跟随模仿到自主创新——全球首台 3000 马力 70 兆帕
　　五缸钻井泵　/ 280

石油钻塔上的铁人——顶部驱动钻井装置　·283

　　20世纪80年代，转盘钻井有两个突出问题让全世界的钻井工程师们感到困扰。其一，这种方法每钻进方钻杆的长度（约10米）就需要拆卸方钻杆，接入新的钻杆单根后才继续钻进，影响钻井效率的提升；其二，起下钻柱时无法建立钻井液循环通道，也不能实现钻柱旋转，不利于及时处理井下复杂工况。如何才能克服转盘钻井的这些问题呢？工程师决定给钻井水龙头配上旋转动力来控制其旋转，直接从顶部连接并驱动钻柱旋转，这就是顶部驱动钻井装置（简称"顶驱"）的雏形。

"力贯千钧，钻探无虞"——顶驱有什么独门绝技？　/284
破茧成蝶——国产顶驱的诞生之路　/286
璀璨前行——中国顶驱的现状与未来　/289

油气井场的"动力之源"——石油钻采发动机　·293

　　提起距今已有130余年历史的柴油机，不得不提到一个"巨人"——鲁道夫·狄赛尔（Rudolf Diesel）。"柴油"的英文单词定为"diesel"，就是为了纪念狄赛尔在柴油使用上的重大贡献。1892年，狄赛尔最早设计并成功点燃了第一台柴油发动机。由此，一次新的工业革命诞生了。由于柴油机具有扭矩大、极端情况适应能力强、经济性能好等特点，经过多年的演变和发展，柴油发动机已经在石油行业大规模应用。

解锁"动力之源"的奥秘　/294
"动力之源"的国产化　/297
从"国产化"到"国产创"　/301

油气开采战场的利器——压裂车　·305

地壳中蕴藏着丰富的油气资源，但大部分像捉迷藏一样躲藏在地壳深处的岩石缝隙中，比较分散，使用常规的钻采方法无法开采出来。聪明的工程师发明了"水力压裂"这一油气开采先进技术，那又是什么神奇的装备发挥了主攻手角色呢？它就是"压裂车"。虽然是美国率先研发了压裂车，但中国也不甘示弱，奋起直追。如今中国自主研发的电驱动压裂装备已经全球领先，它犹如绿色战士，让油气开采更高效和环保。

踩着风火轮的大力神——解密"压裂车"　/306

压裂车的诞生与成长　/309

国产替代——自主压裂　/311

科技引领——绿色压裂　/313

油田开发举升利器——潜油电泵　·317

"一个细长匀称的家伙，在井底大头朝下，用脚把石油踢到了地面上。"这是1938年的《塔尔萨世界报》当时对潜油电泵采油的描述，自1928年在美国埃尔多拉多油田安装世界第一台潜油电泵起，其成功的运行效果轰动了美国石油界，潜油电泵采油技术从此诞生。

潜油电泵的诞生　/318

潜心锻利器——中国泵秀出中国范儿　/322

可盘卷的万米柔性钢管——连续油管　·329

1942年，为了能向前线运输油料，保障盟军能顺利登陆诺曼底，盟军正式开始铺设海底管道。海军"霍尔法斯特号"铺设船拖着一个巨大的圆形浮筒，横穿英国西部布里斯托尔海峡，在移动中缓慢旋转滚筒，将钢管从滚筒上解脱沉入海底。1944年，世界第一条海底燃油输送管道历经千辛万苦终于铺设完成了，它成了诺曼底战役中的"海底生命线"。这些特制的海底管道就是"万能管"——连续油管的前身。

诺曼底登陆背后的"神器"　/330

"万能管"的十八般武艺　/332

刚柔相济、韧性十足——揭秘"万能管"的黑科技　/335

中国"万能管"的攻关之路　/337

"油气大动脉"诞生记——输送管　·341

1970年，为了解决大庆原油外输问题，国家决定集中力量和资金，铺设大庆—抚顺663千米原油外输管道（东北"八三工程"）。当时建立长距离、大口径管道在中国还是第一次，缺乏技术和经验，更缺乏建设管道用的大口径钢管。怎么办？当时的宝鸡石油钢管厂（现中国石油集团宝石管业有限公司）争分夺秒，重新设计改造原有生产线，反复进行工艺试验，最终圆满完成了任务，为"八三工程"提供管径720毫米钢管1089.8千米，为新中国长距离原油输送钢管国产化做出了巨大贡献。

拉多加湖上的"生命之路"拯救了列宁格勒　/342

揭开大口径钢管的神秘面纱　/344

创新驱动——科技引领大口径钢管助力西气东输

　　东西共赢　/346

给天然气供气系统装上"中国心"
——天然气压缩机的国产化之路 ·351

> 21世纪，中国西北盆地地层下的天然气储量被探明，天然气这款优质高效的清洁能源开始快速扩张市场。然而，中国疆域辽阔、人口分布不均，人在东、气在西的供需矛盾让一条横跨东西的能源输送大动脉架设起来——西气东输工程孕育而生！这"路"是铺好了，怎么让天然气动起来？压缩机功不可没！据了解，整条线路4000多千米，每隔200多千米就要设置一个压气站，而压气站的核心装备就是压缩机。

古代、近代到当代——中外"压缩气体"的探索　/352
长输管线压缩机——打破西方技术壁垒　/355
储气库压缩机——全面安上"中国心"　/359

参考文献　·362

利器在握
石油工程技术精粹

绿色勘探激发源
可控震源

"停车！停车！停车！这'大块头'再在这儿跺脚，咱们的草原都要被跺坏了！"2016年7月，内蒙古朝克乌拉大草原上，一群村民紧紧围着几台长10米、宽3米、高3米、重达30吨的大型特种车辆，大声喊道。那天天气很热，面对这突发情况，勘探项目长麻利地跳下车，大方地将自带的西瓜分给了乡亲们，并和乡亲们拉起了家常。"咱们正在干的事叫人工地震勘探，是用来找石油的，是人造地震，震动很小，不像天然地震可能会给大家造成伤害，所以大家不要害怕。以前的人工地震勘探，是将炸药埋到十几米深的井里，用雷管等特殊装置引爆炸药，有一定的危险性，炸药埋置点周围500米我们都不让人靠近，工作效率非常低，我们一个生产队一天最多也就放上百余炮。而现在正在跺脚的'大块头'叫可控震源，其震动的大小、方向和快慢都可以人工控制，是咱们国家自己造的。有了它，就不用挖十几米的深井，对环境影响小，被认为是绿色勘探的激发源。只要到设计好的炮点上跺跺脚就行，一天可以放上万炮。"当乡亲们听说这"大块头"是在寻找地下的石油，能带领大家过上好日子，还特别绿色环保，又是咱们国家自己制造的时候，纷纷投来了赞许的目光。

世界上早期的可控震源

为了提高地震勘探效率,降低勘探成本,减少对环境的影响,美国大陆石油公司(CONOCO)最早开始进行炸药震源的替代研究。他们试图通过重物撞击地面,来获得所需要的激发信号,并于1952年开始进行连续振动地震作业方法试验。1956年他们成立了世界上第一个可控震源地震队。

>>> 美国早期的可控震源

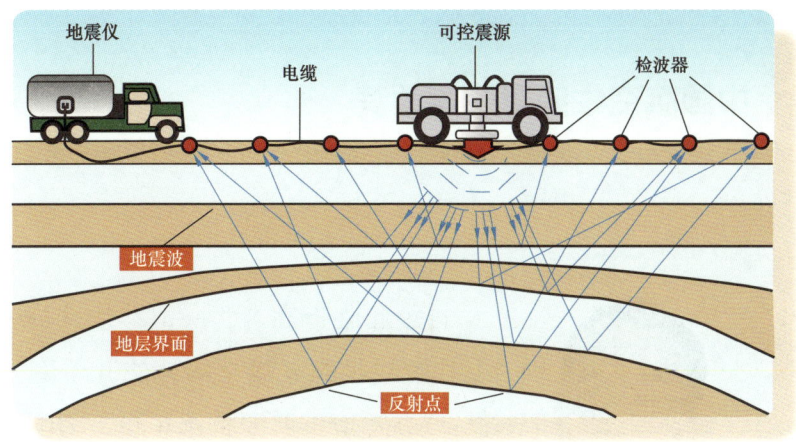

>>> 可控震源工作原理

美国研发的早期可控震源是一套由机械装置控制的连续振动系统,其振动控制系统采用开环控制方式,系统控制精度较低。1959年,液压伺服控制的可控震源研制成功。1963年,现代可控震源开始投入使用,其主要标志是:振动输出采用液压伺服控制;激发频率及激发能量可控;激发信号同步控制精度高;允许采用多台同步叠加方式进行作业。

1975年,美国43%陆上地震勘探通过可控震源完成。2009年上半年,全球80%陆上地震勘探都是使用可控震源完成。

知识链接

可控震源工作原理

可控震源的工作原理是通过一个与大地紧密耦合的振动平板,以反作用方式向地下传送一组连续振动的弹性波信号(又称扫描信号),再经过对地面接收到的反射波信号的处理和辨识,用于解释地下地质目标的构造形态与产状。这种扫描信号是一种连续的、频率变化的信号。不是所有的连续信号都可以用于地震勘探,除伪随机信号外,可控震源的扫描信号必须满足如下基本要求:(1)具有相应的起始与终了频率;(2)具有相应的起始与终了镶边函数;(3)具有一定的扫描时间;(4)扫描信号可以是严格单调升频或降频(线性),也可以是非线性。

一个中国航空生的可控震源梦

>>> 国家"863"计划资源环境技术领域"高精度可控震源"首席专家陶知非

1979年临近高考，一位参加过抗美援朝上甘岭战役的老战士向他的儿子陶知非说道："高考填志愿要首选军校，为国防建设出力。"陶知非听从了父亲的建议，报考了中国人民解放军国防科技大学自动控制系飞行器姿态控制专业，成了一名航空生。1983年，陶知非毕业后，被分配到物探局研究院的计算机机房工作，负责计算机电源管理。当时想干一番大事业的陶知非刚入职没几天就要求调换岗位。一位懂得自动控制专业的院领导说："你去装备室搞可控震源吧，国家找油找气太需要它了。"当时正逢我国改革开放，国内基础工业薄弱，可控震源被列入国家首批引进技术名录，国内技术还是一片空白。从此，立志造出中国人自己的可控震源，就成了陶知非心中矢志不渝的梦想。不久，陶知非被选派参加可控震源技术攻关，成为国内最早的可控震源工程师，后来成为国家"863"计划资源环境技术领域"高精度可控震源项目"首席专家。陶知非在可控震源领域潜心钻研、孜孜以求，这一干就是40多年。

20世纪80年代初，可控震源在国外陆上地震勘探中已经广泛使用，但国内采用的一直是炸药震源,施工效率较低。对于遍布山地、沙漠、戈壁滩、黄土塬的西部油气勘探,特别急需灵活、高效、安全、环保的可控震源。

通过技术的消化、吸收,以陶知非为首的可控震源研发团队历经三年,完成了 5 台可控震源的研制生产并在国内应用,随着团队的持续技术攻关,国产可控震源逐步敲开了国际市场工业化应用的大门,中国成为当时继美国后,具备制造同类可控震源能力的第二个国家。20 世纪 90 年代,大吨位可控震源在陶知非研发团队的主导下破茧而出,一度占领整个中国可控震源应用市场,而且还远销国外,标志着中国可控震源技术达到了国际同等水平。

进入 21 世纪,国际原油价格大起大落,石油地震勘探市场也随之波动,可控震源技术的发展同样也面临着严峻的选择。"如何度过行业寒冬,如何实现可控震源技术在国际市场弯道超车?"成为摆在陶知非面前的首要难题。

陶知非带领研发团队通过试验分析发现:可控震源激发的最低信号频率是 6 赫兹,由于信号低频成分不足,导致地震资料的分辨率不高。只有将可控震源低频激发降到更低,才能提升地质资料分辨率,实现可控震源技术国际引领。由此,2008 年,陶知非研发团队提出了自主研制"低频可控震源"的创想。陶知非对团队成员说:"大家都知道,低频信号的穿透能力更强,目前国际可控震源仅仅能够低到 6 赫兹,而我们的目标,必须低至 1.5 赫兹!这在世界范围内,都是一块硬骨头,谁能啃下来,谁就持有搏击国际勘探市场的利器。大家可能觉得很难,国外同行也认为我们不可能完成这一创举,但是我说,我们中国人一定要用自己的力量攻下它!"

怀揣着同一个目标,研发团队开始夜以继日伏案攻坚。刚开始,团队有些畏难情绪,感觉无处下手,陶知非鼓励大家说:"咱们现在是摸着

>>> 低频可控震源冬季作业

石头过河，国外研究人员也一样，咱们每个人都是创新者、设计师，我们要大胆设想，仔细求证，我们不怕失败，不行就重新再来，总有一天，我们会取得成功。"在他的鼓励和带领下，大家吃饭讨论，工作争论，睡前构想，设计图改了又改。针对试验结果，经过反复会诊，关键数据再三确认，团队发现，这个秘密在可控震源的液压系统上，在全行程或全流量条件下，只有输出足够大的液压流量，才能激发出1.5赫兹的低频地震波。

研发团队发明了液压系统合流控制技术、低频信号激发稳定化技术和地震波场激发均匀化技术，提升了液压系统流量和稳定性，实现了6赫兹以下的低频激发，先后申请国家发明专利11项，经过多次科学论证形成了最优集成方案，按照该方案经过了成百上千次的试验和改进，最终使可控震源成功激发出低至1.5赫兹的地震波信号，技术水平国际领先。

陶知非默默地告诉自己："我总算完成了我刚刚毕业时的梦想，中国人有了自己的先进的可控震源！"

荷兰皇家壳牌公司的考验

然而，我们自己造出的可控震源，和国外相比究竟怎么样？其实陶知非研发团队每个成员的心里也没有底。但很快，研发团队就迎来了一次世界大考的机会。

荷兰皇家壳牌公司，是世界主要的国际石油公司之一，全球领先。2009年，陶知非和他的研发团队携带自主研发的低频可控震源前往荷兰与壳牌公司进行交流。听说中国造出了低频可控震源，壳牌公司的专家很感兴趣。随即提出由壳牌公司提供7组测试参数对东方物探公司研制的可控震源进行测试。只有通过了测试，才有进一步合作的可能。与此同时，壳牌公司把这组数据同样给了美国和法国的相关公司进行测试。

2009年10月，一场三家背对背的可控震源大考开始了。在内蒙古自治区，可控震源测试依托东方物探公司2311地震队内蒙古勘探项目进行。陶知非和团队成员站在寒风中，全力以赴迎接考验，他激动地对全体队员说："平常我们是在实验室里进行可控震源测试，今天一下子将3个地震队同时拉出来进行现场实战测试，技术支持的工作量可能很艰巨，一旦不成功，将会造成很大的损失！还有美国、法国两个强劲对手正虎视眈眈。在这场背靠背的世界大考中，我们研发团队一定要做好技术支持，随时解决测试中遇到的各种问题，争取最后的胜利。"

伴随着可控震源在广袤的大草原上缓缓前行，实战测试按照计划有条不紊地逐步推进。大家满怀着希望，在呼啸的寒风里，经过连续72个小时的施工，完成了所有指定参数的试验，测试结果随之快速传回壳牌公司总部。壳牌技术人员对测试数据进行了仔细分析和详细统计，经过一天一夜漫长的等待，第二天上午传来喜讯："中国的低频可控震源，激发的地震信号全部合格，中国的研发团队开创了 1.5 赫兹低频可控震源工业化应用的先河。"

此后，陶知非带领研发团队助力可控震源技术的发展进入了新的阶段。2015 年 8 月，高精度可控震源正式下线。经过与国际同行产品更加全面的对标测试发现，高精度可控震源实现了从低频向宽频的巨大跨越，与国际同类产品形成领先的代差，为可控震源行业设立了新的技术标准，成为具有划时代意义的可控震源产品。高精度可控震源的成功研制，也标志着东方物探公司成为全球首个开展规模化宽频地震技术应用的地球物理服务公司，为提高找油找气服务能力，增强核心竞争力提供了技术保障。

国外可控震源行业资深专家丹尼斯先生，在对中国的可控震源进行全方位测试后评价："中国的高精度可控震源

>>> 低频可控震源正在工作

不但具有低频与宽频特征，还具有超低的输出信号畸变水平，它的出现构建了国际可控震源的新标准。"高精度可控震源的成功研制，成为具有划时代意义的"中国名片"。

>>> 轻便灵活的小型化可控震源

>>> 高精度可控震源下线

穿越火成岩

火成岩对地震波具有极强的屏蔽和吸收作用,地震波无法穿透火成岩,因此火成岩之下的地层是什么样子,常规的地震勘探"看"不清楚。

中国内蒙古的朝克乌拉位于锡林郭勒盟草原,是中国唯一被联合国教科文组织纳入国际生物圈监测体系的国家级草原自然保护区,在这片美丽的大草原下,覆盖着一层厚厚的火成岩(火山喷发后岩浆四处流动冷却后形成的坚硬岩石),它几乎完全阻止了地震波能量的下传,严重遮挡了物探人的"视线",无论是常规的炸药激发,还是常规可控震源激发,对火成岩下的目标均难以成像。

当地的勘探队伍,得知高精度可控震源研发成功的消息后,抱着试一试的想法,申请使用高精度可控震源开展火成岩地区的勘探试验,东方物探公司同意并在第一时间支援项目进行攻关试验。

2016年7月15日,在当地勘探队伍期待的目光下,一排崭新的高精度可控震源奔赴施工地点,开始自己的第一次火成岩勘探之旅。勘探项目各项工作紧锣密鼓地展开,研发团队仔细记录高精度可控震源的所有运行数据。30天后的一个傍晚,操作人员突然发现,1台高精度可控震源无法正常行驶。研发团队第一时间到现场调查,发现可控震源真实压力已经达到低压状态,合流压力信号表却显示压力没有降下来,经过合流系统故障排除,判断是通断传感器故障,团队迅速更换新的传感器,故障成功解决,项目继续运行。然而,没过几天,又有5台高精度可控震源陆续出现同样的问题,虽然通过更换配件能够迅速解决问题,但是"为什么同一故

绿色勘探激发源
可控震源

障反复出现，如何完美解决"成为环绕在每一位研发人员心中的疑问。一天，研发人员郝磊正在通过手机查找可控震源合流系统资料，可是手机总是"闪退"并自动关机，同事宋晓伟看到后说，"哎呀，你的手机跟不上需求了，该更新换代了！"一句话说完，大家伙安静了一瞬，困扰了数天的难题似乎找到了方向，这个"传感器"不好用，那就换一个类型试一试。通过调研发现，原传感器使用的是机械弹簧结构，时间长了，机械设备到达疲劳极限，就无法精准控制合流系统通断，可控震源稳定性随之降低。团队立即查阅资料，将机械式传感器更换为数字化压力传感器并开展试验分析，发现合流控制精度更高，反应更快。经过研发团队的不懈努力，高精度可控震源合流控制系统成功实现数字化升级，极大增强了可控震源工作的可靠性及稳定性，项目得以顺利进行。

>>> 高精度可控震源在沙漠探区作业

采集项目结束后,高精度可控震源产生的大量地震数据被传回超级计算机处理中心,经过三个月的处理,获得了高品质的火成岩地下成像。一位勘探地震数据处理专家高兴地说:"和以往的地震勘探相比,实现了稳定与高品质信号激发,地震波成功穿越了火成岩,火成岩以下的地层取得了清晰的成像。"

高精度可控震源的内蒙古首秀促使中国火成岩地质攻关取得重大突破,朝克乌拉的地下随之渐渐地展露出它神秘的"面容"。

>>> 国际上首个规模化工业应用的 EV-56 高精度可控震源

后来，高精度可控震源在内蒙古地区、准噶尔盆地、鄂尔多斯盆地等 300 多个勘探项目中得到工业化应用，为深层资料品质实现"从无到有"的突破发挥了关键作用，为中国玛湖凹陷 10 亿吨级、庆城 10 亿吨级等特大型油田的发现，提供了核心装备利器支撑，为石油增储上产做出了突出贡献。高精度可控震源使传统的炸药震源逐渐退出历史舞台，成了名副其实的绿色勘探激发源。

在这条人类找油找气的勘探路上，一代代中国物探人在这首属于可控震源的奋斗史诗中不断贡献着智慧和力量。针对可控震源上山难的问题，研制出了轻便、灵活、防侧翻的小型化可控震源；针对可控震源含气地层成像异常的问题，研制出了沿着地层骨架传播地震波，不受含气地层影响的横波可控震源。

在这场科技革新的历史进程中，"中国牌"可控震源不断引领着陆上绿色勘探发展的未来，在这轰轰烈烈的能源革命中留下了浓墨重彩的一笔。

利器在握
石油工程技术精粹

地下信息接收器
地震仪器

138年，东汉京都洛阳的大街上，一则惊人的消息不胫而走："发生地震啦！京都西面发生地震啦！"传出这一消息的乃专管天文和地震工作的太史令张衡。然而，彼时的京都洛阳，众人丝毫未觉察到地震的发生。几天过去了，也未曾听闻何处有地震的消息。一时间，"张衡吹牛，张衡瞎说！"议论在京都的大街小巷中纷纷传开。正在这时，从洛阳西面的陇西来人说，那里前几天确实发生了大地震！众人闻之，震惊不已，对张衡非常佩服，甚至有人感慨说："张衡似长了千里眼和顺风耳，千里之外的人说了什么话，发生了什么事，他都能马上听到和看到。"

神奇的千里眼和顺风耳

>>> 世界上最早的天然地震测定仪器——地动仪（模型）

陇西位于现在甘肃省的西南部，离洛阳还很远。张衡怎么会那么快地知道那里发生了地震呢？难道真如大家传说的，张衡长了千里眼和顺风耳？

原来，在张衡生活的年代，地震十分频繁。仅仅是从公元96年到125年这30年间，就有23年发生过大地震，有好几次就发生在洛阳附近。正因为这样，地震引起了张衡极大的兴趣，他决心要发明一种仪器，能够及时感知地震发生的方向和位置，以便朝廷能够及时救援，减轻百姓的苦难。加上他从小就兴趣广博、才华超群，经过多年的研究和探索，在132年制成了世界上第一架测定地震的仪器——地动仪。

地动仪是铜做的，直径约3米，样子像酒坛。在这个"酒

地下信息接收器
地震仪器

坛"的外壁上，倒挂着 8 条龙。每条龙的嘴里都含有一个铜球。每条龙下面蹲着一只铜蛤蟆。蛤蟆仰着头，张大嘴巴。8 条龙的龙头，分别朝着东、南、西、北、东南、西南、西北、东北。哪个方向发生地震，哪个方向的龙嘴里的铜球就震落下来，正好落在正对着它的铜蛤蟆嘴里，发出"当啷"一声。地动仪是根据惯性原理设计的。发生地震之后，地震波传来，地动仪中间类似于惯性运动的摆就受到振动，朝那个方向运动，通过杠杆，使那个方向的龙嘴张开，铜球坠落。

138 年某天，西面龙嘴里的铜球落下来了，于是，张衡断定是京都西面发生了地震。直到 1880 年，欧洲才制造出类似的仪器，比张衡 132 年的地动仪至少要晚 1700 多年。张衡发明的地动仪是人类历史上用科学方法观测地震的开始，他揭开了人类地震科学的新纪元，其后世界各地的科学家们发明了各种各样的天然地震仪，用来对地震进行测定和预报。这些天然地震仪，是石油勘探地震仪器的先驱，用于石油勘探的地震仪器，基本是在天然地震仪器的基础上发展起来的。

>>> 张衡，东汉时期杰出的天文学家、数学家、发明家、地理学家、文学家，地动仪的发明者

划时代的发明

现代地震勘探技术分为折射法和反射法,早期应用的是折射法,但后来逐渐被反射法所代替。折射法地震仪的发明者是德国的卢杰·明特罗普,反射法地震仪的发明者是美国的约翰·克拉伦斯·卡彻。

明特罗普出生在德国西部的埃森市,大学毕业后,他成为波鸿矿业学院的讲师。那时的地球物理学家不懂地质学,地质学家又不懂地球物理仪器,而明特罗普既理解地质学,又懂地球物理仪器。他首先发明了地震勘探仪器,然后采用"人工地震"的方法研究采矿和地质问题。

1913年,那还是在第一次世界大战期间,卢杰·明特罗普带领团队研发了一种便携式地震仪,基于地震波的折射原理,利用火炮发射时因反

>>> 卢杰·明特罗普

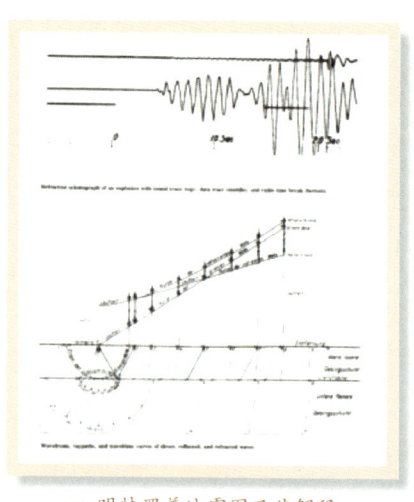

>>> 明特罗普地震图及其解释

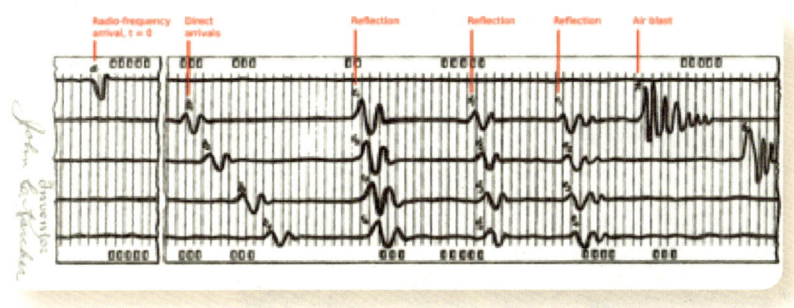

>>> 1929 年 5 月 1 日，卡彻提出第一个反射地震专利

冲力而产生的地震波，来快速确定敌方的炮火位置，这是人类历史上首次将地震波与人类的活动挂钩。第一次世界大战结束后，他改进了这种折射波地震仪器，使用时间—距离图画出了地震波的走时曲线，并能计算折射层的深度和地震波传播的路线，实际上这就是现在所谓的折射地震技术，他所接收到的地震波被人称为"明特罗普波"。他将这种技术用于找油找气，赚取了大把的金钱。1921 年，明特罗普干脆创立了 Osmosis GmbH 公司，为世界许多地方的石油公司提供找油找气服务。1924 年，他获得了有史以来第一个大型石油发现，明特罗普的名声达到了顶峰。

在明特罗普制作第一台便携式折射波地震仪的同时，美国的约翰·克拉伦斯·卡彻接受了美国标准局的助理物理学家职位。他的任务是设计和制造一种设备，该设备通过使用空气中的声波来检测和记录野战火炮枪口的爆炸声。作为这项研究的成果，反射法地震仪应运而生。卡彻由此产生了使用反射法地震仪确定岩层深度的想法，并在俄克拉荷马城贝尔岛，使用炸药作为震源，对反射法地震仪进行了首次现场测试。1921 年 8 月 9 日，在多尔蒂以北几英里的地方，得到了世界上第一个反射地震仪地质剖面。

1929 年 5 月 1 日，卡彻提出第一个反射地震专利，并用反射法发现

>>> 地震反射法发明者卡彻等在反射法地震仪首次测试现场

了一个大的天然气及凝析气田，之后又陆续发现好几个油田。由于反射法比折射法优越，加之仪器的不断改进，1937年在美国就成立了250个反射法地震队。明特罗普发明的折射法地震勘探技术与卡彻发明的反射法地震勘探技术，被认为是石油勘探历史上的两项划时代发明。

20世纪50年代初，法国Sercel公司最先把晶体管技术用到了地震勘探仪器的设计中。70年代初期，该公司采用集成电路制造地震勘探仪器，生产出SN 338仪器，接着美国的I/O公司也推出了类似的新仪器。这一时期，世界各国如雨后春笋般陆续出现了不少地震仪器公司，制造出各种型号的数字磁带记录地震仪。伴随着科技的不断推进，世界上最大的两家地震仪器制造公司——美国I/O公司和法国Sercel公司，先后投入了巨资，经过多年研究，到2002年分别完成了各自的全数字遥测地震仪系统。

地下信息接收器
地震仪器

三封匿名信

最早将现代地球物理方法引入中国进行石油勘探的时间，可追溯至1939年。正好这一年，后来成为著名地球物理学家的翁文波先生从英国伦敦大学获得博士学位回国任教，他最早在中国开设了地球物理勘探课程，培养了一批爱好地球物理学和地质学的人才。他们一起带着地震仪，去玉门油田多次开展勘探试验，这便是我国地球物理勘探事业的开端。

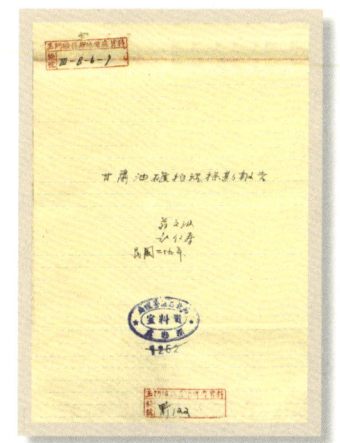
>>> 1940年，翁文波、赵仁寿撰写的《甘肃油矿物理探勘报告》

>>> 玉门油矿开发期间，设立了地质研究室。1945年9月，地质研究室副主任翁文波与李德生等人在八井地质研究室门前合影（左起：翁文波、李德生、张传淦、卞美年、田在艺）

>>> 翁文波老年时留影[1980年，当选为中国科学院学部委员（院士）]

1949年，翁文波先生突然接到三封匿名信，内容大致相同：一是请他别去台湾，许多知识分子看着他的去留；二是请他保护好进口的地震勘探仪器。于是，他把重要资料打成包裹，把一些勘探仪器拆成散件，全部藏在掏空的墙壁中；然后冒着生命危险，穿越国民党军队的层层防线，把最宝贵的进口地震勘探仪主体部分，托人藏到了中央银行的金库里。由于担心被押送到台湾，他把自己也"藏"了起来。这时，隆隆的炮声不断传来，一支国民党骑兵，来到上海枫林桥的石油勘探室，为首的士兵问看门人："翁文波先生在不在？"在得到否定的答复后，骑兵排在勘探室里进行了详细的搜查，什么也没有得到，就没趣地走了。新中国成立后，翁文波先生把进口的地震仪散件重新组装起来，和珍贵的勘探资料一起，作为对新中国成立的一份厚礼，交给了国家。1950年，我国成立了第一支地震勘探队，用上了这台进口的地震仪，拉开了新中国石油勘探的序幕。

在随后的半个世纪里，虽然中国普遍使用进口地震仪器进行石油勘探，但每个时期都成功研发了自己的地震勘探仪器，以备不时之需。后期自主研发的ES109和G3I仪器，性能已经与国际主流仪器相当。特别是G3I，在中东国际市场广泛应用，并于2017年成功完成了当年全球最大的科威特石油地震勘探项目。

无法超越的水深

2014年，东方物探公司联合沙特阿拉伯国家石油公司，在被称为"世界富饶之海"的中东红海地区，开展海洋石油地震勘探。这次海洋勘探，与以往的海洋勘探相比，有一个历史性的突破，就是采用了一种完全新型的海底地震波信息接收器，这种接收器完全没有电缆和仪器船连接，不但使用极其方便，而且能大大提高采集数据的质量，业界称之为"海底节点"，它被认为是海洋石油勘探未来的发展方向。在红海的海底节点勘探中，东方物探公司使用的海底节点地震仪器，是从国外公司购买的，随着红海项目的成功，东方物探公司赢得了更多国际石油公司的海上勘探项目，这时急需从国外购买更多的海底节点地震仪器，但是却被国外仪器公司告知："从2015年1月1日起，卖给中国的海底节点地震仪器，适用最大水深不得超过500米，这是无法超越的水深，不能突破。"

东方物探公司在接到这个消息后，立即组织召开了海底节点地震仪器专题会议，项目负责人在仔细听取相关专家和领导各方面的意见后，坚定不移地说道："陆地勘探我们多年来一直世界第一，进军海洋是公司的既定发展战略，东方物探在世界上被'卡脖子'，已经不是第一次了，我们必须尽快研制出适用水深超过500米、上千米甚至几千米的节点地震仪器。我们必须突破这个水深，而且一定能够突破这个水深。我相信你们！我还是那句话，困难面前有我们，我们面前没困难！"

这掷地有声的话语，仿佛千斤重担，迅速压在了地震仪器研发团队的每一个成员肩上。他们深深地知道，海洋节点地震仪器，由于没有电缆连

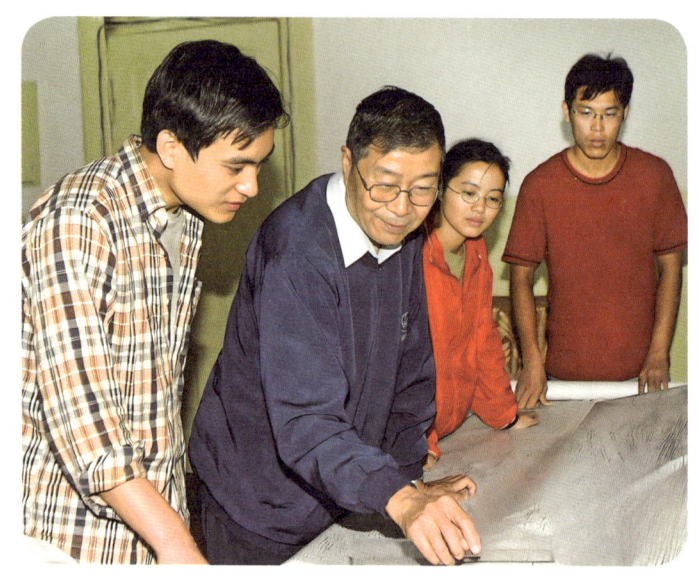
>>> 李庆忠院士（左二）在指导学生

揍，海量地震波数据信息只能通过无线方式进行传输，因此需要声、光、电、磁等多个领域的技术，研发难度之大世界公认，因此不论租赁或购买，价格都十分昂贵。要想制造出深水节点地震仪器，必须突破两个核心部件：一个是低功耗芯片级原子钟，另一个是低功耗深水压电检波器。面对这两个技术难题，大家一时不知道怎么办。

"贴个皇榜算了，说不定能碰到孙悟空呢，还可充分调动研发人员的积极性和创造性。"团队新来的年轻小伙子李强的这个建议，让大家眼前一亮，很快，一个"深海节点仪授时及压电芯片研制项目"的"皇榜"被公布，两周后，这个"皇榜"真的不见了，大家议论纷纷，难道真的让孙悟空揭走了？

"皇榜"确实被揭走了，被一个叫任文静的女士揭走了。别看是位女士，其实她可是研发团队里的一个工匠级人物。2008年她带领的小组研发出了声学定位系统，后来又研制出了海洋电磁仪器，填补了好几项国内空白，并获得多项发明专利。

任文静小组查阅了大量的资料，发现早在 2001 年，为了解决有线地震仪器和无线地震仪器采集道数的瓶颈，且满足复杂山地地震勘探需求，李庆忠院士就首次开展了 3S（Super Simple System）型 GPS 授时地震仪器研发工作，其实那就是一种节点地震仪器的前身。

参考 3S 节点地震仪器的结构和授时部件，任文静小组采购了时下最先进的电子元件和机械零部件，分别经过高低温试验、防水和承压性能测试，重新设计了高精度授时原子钟，并将它做到了芯片级大小；采用超低功耗的电子元件，大幅度改进了压电检波器的结构，并使之能够承受几千米水深的压力。在经过了无数次的试验之后，2020 年 6 月，揭榜挂帅的任文静小组传出了激动人心的消息："低功耗芯片级原子钟和 3000 米深水压电检波器样机试制成功，适用水深远远超过了 500 米，时钟精度误差也达到了 20 微秒以内，达到了国际先进水平。"配合其他研发小组的高精度地震数据采集技术、立体化质控技术、无桩号放样实时定位技术、海量数据处理技术和自动化制造等技术，研制成功了中国自己的 oSeis 海洋节点地震仪器。

2022 年 8 月，"东方物探创新者号"海洋特种勘探船开启首次跨洋航行，对 oSeis 海洋节点地震仪器进行测试。结果表明，东方物探公司制造的 oSeis 海洋节点地震仪器，成功突破了 3000 米水深，实现了高密度、宽频、全方位、大炮检距、多波多分量地震数据采集，不仅可以大幅度提高复杂油气藏探测精度，而

>>> 任文静及其研制的海洋节点地震仪

且能够适应各种水域及复杂地形,可缩短布设时间约30%,标志着国内首个海洋节点采集装备研发取得圆满成功。靠着自主研制的节点地震仪器、配套相关软硬件和高品质的勘探质量,到2023年底,东方物探公司一举占领了世界海洋节点勘探市场的半壁江山。

针对陆地尤其是山地的一系列特点,eSeis陆上节点地震仪的研制也在紧锣密鼓地进行着。夜已深,车间里依旧灯火通明,伴随着绕线机的高速旋转,检波器装配车间绕线组女工们聚精会神,按键、排线、固头、检查……作为eSeis节点仪器生产的"先遣队",检波器装配车间就进入生产"战时状态"。伴随着"我宣布:21万道eSeis节点仪器规模化、自动化总装生产正式启动"。全自动生产线一共35道工序,开足马力,随着eSeis节点仪器的手簿系统不断发出测试通过的悦耳"滴滴滴"声。历时5个月,首批6万道生产任务完成,并率先投入内蒙古地区展开现场试验。放

>>> 陆地节点地震仪器

眼戈壁沙漠中，层层叠叠布设的 eSeis 陆上节点正在 24 小时不间断采集地震勘探数据，闪烁的显示灯展现着节点新时代的新活力。截止到 2022 年，已规模化生产 42 万个节点仪器，覆盖了公司国内所有地震勘探项目，并形成了节点仪器研发、制造和应用的全产业链模式。中国的节点地震仪器从此走上了发展的快车道，从跟跑到并跑到超越我们一直在路上。

【延伸阅读】

中国研制的地震仪器

仪器型号	研制年份	研制厂家	所属类型
DZ57-1	1957	西安石油仪器厂	模拟光点记录地震仪器
DZ661	1966	西安石油仪器厂	模拟磁带记录地震仪器
SCD-2	1975	物探局仪器厂	数字磁带记录地震仪器
SDZ-751A	1975	西安石油仪器厂	
SK-8000	1980	西安石油仪器厂	
YKZ-480	1990	西安石油仪器厂	遥测式数字地震仪器
SK-1004	1991	物探局仪器厂	
SK-1005	1992	物探局仪器厂	
SK-1006	1996	物探局仪器厂	24 位 A/D 型遥测式数字地震仪器
ES109	2009	东方物探公司	全数字地震仪器
G3I	2012	东方物探公司	

利器在握
石油工程技术精粹

物探中国"芯"
GeoEast 软件

2002年8月,中东沙特石油勘探项目部,一场针对地震数据采集的国际招标大会正在如火如荼地进行,参与投标的中方代表——物探局(现东方物探公司,英文简称BGP)工作人员可谓是意气风发,因为通过各项测评,物探局所得总分最高。就当所有人感觉胜券在握的时候,最终的评标结果却让人大跌眼镜,中标呼声最高的物探局竟标失败,原因是物探局使用的是国外软件,被认为研究实力不足。更令人意想不到的是,国外公司于同年11月宣布对物探局禁售或限售地震数据处理软件。一时间,物探局的海外业务陷入了前所有未的困境。

无法近身的"黑屋子"

物探就是给地下地层做CT，其关键是地震处理解释软件。病人做完CT之后，通常几十分钟就能拿到CT胶片。然而，物探采集来的数据量要大得多，相当于成百上千部高清电影的数据量。因此，必须在超大型计算机上应用复杂的地震数据处理解释软件，花费数月甚至数年的时间，才能处理出地下地层的"CT胶片"。

随着计算机技术的快速发展，地震数据处理解释软件就成了物探的关键工具。它通常包含几千个物探技术模块、几千万行软件代码，没有它就做不出地下地层的"CT胶片"，进而无法找到石油的藏身之地。因此，它是一个国家石油物探技术水平高低的重要标志之一。

从20世纪70年代起，国外一些公司就已着手开发地震处理解释软件，并逐渐形成了商业化版本，在全球范围内推广应用。

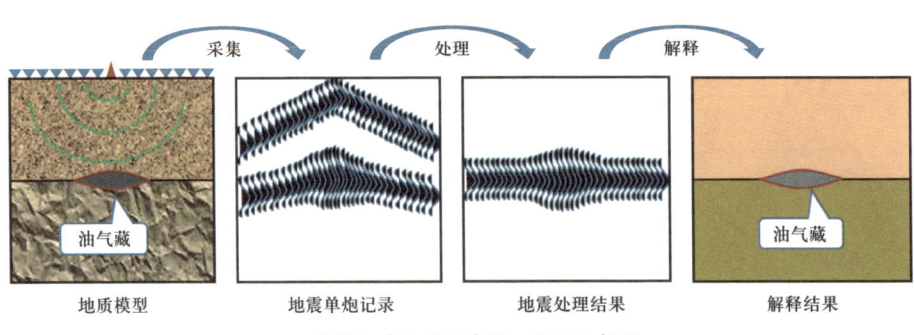

>>> 物探地震数据的采集、处理和解释

同一时期，我国基于150和银河等国产计算机，持续开展了物探软件的自主研发工作，但与国际水平相比，其成熟度一直存在较大差距。1978年，物探局派人到美国的西方物探公司学习。其间，该公司副总裁萨维特展示了镶在镜框里的一条一米左右的三维全偏移剖面，并自豪地说："这是我们做出的世界上第一条三维一步法偏移剖面，可以说比黄金还要珍贵。"西方的技术让中国物探人看到了自己与世界的差距。于是，1983年，物探局引进了国外的IBM3033数据处理系统，并于10月28日举行了开工典礼。

>>> 国外主要的商业化地震数据处理解释软件

知识链接

三维一步法偏移

三维一步法偏移是相对于两步法偏移而言的。两步偏移是采用2-D波动方程实现三维地震资料偏移的一种近似方法，由于它采用了不合适的速度，所以不能使三维地震资料对地下结构精确成像，但由于当时的计算机内存很小，两步法偏移需要的内存也小，比较容易实现。而三维一步法偏移采用波动方程，在地面波场向下延拓的每一步中，计算一个网点的波场，既处理了倾角的x分量，又处理了倾角的y分量，达到波场向下延拓方向恰好是上行波之逆，所以使用速度正确，成像精度高。三维一步法偏移在当时是世界上最先进的偏移成像技术，是有钱买不到的东西，这是外国专家认为三维一步法偏移剖面比黄金还珍贵的原因。

该系统所在的计算机机房内部，有一个被称作"神秘黑屋子"的地方，中国人不得靠近。"黑屋子"就是IBM3033数据处理系统的主控室，里面安装了这套系统的控制台和各种设备的控制器，可以对主机、数列处理机等核心设备进行各种操作和控制，是IBM3033数据处理系统的指挥中枢。长期以来，这个"黑屋子"一直由美方人员进行操纵，并监控整套系统的运行状况，中国人一律不准靠近。主控室内装有摄像机，屋内的显示器上可以看到机房的设备和人员进出的情况，而且，每月还将监控录像带送回美国进行检查。

面对被拒之门外的窘境，当时的中方技术人员心中五味杂陈，恨自己不争气。自那以后，在中国物探人的心中便播下了一颗种子——那就是一定要研发出自己的地震数据处理软件。

在毫无征兆的情况下，2002年11月25日，物探局收到来自美国西方物探公司市场部门的通知：公司决定即日起，停止向中国出售地震资料处理软件，已有软件版本只能使用到2004年底，且不再提供软件升级服务。时任物探局地震处理业务的技术负责人刘超颖得到这个消息，心头猛然一震，没想到国际市场竞争竟然如此残酷，说"卡脖子"就"卡脖子"。

>>> IBM3033数据处理系统开工典礼

但是他又一心想："你不让用，我们就用法国的处理软件，尽管使用上麻烦一些，但完成处理业务没有问题"。可是，就在单位安排处理人员学习法国处理软件后不久，又收到法国物探公司的通知：公司要求出售给中国的软件，从 2003 年起只能处理中国本土的地震资料，我们有权对处理资料的来源随时进行核查。这个消息再次强烈震撼了中国物探人的心灵："国外市场拿回的地震资料怎么办？""会不会有一天，法国物探公司也不再卖给我们软件，使得我们的处理业务完全瘫痪？"

>>> 1983 年从国外引进的 IBM3033 数据处理系统

令人敬佩的项目长誓言

实际上，为保障国家能源安全，我国在1993年就提出了"充分利用国内外两种资源、两个市场"的战略方针，开启了中国石油"走出去"的步伐，而其下属的物探局早在1988年就制定了"立足全球市场，面向全球服务"的全球化经营战略。

为打破这一困局，确保中国石油"走出去"战略的实现，中国石油决心打造具有自主知识产权的核心物探技术利器，把主动权牢牢掌握在自己手中。遂决定以东方物探公司为主体和责任单位，设立了当时中国石油投资额最大的技术研发项目——新一代大型地震数据处理解释一体化软件研发，并将软件命名为GeoEast，以展现中国物探人的志气与决心。

项目启动会于2003年4月17日在北京召开，中国石油集团的领导、技术专家和财务专家齐聚一堂，全面听取了项目长刘超颖的详细汇报后，针对项目的研发背景、总体目标、预期成果、技术指标、时间计划和经费预算进行了充分讨论，最后一致同意项目的设立，并与东方物探公司签订了"GeoEast V1.0 地震数据处理解释一体化系统研发"专项合同，投资总额高达1.4亿元，成为中国石油当时投资额度最大的科研项目。刘超颖在表态发言中宣誓："如果研发不成功，我就从11层顶楼跳下去！"会场一时间鸦雀无声，在场的每一个人无不为他捏了一把汗。据《科学美国人》杂志介绍，世界上大约三分之一的大型软件项目半途而废，一半的软件项目没有按时完成，四分之三的软件系统或多或少存在缺陷！大型软件的开发何其艰难可想而知。可是，大家一想到面临的国外技术封锁和带来的屈

>>> GeoEast V1.0 地震数据处理解释一体化系统研发项目正式启动

辱,无不在心中肃然起敬,短暂的沉寂后,会场爆发出长时间热烈的掌声。项目长的坚强决心和敢于临危受命的大无畏精神,激励着石油物探科研工作者,以不达目的决不罢休的勇气,上下同心,勇于拼搏,奋力投入 GeoEast 的研发中。

启动会后的第二天,东方物探公司以其下属物探技术研究中心为主研单位,组建了包括20多名东方物探公司专家、280多名科研骨干为核心的研发团队。他们怀揣梦想、肩负使命,在刘超颖项目长的带领下,打响了 GeoEast 软件开发的攻坚战,开启了物探中国"芯"的艰难铸造之旅。

知识链接

GeoEast

GeoEast 是东方物探公司自主研发的地震数据处理解释一体化软件,代表了公司在地球物理技术领域的创新实力。其中,"Geo"是地球物理学英文 Geophysics 的前三个字母,彰显了该软件深厚的学科背景;"East"则代表了东方,不仅指向了软件的研发地,也寓意着东方物探公司对于地球物理学的独特见解与贡献。因此,GeoEast 可以理解为"东方地球物理学"或"东方地学"的象征,与西方地球物理学一道,共同构建全球地球科学研究的完整体系。

>>> 物探中国芯 GeoEast V1.0 研发机房场景

　　研发团队要解决的第一大难题是软件的整体设计。什么样的设计才能保证软件在 20 年内保持国际先进水平？项目组调研国内外行业软件的发展，分析计算机与物探技术的发展趋势，融合国内现有的软件技术，经过反复论证，形成了一套以 PC 集群和 Linux 操作系统为基础设施、以"5+1"模型为软件体系结构的 GeoEast 整体设计。该创新型的整体设计使处理人员和解释人员能够使用同一个软件协同工作，不但实现了专业信息互补，而且大大提高了效率。这一创新开创了世界上地震数据处理和解释软件一体化的先河，保证了其先进性。

　　研发团队要解决的第二大难题是如何实现处理和解释的一体化协同。鉴于国际上的处理软件和解释软件从来都是相互独立的，因此，开发处理与解释一体化的软件，既没有经验可循，也没有技术储备，因此是一个巨大的挑战。项目组通过头脑风暴、专家论证、多方案对比和系统化模拟等手段，最终确定了"四统一"解决方案：一是统一数据平台，解决处理与解释数据共享难题；二是统一系统总控，处理与解释功能可灵活组装，清除了处理软件和解释软件之间的鸿沟，实现了模块级别上的统一，为处理人员使用解释功能以及解释人员使用处理功能彻底扫清了障碍；三是统一显示平台，解决了以往不同软件显示相同数据时常常存在的差异问题；四是统一开发平台，建立处理与解释通用组件库，解决了处理与解释基础组件的差异问题。不但确保了底层算法的一致性，而且实现了风格上的统一。

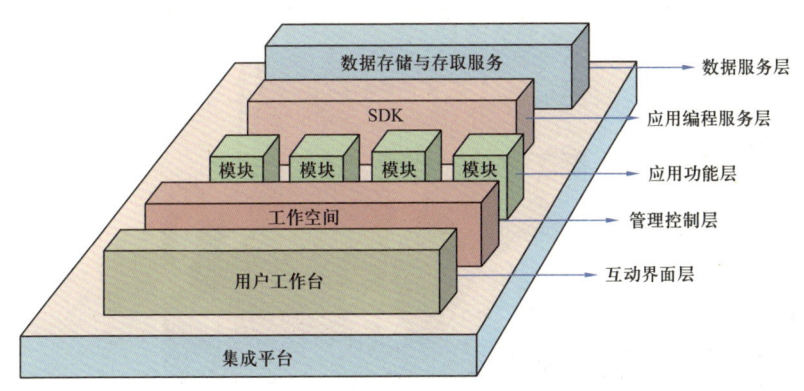

>>> GeoEast "5+1" 模型软件体系架构

研发团队要解决的第三大难题是如何实现平台和应用的同步开发，以便在短短的 2 年内按时完成研发任务。通常的研发模式都是平台先行，待平台基本稳定后，再进行应用功能开发。然而，这种模式会拉长项目的研发周期。为此，在项目运行到第二个季度时，项目组对任务构成、人员情况、开发周期等方面存在的问题进行了全面分析。他们突破经典的"瀑布式"开发模式，创新提出了"螺旋加瀑布"的新模式。尽管这种新模式增加了管理工作量，但它大大提高了几百项研发任务的并行度，保证了平台和应用之间的高度吻合，显著提高了研发效率，为按时完成任务奠定了坚实的基础。

2004 年 12 月 31 日，是一个东方物探人值得自豪的日子。经过 300 余名科技人员 21 个月艰苦卓绝的拼搏，GeoEast V1.0 产品成功发布。测试表明，软件功能全部达到预期目标，物探人自己的国产化软件终于诞生，并成为中国石油优化科技资源配置、实施自主创新、增强企业核心竞争力的标志性成果。

>>> GeoEast V1.0 软件产品发布会

>>> GeoEast 团队研发场景

GeoEast 到底行不行？

如果没有大庆油田的开采，我国可能到现在都还戴着"贫油国"的帽子；如果没有 GeoEast 的研发，我国物探数据处理解释可能到现在还被人"卡着脖子"。GeoEast 的成功研发，改写了中国石油工业没有自主物探软件的历史。美国西方地球物理公司随即表示愿意重新向东方物探公司出售软件，并给予优惠条件；法国公司不再强调对东方物探公司的软件使用限制条款，并提出加强技术合作的意愿。面对国外公司态度的变化，东方物探人感慨不已。他们深深地知道，一个令中国物探人扬眉吐气、信心百倍的时代就要到来了。

然而，任何一款大型的软件，要想具备工业化应用能力，必须经过生产实战的磨炼。就在项目通过验收后的第二天，东方物探公司即制定了"以生产应用促进软件完善"的工作方针。他们要求软件完善与生产应用项目协同运行，以促进 GeoEast 软件的快速成熟。

2005 年 5 月 31 日，在研发人员的一片欢呼雀跃声中，GeoEast V1.0 被成功安装在了东方物探公司的大型计算机集群上。东方物探公司选定了 23 个具有不同特点的生产项目，使用 GeoEast 和国外软件进行

>>> 研发专家对 GeoEast 用户进行现场支持与培训

并行生产应用,并对各项指标进行全面比对。然而,尽管事先对用户进行了培训,开工第一天,习惯了国外软件的用户们还是遇到了种种困难:功能找不到、手册看不懂、操作不习惯、数据精度与国外软件存在差异,等等。各种质疑、不满和抱怨纷纷涌向研发团队:"GeoEast到底行不行?为保险还是用国外软件吧!"

面对用户的种种质疑,研发团队的技术人员毫不气馁。他们迅速开展了一对一的现场支持与培训服务,手把手解决应用人员遇到的各种问题,不断打消用户的顾虑。此外,他们还迅速建立了客户反馈管理系统,确保用户的反馈能够得到及时有效的处理。为了增进用户间的交流和学习,他们开设了GeoEast论坛。同时,设立客户反馈优质奖,鼓励用户提出问题和改进建议。在研发人员和应用人员的共同努力下,两千多个问题被一一提出并加以解决。2006年6月25日,第一批生产应用项目终于得以完成,软件处理解释效果与国外软件相当。用户逐渐习惯了GeoEast,不禁欣慰地说:"咱们中国人自己研发的物探软件还真行!"

>>> 长庆油田进行GeoEast软件培训

实际上，在随后长达16年的时间里，中国石油利用GeoEast进行生产的处理解释项目已达到400多个，涉及30多个国家和地区，处理的二维资料超过172万千米，三维资料超过100万平方千米。在这个过程中，共发现并解决了3万多个软件或技术问题。GeoEast应用人员熟练掌握率达到100%，项目平均应用率超过80%，油气勘探领域重大发现参与率超过80%。同时，国内油气开发领域的所有单位也全部采用了GeoEast。

在软件大规模生产应用过程中，用户们不仅不断指出软件的缺陷，还提出了新的功能需求。与此同时，随着物探技术和计算机技术的不断进步，勘探地震数据量也出现了爆发式增长。为此，研发团队联合了30多所国内外大学和科研院所，在物探、地质、软件和计算机应用领域不断创新，持续推出GeoEast新版本：

2004年12月31日，当GeoEast推出1.0版本时，它还只有地震数据的常规处理和常规解释功能。

知识链接

深度域速度建模等物探技术

深度域速度建模和叠前深度偏移是常规数据处理中地震剖面的深度概念，是用"时间"来表达的，速度也是"时间"的函数，偏移成像也是在时间域；在深度域中进行速度建模和偏移成像，是地震处理发展史上的一个重大进步。OVT（Offset Vector Tile）处理是宽方位、宽频、高密度地震数据处理的理想技术，可以充分利用宽方位高密度地震数据携带的信息，改善处理效果，提高处理精度。五维解释是对五维地震成像数据体解释，该数据是五个变量（x, y, z, h, α）的函数，除了表达 x、y、z 三个空间维度外，还多出了 h（激发点到接收点的距离）和 α（方位角）。现代属性分析是能够直观反映地层结构信息的属性分析，这是和经典属性分析的根本区别。VSP（Vertical Seismic Profile）是垂直地震剖面技术的简称，是一种在地面激发，井中接收的地震勘探方式。多波，除了像弹簧那样震动的纵波外，还需要考虑像上下摇绳子那样的横波。

>>> 利用虚拟现实技术进行储层分析

  2008年12月24日，GeoEast推出了2.0版本。形成了从现场到室内、水平叠加到时间偏移、构造解释到叠后储层预测等一系列基础处理解释功能。

  2016年1月15日，GeoEast推出了3.0版本。这次升级突破了深度域速度建模、叠前深度偏移、OVT处理、五维解释、现代属性分析等物探新技术。同时，它还具备了完善的VSP、多波和海洋资料处理功能。其中，海洋节点资料处理更是突破了11项关键技术，其中5项技术达到了世界领先水平，构建了业界第一个海底节点数据处理新流程。

  另外，属性解释技术也取得了显著进步，可以进行200多种地震属性计算，结合虚拟现实技术，把地下油气藏刻画得栩栩如生，深受石油地质专家的喜爱。

  2021年9月18日，GeoEast推出了全新版本4.0。这一版本基于新一代软件平台iEco，不仅整体软件性能得到了显著提升，还研发了多项物探新技术。这些技术包括高效混采数据分离、海洋宽频处理、Q速度建模及偏移成像、盆地级数据解释以及高精度反演等，为中国物探软件生态系统的建设奠定了坚实基础。特别值得一提的是，其中的混采数据反演分离新技术在11个国际公司的对标测评中荣获第一名，彰显了GeoEast在国际物探领域的领先地位和卓越技术实力。

从GeoEast1.0版本的诞生，到GeoEast4.0版本研发成功，GeoEast历经了17年的千锤百炼。在这个过程中，GeoEast获批并转化应用国家授权发明专利289件，登记软件著作权101件，认定企业技术秘密82件。GeoEast软件经历了从时间域到深度域、从各向同性到各向异性、从窄方位到全方位、从纵波到多波、从陆地到海洋、从勘探到开发的一个个跨越，这些成就使GeoEast达到了国际先进水平，彻底移走了一直悬在中国物探人脖子上的"达摩克利斯之剑"。

进入"十四五"时期，GeoEast着手建立中国的物探软件生态系统。为了实现这一目标，研发团队创立了共建、共享、共赢的联合开发机制。在这一机制下，GeoEast与首批合作伙伴——中国科学院、大庆油田、西安交通大学、浪潮

知识链接

iEco

iEco（Intelligent Ecosystem）是"智能化生态系统"的英文缩写，是2019年推出的新一代软件平台。GeoEast V4.0正是基于iEco开发的。与GeoEast V3.0的老平台相比，新平台展现出多学科结合、一体化协同、分层次开放的特点。这些特点为充分利用全球行业智慧，共建物探软件生态系统奠定了坚实基础。

集团等 9 家单位以及 5 名自然人签订了 GeoEast 合作开发框架协议，共同推动中国物探软件生态系统的建设与发展。

>>> GeoEast 签订首批共建合作框架协议

首批共建的 29 项技术中，多项成果已经在 GeoEast"应用商店"上线，同时，用于物探技术开发和应用交流的 GeoEast 社区也已经同步开通，智能物探软件生态系统已经初步建成。

■■■ 知识链接

物探软件生态系统

物探软件生态系统指的是用于物探的一系列软件工具和服务的集合。一个完整的物探软件生态系统通常包括以下几个方面：（1）数据采集软件，用于控制数据采集设备，并记录来自地下结构的物理信号。（2）数据处理软件，用于将原始数据转换为更易于解释的形式，可能涉及滤波、去噪、校正、建模、成像等过程。（3）数据解释与可视化软件，它帮助用户理解处理后的数据，以便于识别地质特征。（4）模拟与预测工具，用来基于已知数据模拟地下条件或预测未来的变化。（5）协作平台，促进团队成员之间的信息共享和协作。（6）教育资源，提供培训材料和技术支持，帮助用户更好地利用这些工具。（7）插件与扩展，允许用户根据需要定制和扩展软件功能。这样的生态系统旨在提供从数据采集到最终解释的一站式解决方案，使得地质学家、工程师和其他专业人士能够更有效地执行他们的工作。随着技术的发展，越来越多的物探软件生态系统集成了云计算、人工智能等先进技术，提高了数据分析的速度和准确性。

难以置信的"魔法神灯"

2016年,东方物探公司中标沙特S78海底节点勘探项目。然而,他们面临着千米水深和超千米高差的复杂海底地形所带来的世界级处理难题。当时,国际上的各大公司都没有相应的处理技术。甲方表示,如果看不到满意的试验区块处理效果,就不敢按期开工,甚至考虑易标!然而,东方物探公司仅利用5个月的时间,通过突击研发的GeoEast海底节点数据处理新流程,成功破解了这一难题。他们采用了深水节点重定向、VZ去噪、上下行波场分离、双基准面镜像偏移、时变共反射点道集抽取等11项技术创新,解决了千米水深和复杂海底地形带来的地震数据处理难题。试验区块的处理效果远远超出了预期,赢得了甲方的高度赞誉。

>>> 为古巴国家石油公司进行GeoEast现场培训

这一消息迅速传开，引起了英国石油公司（BP 公司）技术总监的关注。他表示："世界上还没有能处理这样数据的公司！"因为 BP 公司一直将东方物探公司的深海处理能力视为潜在风险。虽然不信，但他还是要求亲自查看相关数据的处理结果。当东方物探公司的技术人员详细展示了 GeoEast 海底节点处理的技术、原理、方法、模型试验结果和实际资料 20 多步的中间结果后，BP 公司专家一直皱起的双眉逐渐舒展。当最终地下成像结果展现在眼前时，他忽然起身，左手用力拍了一下桌子，右手高高地伸出了大拇指，脱口而出："Incredible, GeoEast is a magic lamp！"（难以置信，GeoEast 堪称照亮地下的魔法神灯！）。很快，BP 公司便将印尼项目交由东方物探公司处理。

在 GeoEast 一系列核心技术的支撑下，东方物探公司在国际勘探市场上如虎添翼。它们大大提高了与国外同行竞标的底气和中标的概率，连续获得了英国石油公司、沙特阿美公司、阿布扎比国家石油公司的一系列陆海勘探项目，价值高达几十亿美元。项目质量不断得

>>> 2018 年 6 月 11 日，人民日报社、新华社、中央人民广播电台、中央电视台等 11 家媒体记者参加"中国石油开放日——东方物探社"活动

到甲方的赞誉，因此部分项目又得到了持续追加。世界一流的技术利器打破了西方公司的技术封锁和市场垄断，使东方物探公司营业收入连续多年位居全球行业第一。

到了 2020 年，GeoEast 已经实现对进口软件的全面替代。它在国内 70 多家企业，以及国外的 42 个国家和地区得到了广泛应用。依托 GeoEast 连续举办十届"东方杯"全国大学生勘探地球物理应用大赛，被 30 多所高校作为教学软件和科研平台。此外，GeoEast 还先后获得埃克森美孚、雪佛龙等国际大型油公司的资质认证，被评为中国石油"十二五"十大工程利器之首。2013 年 12 月 25 日，荣获国家科技进步奖二等奖。如今，GeoEast 软件已成为全球三大主流物探软件之一，被誉为石油物探的中国"芯"。东方物探公司也实现了从技术跟跑者、并跑者到部分技术领跑者的转变，彻底打破了国外的技术封锁。

利器在握
石油工程技术精粹

深海寻宝
海底节点地震勘探

2023年9月10日，夜幕降临，中东阿拉伯湾上，万籁俱静。当地时间21点48分，随着"扑通"一声，最后一个海底节点（OBN）沉入海底，深邃静谧的海底之上，一张由2万多只"耳朵"组成的精密耳网铺设完毕，勘探队长立即发出了"开炮"的指令，中国威武霸气的"挑战者"号震源船，犹如一只沉睡的巨兽被唤醒，随即发出了"咚"的一声炮响，湛蓝的海面绽放出一团团雪白的浪花。这声炮响不仅是海洋地震勘探正式开启的信号，更标志着一场深海寻宝之旅拉开了序幕。深海寻宝的海底节点地震勘探技术，其历史可追溯到遥远的1935年，那时它便如一颗种子，悄然埋藏在科技的土壤中，等待着时代的滋养和绽放。

第一个海底节点

随着陆地油气资源开采难度的不断增加,那片神秘而浩渺的海洋,如同一座迷雾重重的黄金岛,吸引着无数探险家们前赴后继,成为新时代的寻宝地。

海洋不仅孕育了无数的海洋生物资源,还隐藏着丰富的矿藏。其中,油气资源无疑占据了举足轻重的地位。据统计,海洋蕴藏的油气资源量约占全球总量的三分之一,是全球油气生产不可或缺的重要来源和接替区。

然而,要在这片广袤无垠的海洋中寻找到这些珍贵的油气资源,却是一项极具挑战性的任务。面对深不可测的海水环境、错综复杂的海底地形,以及那些未知而神秘的海洋生物,使得每一次海洋油气勘探都充满了未知、危险和挑战。

20世纪30年代,美国地球物理学家和海洋学家威廉·莫里斯·尤因一直致力于海洋研究。在深邃的大海中,如何突破那深达数千米的海水,洞悉海底之下的地层奥秘,这团"疑云"在威廉的脑海中环绕了多年,挥之不去。当时,陆地地震勘探普遍将地震信号激发和接收设备置于陆地表面,来获取地下

知识链接

海底节点(OBN)

什么是OBN呢?OBN是Ocean Bottom Node的缩写,也就是海底节点的意思。在OBN地震勘探中,海底节点被放置于海底,在海面上用震源发射地震波,这些地震波就像一群勇敢的战士,奋勇向前,穿越海水,到达海底下的地质层,再向上反射;海底节点接收并记录海底反射回来的地震波信号;这些记录下来的信号,最终会传输到船上的计算机中进行分析,根据分析的结果来了解海底的地质信息。

信息。威廉敏锐察觉到这种探索方式或许能够跨越陆地的界限，为海洋地震勘探带来新的可能。于是他提出了大胆的构想，模仿陆地勘探将勘探设备放置到海底！

1935年10月，威廉与伍兹霍尔海洋研究所的科学家们一拍即合，在蔚蓝的海洋上首次尝试将他的海洋勘探构想变成现实。他们乘坐的"亚特兰蒂斯"号船舶航行在水深约4800米的深海，利用一条绝缘电缆将串联的炸药震源、地震仪和示波器沉放到海底，三者形成的排

>>> 美国地球物理学家和海洋学家威廉·莫里斯·尤因

列总长度约为1300米。然后通过引爆炸药震源产生地震波，地震波穿过海底地层再反射回来，由地震仪接收，同时示波器用来放大显示信号。每一次爆炸的瞬间，当地震仪接收到的信号通过电缆传输到船上的记录器时，他们的心都会紧张地跳动起来。这些信号，这些数据，都是他们对未知海底宝藏探索的见证。

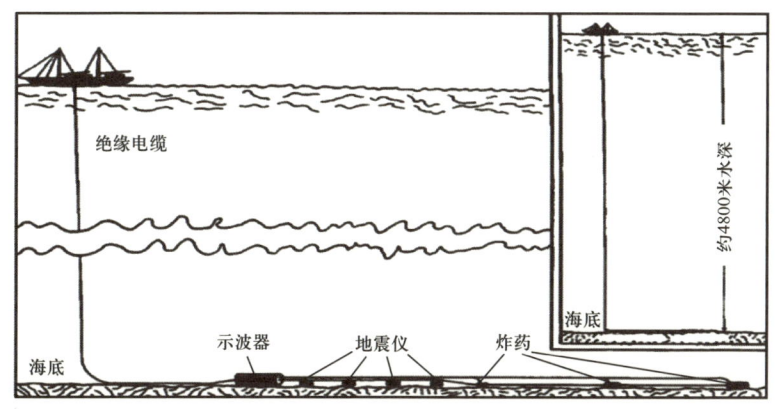

>>> 第一次海底地震勘探试验示意图

然而,受限于当时的技术,这次海洋勘探仅仅是试验性的。但这次历史性的试验不仅给威廉带来了宝贵的数据和经验,也让他们对海洋有了更深的理解和敬畏,同时这次试验对于海洋节点地震勘探也具有里程碑的意义。它的出现使海底节点地震勘探成为可能,为后来的海洋探险家们提供了新的探索方向。

在上一次试验中,由于采用较长的电缆连接海底地震勘探设备,电缆在试验过程中出现了打结、磨损的现象,大大影响了试验效果。"无缆海洋地震勘探"这个想法在威廉的心中缓缓浮现。于是在1937年,即第一次海底地震勘探试验两年以后,威廉研制出了历史上第一个海底节点。

>>> 第一个海底节点

一个节点想要在海底独立工作,除了需要有电池和地震仪,还要有足够的重量和计时功能。于是初代海底节点使用岩盐作为压载物,怀表作为计时器。尽管它的设计和功能尚显粗糙,存在许多尚未修正的误差,但它依然闪耀着创新的光芒,昭示着一个新时代的曙光。

威廉,一位将地球物理勘探技术应用于海底探秘的先驱者,他的成就犹如星辰璀璨,照亮了海底地震勘探的夜空。而这个海底节点,就是他众多杰出成就中的一颗璀璨明珠。

OBN地震勘探技术的时代,从此拉开序幕。

半个世纪的等待

在 OBN 地震勘探中,每一个海底节点就像一个小耳朵,忠诚地潜伏在水下,倾听着海底的呼吸,收集着海底宝藏的信息。可人们很快意识到,单一节点的听力范围毕竟有限,它所能收集到的信息只是冰山一角。然而,当在海底布置了数以千计的节点时,这些节点便构成了一张庞大的"耳网"。这张"耳网"犹如海底的巨型听诊器,能够覆盖更广阔的区域,捕捉到更大范围的地下信息,扩大宝藏探索的范围。更为重要的是,这些节点如同多只耳朵协同工作、共同倾听、相互印证,确保收听到的信息准确无误,从而精准定位海底宝藏的位置。

然而,这颗冉冉升起的新星尚未升空,就遭遇了最漫长的寒冬。

就如同刚刚出现的火车因跑不过马车而被嘲讽一样,新生的 OBN 地震勘探也遇到了类似的困境。

20 世纪 40 年代到 20 世纪 90 年代,相较于技术尚未成熟且勘探成本较高的 OBN,海洋探险家们明显更青睐拖缆地震勘探和海底电缆地震勘探(OBC,Ocean Bottom Cable)

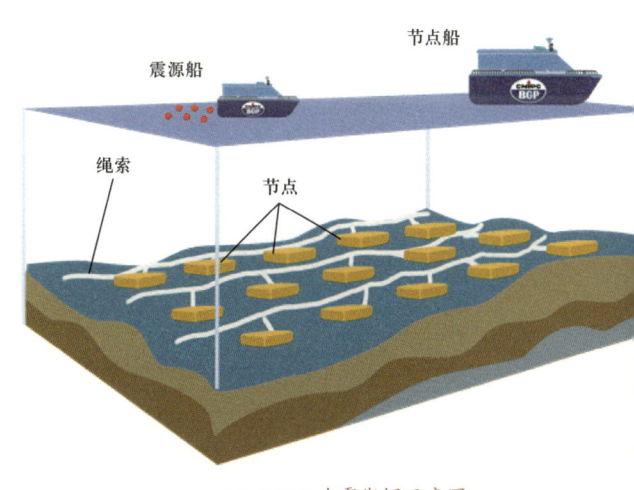

\>>> OBN 地震勘探示意图

这对兄弟。

拖缆地震勘探，顾名思义，是由船舶拖曳着电缆在海水中接收来自海底反射的地震波信号。如同放风筝需要人带着才能飞起来一样，电缆需要船舶以一定的速度、拉力拖曳才能使电缆漂浮在海水中。

20 世纪 30 年代以来，拖缆地震勘探在海洋油气勘探中起到了举足轻重的作用。拖缆的长度一般可达几千米，在开阔的海域，它游刃有余、效率极高，按着设定好的航线跑一圈或者像刷子一样"刷满"一片区域，就完成了任务。但是如果遇到障碍物较多的海域，比如有很多平台的油田区，它的缺点就浮现了出来。可以想象，船舶拖曳几千米长的电缆在平台之间穿梭，是多么困难而又危险的事情啊！

面对拖缆地震勘探这一弊端，海洋探险家们进行了大胆思考和创新：既然动态的电缆在障碍物多的环境中难以施展拳脚，那么能否把电缆放到海底，静态地接收地震信号，这不就解决了安全问题？创新的火花就这样被捕捉、被点燃，海底电缆地震勘探随之产生。OBC 将电缆铺设于海

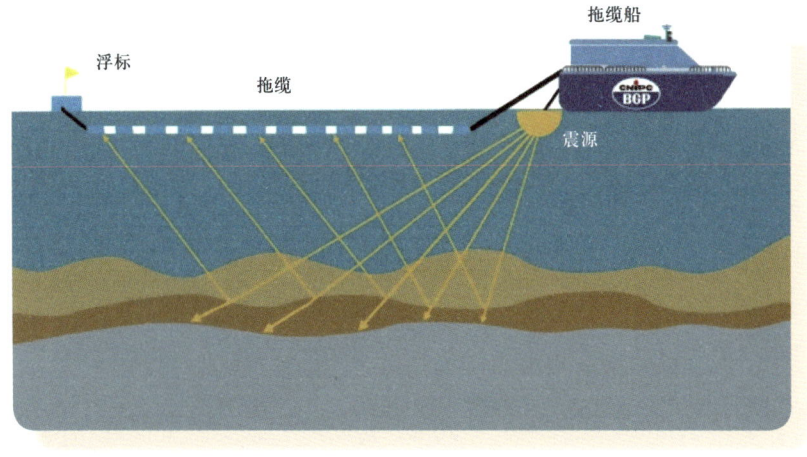

>>> 拖缆地震勘探示意图

底，即使在平台等障碍物复杂的海域，也能够比较灵活地将电缆铺设在障碍物之间，而且电缆在海底是静态的，既安全又不影响接收地震信号的质量。

海底电缆地震勘探的起源可以追溯到 20 世纪 60 年代，当时，人们开始意识到利用海底电缆进行地震勘探的潜力。到 20 世纪 70 年代，随着科技的进步和需求的增加，海底电缆地震勘探技术得到了快速发展，人们开始在全球范围内布设海底电缆，利用它们进行大规模地震勘探。

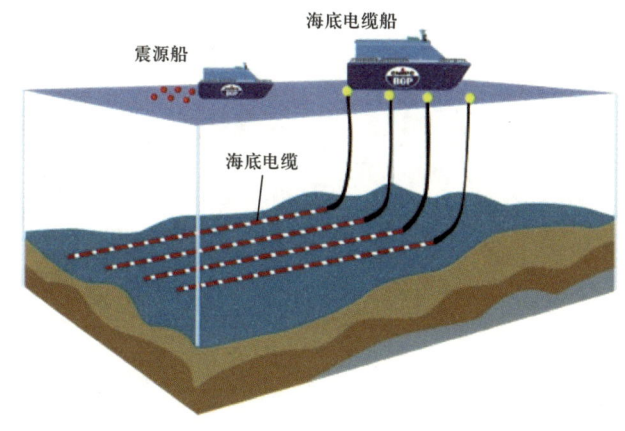

>>> OBC 地震勘探示意图

这一时期，拖缆和 OBC 在海洋地震勘探舞台上占据了 C 位。

到了 20 世纪 90 年代后期，随着海洋探险不断深入，探险家们对地震勘探的要求也越来越高。拖缆和 OBC 这对兄弟因自身的固有缺陷而无法跟上探险者的脚步，最主要的就是，二者的电缆无论是拖曳在水中还是铺设到海底，都与船舶相连接，都由船舶集中供电，也正是由于船舶供电能力的限制，一次性放到水中电缆数量是有限的，不能够满足当前海洋地震勘探对水中"耳朵"数量的要求，也就不能够"收听"到海底更多的地震信息，高精度海洋地震勘探遇到了瓶颈。

可新的替代者又在哪里？这时，沉寂了半个世纪的OBN又一次走进了大众的视野，像一束光照亮了探险家们前进的道路。

寒冬已过，暖春将临。

>>> OBN地震勘探节点布放作业现场

深海寻宝
海底节点地震勘探

詹姆斯带来的春天

在 OBN 沉寂的半个世纪中，OBN 的发展并没有停止脚步。随着科学技术的发展，OBN 有了高精度时钟、四分量检波器、续航持久的电池等"新装备"的加持，已经不再是当年那个简陋的海底信号接收仪。一批海洋探险家，将用全新的海底节点重新探索深海宝藏。

1993 年冬天的北海，英国地球物理学家詹姆斯·马丁登上了"特罗姆斯-斯卡文"号船舶，准备进行一次海底节点地震勘探试验。

冒着剧烈的海风，忍着晕船的不适，詹姆斯有条不紊地按计划推进试验。使用遥控潜水器将一种四分量海底节点放置于海底，将节点连接到船上的记录系统，利用震源船向海底发射地震波。尽管海面上狂风大作，但当船上的记录系统成功接收到了清晰的地震数据时，詹姆斯高兴极了，他用事实证明了

>>> 英国地球物理学家
詹姆斯·马丁

知识链接

四分量海底节点

四分量海底节点中安装有三个互相垂直的速度检波器和一个压力检波器，这四个检波器接收到的地震数据成为海底节点数据的四个分量。三个速度检波器用于记录地震波在 X、Y、Z 三个方向上的分量，可同时记录压缩波和剪切波；压力检波器用于记录压力波。因此，四分量海底节点又称为四分量海底地震记录仪。

57

四分量海底节点可以同时记录压缩波和剪切波数据，他的试验是成功的，而 OBN 在寒冬中经历了半个世纪的冬眠，终于迎来了属于自己的春天。

这次试验的成功在当时海底地震勘探领域引起了不小的地震，并且给挪威国家石油公司留下了深刻印象。挪威北海的托梅利腾油田受到地下气云的影响，气云下方的地质构造用传统的海洋地震勘探方法接收的压缩波地震数据始终不能准确成像，只有剪切波才能很好地解决这一难题。在看到詹姆斯的四分量节点记录到了剪切波数据后，1993 年底，挪威国家石油公司决定使用詹姆斯研制的四分量海底节点对该油田进行地震勘探。果然，该四分量节点所获得的剪切波数据首次实现了对托梅利腾油田气云下方地质构造的准确成像。

继詹姆斯研制的新型四分量海底节点之后，一批批优秀的四分量节点产品涌现而出。譬如挪威 TGS 公司的 Z 系列节点和 MASS 节点、美国 GeoSpace 公司的 OBX 系列节点等，OBN 家族日益繁荣。

2003 年至 2010 年，欧美多家巨头石油企业在各自工区先后开展了 OBN 地震勘探，都实现了海底油气资源分布状况的精准定位和分析，OBN 地震数据对海底地质构造成像精度的提升是拖缆和 OBC 地震勘探无法比拟的。一次次的试验和勘探，一个个圆满完成的勘探项目，为 OBN 地震勘探铺就了一条通往世界舞台的阶梯。至此，OBN 地震勘探终于凭借实力在海洋地震勘探中独占鳌头。

>>> 四分量海底节点地震勘探现场

OBN 的半壁江山

当国外探险家已经成熟应用 OBN 地震勘探在全球海域探索宝藏时，国内 OBN 地震勘探领域还是一片空白。

不服输、不认输，是刻在中华民族骨子里的精神。中国的探险家敢于迈出国内 OBN 地震勘探的第一步，誓要打破欧美对 OBN 技术的垄断地位。

2014 年，国际油价降到冰点，物探行业寒冬笼罩全球。当时，国外某知名油公司要布置一个大型 OBN 地震勘探项目，面向全球招标。参与竞争的大都是国际勘探大公司，拿下该项目无异于虎口夺食。

在没有 OBN 地震勘探经验的情况下，东方物探公司技术研发团队挺膺担当，他们积极调研，到国外学习 OBN 技术，主动承担节点试验。此后的三年间，他们用中国人特有的智慧和毅力与竞争对手比拼，一次次和甲方进行磋商，一次次修改完善技术方案，最终形成了一套完整的 OBN 地震勘探投标技术方案，2016 年底谈判尘埃落定，项目成功中标。

然而还没有顾得上好好享受中标的喜悦，技术研发团队就投身于如何将设计方案变成现实。此时国外实施技术垄断，国内不掌握 OBN 地震数据现场质控和处理技术成为"卡脖子"问题，要知道 OBN 地震数据在质控和处理方面要比传统拖缆地震数据复杂得多，仅仅能够记录到 OBN 数据却不能进行数据质控和处理，是无法向甲方交差的。于是 OBN 地震数据质控工作是分包给外国公司，还是自主研发，成为当时争论的焦点；选择前者，项目运作风险和难度要小得多，但是却治标不治本，无法从根源上解决中国海洋 OBN 业务受制于人的局面。

为了打破国外技术封锁，冲破业务发展的咽喉要塞，技术研发团队义无反顾走上自主创新之路，必须把 OBN 业务发展的主动权牢牢掌握在自己手中。

然而，项目准备期只有八个月，自主研发谈何容易？技术研发团队知难而进，百折不弃，日夜攻关，最终圆满完成了四大 OBN 地震数据现场质控和处理软件模块的开发和十几个版本的迭代升级。开工后一个月，现场节点采收率高达 99.4%，使超大数据量处理成为可能。甲方负责人不禁感慨："东方物探公司仅用不到一年的时间就走完了别人几年甚至更长时间才能走过的路，真是太不可思议了！"，甚至还有人评价：这个项目获得的 OBN 地震数据质量非常高，足够指导未来 30 年的油气资源勘探开发！

光有技术没有装备也是万万不行的。就像攀登高峰，只掌握了攀岩技巧，却没有穿着合适的登山服、登山鞋，也是很难到达峰顶的。近半个世纪，海洋勘探装备相关技术主要集中在欧美国家，而核心装备就是他们的"定海神针""不二法器"，高端部件对中国实行封锁，即使能进口也要承担高昂的成本。没有自己的"乾坤圈""混天绫"，又如何能"闹"出一片朗朗乾坤。在这种困境下，东方物探公司响应国家关于实现科技自立自强的号召，把"造不如买、买不如租"的逻辑倒了过来，组织了第一批关键核心装备攻关——海洋节点研制。

2022 年 10 月，全球瞩目的"东方物探创新者号"开启首航，搭载着关键核心技术成果的国内自主研发 oSeis 四分量海底节点也迎来了首次海试。从试验所获得的节点数据成果来看，oSeis 节点能够满足高精度海洋地震勘探的要求，达到了全球行业水准，这也标志着国内首个海底节点地震勘探装备首秀取得圆满成功。

与此同时，中国海油在海底节点地震仪器方面也取得了新突破，形成

>>> 东方物探创新者号

了一套具有自主知识产权的"海脉"节点,并在国内建成了海底节点地震勘探装备生产线。

在这条海洋探宝道路上,中国企业以漂亮的成绩告诉世界:我们不甘落后,我们勇往直前。如今的中国,也在世界 OBN 舞台上占据了举足轻重的地位。

截止到 2023 年,东方物探公司全面掌握了导航定位、节点收放、数据质控三项 OBN 探索海底宝藏的法宝,走在了世界物探舞台的中央。OBN 地震勘探关键技术已在国内外 20 余个大型 OBN 项目推广应用,应用面积超过 5 万平方千米,2023 年一举中标沙特全球最大海上勘探项目,在全球树立了中国石油 OBN 技术的靓丽品牌。

2023 年,东方物探公司 OBN 地震勘探技术被评为中国石油 2022 年度十大科技进展并成功发布,为中国石油海洋地震勘探业务的发展提供了强有力支撑。目前,东方物探公司海洋勘探业务正在向大洋更深处进发,助推我国海洋地震勘探业务实现跨越式发展。

在这场漫长的海洋寻宝之旅中,属于 OBN 的时代才刚刚开始,它以自己独有的优势,改变了全球海洋勘探的行业格局,也注定要在接下来的岁月里,继续创造令人刮目相看的新的奇迹,让我们拭目以待。

利器在握
石油工程技术精粹

地震勘探的助手

时频电磁技术

2023年9月，中国科学院发布了一则令人振奋的消息：中国科学家在南海4000米水深的中央海盆，通过人工场源电磁探测技术，发现了该区特殊的地质构造和油气显示。这个历史性的突破，使中国成为世界上少数几个能够掌握这项技术的国家之一。

历史上最伟大的发现

>>> 英国物理学家、化学家迈克尔·法拉第（1791—1867年）

在19世纪初，丹麦教授奥斯特做了一个有趣的实验。他发现在电流周围放置一个小磁针时，磁针会发生偏转。这个发现彻底改变了我们对电和磁的认识。接着，英国物理学家、化学家迈克尔·法拉第（1791—1867年）接手了这一项研究，他反复思考的是：既然电能够产生磁，那么磁能不能产生电呢？自1821年起，法拉第在人生最富有创造力的十年中，持续研究这个问题，经历了无数次的失败。1831年的一天，他将磁铁向线圈猛然插进去，竟发现电流表的指针发生了偏转，表明磁真的可以产生电！电和磁实现了人类历史上的第一次握手。

就在法拉第发现电磁现象的同一年，一个名叫詹姆斯·克拉克·麦克斯韦的天才悄然降临人世。他10岁进入中学，16岁进入爱丁堡大学，19岁转入剑桥大学，23岁毕业不久即当选教授。扎实的物理基础和对专业的非凡热爱，促使麦克斯韦产生了一个伟大的心愿："用数学公式精确描述法拉第的电磁现象"。麦克斯韦29岁这一年，登门拜见了年近古稀的法拉第。法拉第对麦克斯韦大加赞赏："我不认为自己的学说一定是真理，但你是真正理解它的人，你不应该停留在用数学来解释我的观点，而应该突破它。"

1865年，麦克斯韦发表了《电磁场的动力学理论》一文，轰动了整个世界，成为人类历史上最伟大的科学成就之一。他提出了一组方程来描述电和磁的相互作用，这被称为麦克斯韦方程组。这个方程组不仅统一了以前提出的电磁实验定律，还预言了电磁波的存在，预言电磁波就像光一样，可以在空间中传播。

>>> 英国物理学家、数学家詹姆斯·克拉克·麦克斯韦（1831—1879年）

麦克斯韦去世以后，德国物理学家海因里希·赫兹（1857—1894年）在其老师亥姆霍兹的影响下，对麦克斯韦的工作进行了深入研究，30岁时通过实验证实了电磁波的存在，确认了电磁波具有与光类似的特性，并测定了电磁波的速度等于光速，用实验证实了麦克斯韦理论的正确性。

根据麦克斯韦的电磁波理论，变化的磁场能够在周围空间中产生电场，变化的电场能够在周围空间中产生磁场，变化的电场与磁场交替产生并且其方向与电磁波传播方向互相垂直。

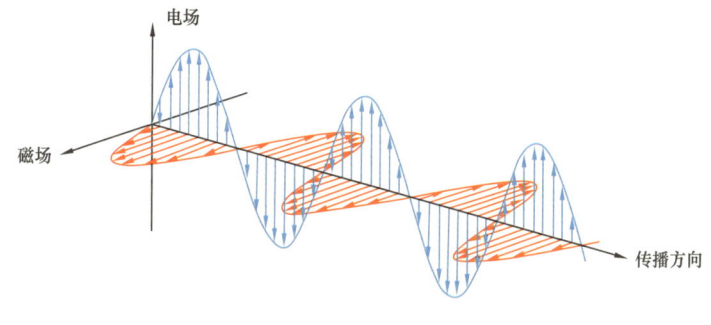

>>> 电磁波传播示意图

硬币实验带来的发明

电磁现象在石油勘探领域的应用,要追溯到1912年。这一年的夏天,法国巴黎矿业学院教授康拉德·斯伦贝谢把浴缸里装满了沙子和黏土,让孩子们把硬币藏在沙子里,他在沙子里面插上几根螺栓,观察浴缸里面不同位置电阻率的变化,很快便确定了硬币所藏的位置,当他从沙子中取出硬币时,孩子们禁不住瞪大了眼睛,感觉神奇极了。这个实验也给他的弟弟马歇尔留下了深刻的印象,并深深爱上了这个领域。同年暑假,他们在自家庄园里又做了一次实地试验,用人工电磁场测量不同地点的电阻率,画出了世界上第一张等电位图。7年后,他们用这个方法清晰确定了一座铁矿的矿体范围,并取得成功。在父亲50万法郎的支持下,他们不断改进电磁测量仪器的精度和可靠性。后来,康拉德辞去了教授职务,在罗马尼亚、塞尔维亚、加拿大、刚果等地开展矿产勘探活动,之后兄弟俩注册了公司,开始商业性勘探服务。

一天,兄弟俩带着他们的电磁仪器,来到了美国得克萨斯州沙漠中炎热的平原上,他们走得满脸灰尘、汗流浃背,在坚硬的地表上开始电法勘探实验,想用测量地下岩石电阻率的方法来寻找石油资源。经过一次又一次的试验和失败,一次次对电磁仪器的改进,最终在荒野深处发现了一处潜藏着丰富石油资源的矿藏,这一发现让他们激动不已,并震动了整个石油界,斯伦贝谢兄弟因此被誉为大地的探险家。他们的电磁技术在石油勘探领域掀起了一场革命,为后来的探索工作奠定了坚实基础。

鱼和熊掌也可兼得

20世纪50年代中期,美国阿莫科石油公司开始采用频率域电磁法进行油气勘探,继续推动电磁勘探技术的进步。这一时期,电磁方法在勘探领域开始吸引更多关注,开展更多实地试验和研究。电磁法找油技术逐渐走向广阔的地域和多样的地质背景中,取得了一系列显著的成就。

20世纪六七十年代,随着计算机技术的发展和数值模拟方法的引入,电磁法找油技术得到了更大的推动和进展。人们开始探索时间域电磁法和频率域电磁法的差异。时间域电磁法通过测量地下电磁场的时间衰减特性来判断油气储层的存在,优点是对低阻油气层反应敏感,纵向分辨率高,缺点是对高阻油气层分辨率低,横向分辨率差,勘探深度2000~3000米;频域电磁法主要通过测量不同频率下地下电磁场的特性来识别油气储层,优点是对高阻油气层反应敏感,横向分辨率高,缺点是对低阻油气层分辨率低,纵向分辨率差,测量最大深度2000~3000米。

20世纪80年代起,在大地电磁法的基础上进一步发展出了可控源音频大地电磁法。这种方法把大地电磁法的源换成了人工源,用有限长接地导线作为场源,通过测量正交电场和磁场分量求取电阻率参数。由于提高了场源的稳定性,这种方法相比于大地电磁法工作效率和精度大大提高,但是人工场的源功率不高,探测深度相对较浅,只有3000~3500米。

20世纪90年代,深部能源的探测与利用成为油气勘查的重要方

知识链接

时频电磁技术工作原理

时频电磁技术通过给大地提供强电流,激发油气勘探目标,采用特定频率和波形的电磁信号,测量地下油气藏的次生电磁场频谱,获得目标区的电阻率和极化率信息,进而推断地下油气藏位置、大小及结构,其先进性在于将频率域测深与时间域测深联合在一个系统中,用电阻率异常判别储层物性,用极化率异常识别流体,从而发明了电磁多参数储层及油水预测技术,突破了单一电阻率参数识别精度低的瓶颈,极大地减少了电磁测深反演结果的多解性,提高了深部储层成像和油水预测精度,时频电磁联合地震勘探类似于彩超,最大勘探深度可达10000米。

向。我国现有的电磁勘探探测深度受限、探测精度不高;仪器依赖进口,成本高昂、技术封锁;软件不能支撑,进口软件的使用受制于人。在国家"863"计划等支持下,东方物探公司的何展翔团队首先引进了俄罗斯的时间域电磁测量方法和仪器,结合电磁勘探技术的发展经过深入研究,何展翔教授对他的团队说:"我们必须融合时间域电磁法和频率域电磁法各自的优点,做到鱼和熊掌一定要兼得,并且制造出相应的仪器。"在这次会议上,提出了"时频电磁技术"的概念,之后经过10余年的不懈努力、探索与试验,于2003年成功推出了具有自主知识产权、适合于油气探测的时频电磁法(TFEM),包括方法原理、软件和仪器。

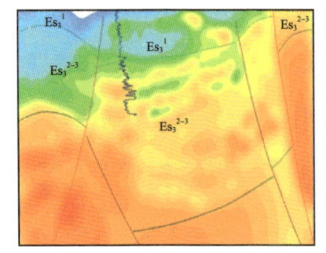

时频电磁剖面

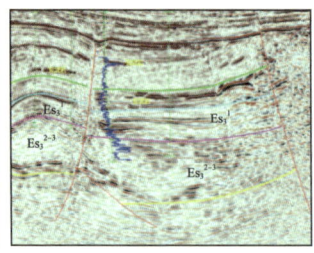

地震剖面

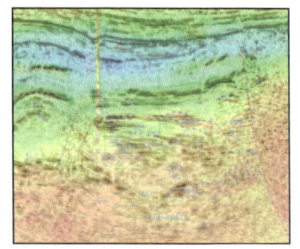

时频电磁+地震联合剖面

>>> 电磁联合地震勘探类似于彩超

地震勘探的助手
时频电磁技术

2020年最新研制的第四代大功率恒流发射系统（TFEM-T4），其激发功率达到150~200千瓦、最大输出电流可达150安，比常规电磁法激发能量大20倍以上；恒流方波误差小于1%，可采用100~200次重复叠加，信噪比高，比传统方法信噪比高10倍以上。输出频率为0.001~500赫兹，既保证了近地表浅层地质结构划分的精度，又增加了深层油气目标的探测精度和分辨率。

>>> 时频电磁大功率恒流发射系统

危难之处显身手

在华北油田勘探中,利用 2018 年的地震资料,发现了吉兰泰深部潜山异常,但无法确定其中是否含有油气。为此,勘探人员使用时频电磁法,对潜山异常进行了探测。时频电磁法提供了更准确的地下成像和油气勘探信息,引导了地震部署及二次钻探,两口井分别获得日产百吨的高产工业油流。这项技术在短短 7 个月内,打破了河套盆地 2 万多平方千米找油 40 余年的沉寂,实现了油气勘探的重大突破,为河套盆地提高产能提供了重要技术支撑。

在辽河油田东部坳陷中,火成岩油气藏极为发育,但是火成岩喷发期次多,岩性、岩相难以划分,地震勘探难以穿透火成岩。为此,2017—

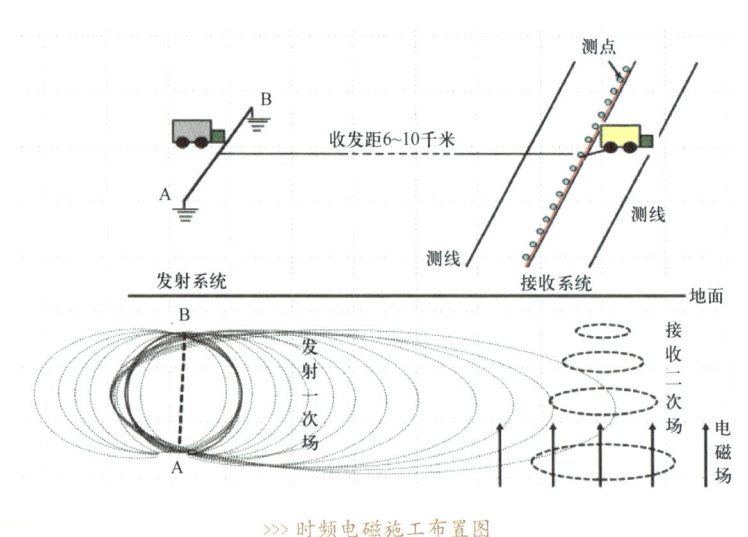

>>> 时频电磁施工布置图

2020年，辽河油田决定采用时频电磁法配合地震勘探连续攻关。2020年1月，当JT-X井钻探至4000米时，常规的勘探资料不能确定深部是否有火成岩，而时频电磁资料清楚揭示了深层高阻火成岩的存在，因此，坚定了辽河油田地质专家继续钻探的信心，最终，在4360~4396米井段钻遇玄武岩，获得日产32.5万立方米的天然气，刷新了辽河油田40年来的纪录。

2022年，围绕塔里木盆地的一个超深断块油气藏，地震评价出6个有利圈闭，目标层深度大于7500米，风险大，钻探成本很高。辽河油田要求对这6个圈闭进行优选排序，优选其中一个最佳圈闭实施钻探。为此，部署了时频电磁勘探，根据时频电磁资料，向辽河油田推荐了优先钻探井位KS-X井。2023年1月，该井在7901~7985米井段试气，获得日产22万立方米。

时频电磁技术发明以来，围绕中浅层油气、深层油气、碎屑岩储层、基岩潜山及内幕储层、火山岩储层等领域，在塔里木、准噶尔、鄂尔多斯、渤海湾、四川等5大盆地、13个油气田和国际9大油公司，开展了时频电磁油气预测和评价。截至2022年12月，累计勘探工作量超过40000千米，配合地震勘探共预测钻井694口，为国内外多个油气田的油气资源发现提供了技术支撑，成为石油地震勘探的有力助手。

>>> 时频电磁大功率恒流发射系统在吉兰泰现场成功应用

利器在握
石油工程技术精粹

走向世界物探舞台的C位

2018年7月19日,中国石油天然气集团有限公司与阿布扎比国家石油公司签署战略合作框架协议,并由东方物探公司与之签署全球物探行业最大勘探合同,勘探面积达5.3万平方千米,合同额16亿美元,约合110亿元人民币,成为"一带一路"的标志性工程,象征着东方物探公司站在了世界石油物探舞台的中央!但少有人知的是,为了这一天的到来,东方物探公司已摸爬滚打了35年。

"死亡之海"的世界纪录

东方物探公司前身是物探局（BGP），参与了我国全部重大油气发现，拥有中国找油找气"战略部队"的美誉，曾被国家授予"地质勘查功勋单位"，为石油工业的发展做出了突出贡献。但到了20世纪80年代，物探局面对市场经济的改革，遇到了巨大的挑战：勘探工作量大幅减少，队伍没有活儿可干，员工发不出工资，公司前途未卜，往哪里走？该怎么办？

为期一周的战略研讨会上，与会成员各抒己见，反复辩论，最后形成一致意见："自己动手，丰衣足食，到市场上找活干；陆地、海洋、国内、国外，凡是有石油勘探的地方，就是我们的市场。"

当时国家提出征服塔里木的号召，要在"死亡之海"找石油，由于缺乏先进的技术和装备，中国决定与美国的勘探公司合作，并于1982年1月23日签订了合同。通过竞标，物探局反承包了相关的野外数据采集任务。按照约定，美国GSI公司将派出两个沙漠地震队、一个小型计算机中心、一个管理组，在塔里木盆地指定地区进行勘探，为期3年。同时，GSI负责为中国装备一个沙漠地震队并进行指导。三个沙漠地震队每队110人，其中两个美国队中，美方11人、中方99人。一个中国队中不含美方人员，由中方管理。3年预计完成10000千米的地震测线和50000千米重力测线。三支地震队分别为1830美国队、1831美国队和1832中国队。全由中国人组成的1832队，承载着向外国人学习、消化和吸收的任务，是技术和管理的"蓄水池"。

>>> 1983年，物探局地调三处与美国GSI公司合作，挺进塔克拉玛干大沙漠

1983年5月23日，合作勘探正式启动。刚开始，高大笨拙的国外设备不听中国人的摆布，美国人看着直摇头。沙山上，美国人开着推土机扬长而下，中国人却裹足不前；美国人修理设备一般不让中国人在场，即使中国人上前帮忙，他们也会吼着让中国人走开。

有一天，中国队的运输车刚刚从塔里木河爬上岸，汽车"突突"几声就熄火了，再也发动不起来。于是司机请来维修组长，让他给看看是啥毛病。组长虽然有20多年的修车经验，但完全不熟悉这台国外设备。半个小时过去了，连毛病出在哪儿也说不清楚，没办法只好去请美方机械师。那个美方机械师拿起扳手，孩子摆积木似的摆弄不到五分钟，车子居然发动了。其实是小毛病，排气管进了气，只要摘下气阀，将气放出来就成。这件事，深深地刺激着中国队的每一个成员，他们开始如饥似渴主动地学习每一件新设备和每一项新技术，并且鼓起勇气，敢于尝试改进他们在实际生产中遇到的每一项不科学、不合理的地方。

沙漠打井，进口钻机的空气压缩机总爱出毛病，失去动力是经常的事。中国队的钻井组长和修理组的人一起琢磨好多天，觉得外国人设计不合理，空气滤清器离地面太近，钻井时吹起的沙子被吸进空气压缩机缸体内，是失去动力的主要原因。他们把滤清器改装到驾驶室顶部，空气压缩机的寿命居然延长了一年半。消息传开，美国人来中国队学习并找"专家"，帮忙对他们的设备进行改造。

为了提高工作效率，三支地震队约定展开劳动竞赛。当年11月10日开始，1830美国队连续10天过百炮。24日，他们创造出了日放208炮的沙漠地震新纪录。"在流动的大沙漠里，日放208炮，这个纪录是谁也无法打破的！"1830队队长肯尼迪胸有成竹地说。要知道，当时的美国队代表着世界顶尖水平，这个纪录是当时全世界的最高纪录，它是地震队技术、管理和人员素质的综合体现。

然而，1832中国队偏偏有一股不服输的精神，他们分成很多个小组，每个小组研究一道工序，不放过任何一个可以提高效率的环节。才过了5天，1832中国队就在29日放出了250炮的新纪录。美国队长肯尼迪哪里肯信，亲自开车，翻越沙山，来到1832中国队工区，在工地上一炮一炮对每一个环节都做了详细记录和仔细检查。当他手里的秒表准确地显示出工人们打一口井的时间时，肯尼迪惊讶了：一口4米深的炮井平均仅用几秒钟的时间，真是奇迹。他还发现，中国人对设备的使用已经变得灵活自如，工种之间的配合井然有序。他看着每一个自己亲手测出来的、完全正确的数据，终于信服了，高高地伸出了大拇指，不无佩服地说道："你们不愧是大沙漠里世界纪录的创造者！"

1995年9月，物探局与意大利阿吉普石油公司合作，在中国石油天然气总公司举行的第三轮对外招标新闻发布会上，阿吉普石油公司海外有限公司总经理皮卡迪说："我们对中国物探队的施工进度、剖面质量和技术水平都非常满意"。

在对外合作过程中，物探局把对外反承包当成学习国际先进管理方式和勘探技术的直接练兵场。通过反承包服务，培养了1千多名国际化技术与管理人才。正是以这种潜心学习的态度和不服输的精神，物探局逐渐赢得了国外同行的认可和尊敬。

在通过反承包等模式学习国外先进技术和管理的同时，东方物探公司持续推进企业内部改革，积极构建市场化管理架构、推进市场化发展模式。以突出主营业务优势为目标，剥离社会服务等次要业务，持续推进产业结构、资产结构和组织结构调整，推动装备、技术、队伍等资源集中管理、科学调配，让物尽其用、人尽其才，逐步形成了现代化的企业制度，极大提高了公司管理水平和物探作业能力。2002年到2019年，东方物探公司先后实现5次专业化重组，物探主业优势更加突出，企业规模实力和市场竞争力大幅度提升。自2003年公司成为陆上采集业务全球第一开始，到2015年，公司综合市场份额升至全球第一并维持至今。

>>> 1995年，物探局地调三处塔里木反承包项目组合放炮现场

中国人能搞地震勘探？

1995年，物探局加入国际地球物理承包商协会，获得进入国际市场的通行证，之后成立国际勘探事业部，并陆续进入国外物探市场，将中国石油人的勘探足迹印刻在美国、厄瓜多尔、巴基斯坦、秘鲁、菲律宾、苏丹、尼日利亚、土耳其、也门等土地上。

当物探局来到尼日利亚，第一次投标国际大牌油公司的尼日利亚项目时，甲方却当头泼了一盆冷水。甲方经理毫不掩饰地说："Can Chinese do seismic exploration？"意思是中国人能搞地震勘探？这句话，犹如一根长长的钢针，深深地刺在了中国物探人的心头，引起一股钻心的疼痛。他们默默无言、分工合作，从学习国际规则做起，一点点吃透国际标准，从无到有建立起了一套完整的"健康安全环保"管理体系，实现了与国际接轨；他们学习吸纳现代管理经验，恪守国际规范和市场规律，建立了一系列质量规范、作业程序、雇员管理制度以及薪酬体系，最终一举通过了甲方的资质审核。他们怀着对祖国、对公司、对石油物探事业的热爱，忍受着蚊虫的叮咬，蹚过一条条河流，涉过一片片沼泽，用蚂蚁啃骨头的精神，按合同要求完成了项目所有任务，用令甲方钦佩的业绩回击了所有的质疑。

在列强环伺、弱肉强食的石油物探行业，能否进入沙特市场，是全世界石油物探公司实力的品牌标志。沙特素有"石油王国"之称，但长期只认可西方国家的品牌和技术，市场壁垒森严，被少数西方公司分割盘踞。东方物探公司代表几次约见沙特阿美石油公司的勘探经理都吃了闭门羹。

几经申请，技术专家终于获准登门进行技术宣讲，却连个会议室都没有安排。甲方人员边忙着手里的工作，边漫不经心地听着他们的报告，眼神里充满不屑。但东方物探公司仍然坚持不懈地进行市场攻关，成立了专门的沙特项目办事处，不断派出技术专家到沙特进行技术推介，并在沙特周边的利比亚、巴基斯坦、阿曼、也门项目中大显身手，使BGP的品牌在中东地区开始响亮起来。精诚所至，金石为开。历经8年攻关，东方物探终于在2003年赢得了沙特阿美石油公司的第一份物探技术服务合同——S47项目，叩开了被西方公司垄断了70多年的沙特市场。项目历时整整6年，大漠深处的温度高达50多摄氏度，24小时坚守作业，无数次部署测线、维修设备，克服了环境炎热、语言不通、施工标准不一致等重重难题，实现了项目的优质运作，让甲方刮目相看：整整6年的施工期中，实现了3万多千米测线的数据采集，160多次营地搬迁，1000万安全工时，没有发生一起事故，终于换来项目的圆满完工。沙特阿美石油公司作业经理被深深地折服，发自内心地发出感叹："你们真是来得太晚了！"优异的成绩带来了接踵而至的项目，个个都是五年期合同，成为公司的"天字号工程"。

20年间，沙特阿美石油公司把20个多重点项目授标给东方物探公司，分别于2009年、2011年、2020年实现"连中三元"，其中包含了14个产值超亿美元的项目。目前，BGP已经成为沙特物探服务行业首屈一指的品牌，在沙特物探市场的份额长期

>>> 物探局尼日利亚项目工作人员收线

知识链接

超大道数有线采集系统

超大道数有线采集系统是指20万道以上的、采用电缆将数字化后的数据实时传输到主机的地震仪器记录系统。地震仪器的每一道对应一个独立的信号源，由于电缆或光缆的传输带宽所限制，工业界实际应用的超大道数有线采集系统只有西方地球物理公司的Uni-Q（20.2万道）和东方物探公司的G3i-HD（23.4万道）。

保持第一位，创造了巨大的经济效益，也创造了巨大的品牌效应。

沙特被称为"石油王国"，而科威特则被称为"浮在石油湖上的国家"。2017年，西方地球物理公司（WGC）在科威特设置技术壁垒，要求参与竞标的企业必须拥有自主知识产权的软件系统。东方物探公司依靠自主研发的超大道数有线采集系统和PB级数据处理等国际领先技术，成功获得科威特KOC公司全球最大道数科西三维地震采集处理一体化项目，创造了23万道采集作业一次成功的行业奇迹，展示了超人规模作业能力和技术实力，迫使世界第一的竞争对手西方地球物理公司退出陆上物探采集业务，彻底打破了WGC在科威特长达50多年的垄断局面。

伴随着东方物探公司作业、技术、管理实力的不断跃升，东方物探公司深入推进国际化战略，队伍数量、市场份额快速增长。从1988年第一个按照国际惯例运行项目算起，目前收入已经增长了近1000倍，海外物探队伍增加到58支；作业范围扩展到全球五大洲74个国家和地区，为300多家油公司提供服务；中国石油海外重大油气发现参与率保持100%。与此同时，业务结构由单一陆上地震采集业务扩展到处理、解释、油藏、海洋勘探、综合物化探、井中勘探、非常规勘探、软件研发、装备制造等完整的产业链，服务的甲方从中小型石油公司延伸到世界上最大的石油公司，成为全球物探行业唯一全产业链的技术服务公司，形成了以中东为核心，辐射全球的市场格局，陆上勘探市场份额连续20年稳居行业首位。

海洋石油勘探中的黑马

海洋油气储量约占全球油气资源总量的三分之一，谁在海洋物探领域占据了优势，谁就掌握了未来发展的主动权。海洋业务是全球物探领域的热点，更是世界油气勘探开发的未来。东方物探公司在将陆上业务做到全球第一的同时，开始构筑中国的蓝色海洋之梦。

东方物探公司海洋业务刚刚起步时，全球海洋物探市场已被西方垄断了近半个世纪。当时拖缆技术是主流，东方物探公司从国外引进技术、装备、人才，实现了快速起步。然而只靠拖缆业务无法行稳致远，原因有两个：一是缺乏竞争优势，因为用的是从竞争对手手中购买的"上了锁"的技术和装备；二是拖缆业务虽然技术成熟且成本低，但无法满足行业发展的高质量需求。

2015年，东方物探公司敏锐地洞察到一项新兴的技术——海底节点勘探技术，认为"弯道超车"的时机到了。这项技术虽然投资风险大，作业成本高，但它的数据质量是拖缆技术无可比拟的，拥有巨大的市场潜力。东方物探公司迅速做出向海底节点业务转型升级的战略决策，把握住未来的发展方向。2016年12月，东方物探公司成功中标印尼BP大型海底节点项目，合同金额1.2亿美元，是当时全球最大的海底节点勘探项目。依托该项目，东方物探公司自主研发了海底节点质控软件、模块化节点收放系统和Dolphin综合导航系统，成为业界唯一同时掌握这三项技术的物探公司。随后，又合作研发了全球最先进的新一代海底节点处理技术，打破了国外公司的技术封锁，拥有了东方物探公司自己的坚兵利器。

2019年6月,东方物探公司与英国石油公司签署了里海海底节点项目,合同金额1亿美元。在"里海石油大赛"中独占鳌头!以独有的技术、装备、管理优势独占了里海石油物探市场。

到2022年,东方物探公司成为全球海底节点勘探业务作业实力最强的公司,市场占有率达到了43%以上,运作节点数量超过全球60%,位居全球第一,成为海洋石油勘探中的黑马,彻底改变了海洋物探行业的竞争格局。东方物探公司进军蓝色海洋的壮举为他们走向世界舞台的中央再添重磅砝码。

>>> 东方物探公司沙特S78项目震源船浅水作业

出奇制胜的法宝

市场波涛汹涌，危局孕育生机，东方物探公司从陆上第一，到海上为王，进而走进世界物探舞台的中央，成为全球最具竞争力的物探技术服务公司，依靠的究竟什么呢？东方物探公司总结了三个法宝。

第一个法宝，是战略先行，赢得发展主动权。"我们之所以能够从容应对发展中的危机与挑战，在于我们始终坚持战略引领，在关键节点做出了正确的战略决策。"时任东方物探公司执行董事、党委书记苟量如是说。实际上还在2008年的时候，面对国际金融危机的严重冲击，东方物探公司提出了一体化、集约化、国际化、数字化的"四化"发展战略。到2014年的时候，国际油价暴跌，全球物探市场一片萧条，国际物探公司纷纷降薪、裁员、卖资产以应对市场寒冬。面对这样的不利局面，经过深入研判，东方物探公司敏锐抓住时机，果断提出了"两先两化"发展战略：即创新优先、成本领先、综合一体化、全面国际化。"创新优先"是要把高质量发展的基点牢牢建立在技术进步上，坚持科技先行、技术立企，围绕产业链部署创新链、依靠创新链提升价值链，抢占未来竞争制高点；"成本领先"是要打造相对于竞争对手的低价格，低成本不是低价格，而是以更低的投入获得更高的产出，创造更多价值；"综合一体化"是构建完整的物探产业链，构建产学研、采集处理解释、区域发展等一体化发展机制，形成相互支撑、共同发展的良性格局；"全面国际化"则是率先打造世界一流的路径选择，实现从"BGP的国际化"到"国际化的BGP"的跨越，大力推动技术、人才、资源和市场的全面国际化，广泛参与全球

竞争和行业治理，提升国际市场竞争力和行业影响力。

第二个法宝，是创新引领，打造最强科技利器。东方物探公司一直坚持开放联合，发挥产学研协同效应，构筑全球化科技创新网络。先后引进 36 名国际高端人才，打造了由 1 名院士、5 名国家级专家、97 名公司级专家、9000 多名科研骨干组成的中外技术团队；积极构建国际国内统一布局的软硬件研发环境，在"四国五地"建立科研机构，与美国斯坦福大学等 36 家知名院校和科研机构，Shell、BP 等 10 余家大油公司开展了 120 余项技术合作，有力推动了多波、偏移成像等前沿技术的快速突破，为抢占技术制高点注入了不竭动力。

在核心装备方面，打造形成了以 EV56 高精度可控震源、G3I 超大道数地震仪等为代表的勘探装备，实现了物探核心装备的国产化、自主化；成功研制了全球首台大吨位横波可控震源，引领行业进入矢量勘探的新阶段。

在采集方法方面，东方物探公司自研地震采集设计软件 KIseis，大力推行以大道数高效采集技术为支撑的宽频、宽方位、高密度三维勘探方法，已经成为行业的主流，能够有效提升勘探效果并降低勘探成本，成为海外市场竞争的绝对利器，并在国内各探区进行了大规模推广应用。

在处理和解释核心软件方面，早在 2003 年，东方物探公司组建超大型油气勘探软件 GeoEast 研发团队，就开始了物探中国"芯"的艰难铸造。经过 19 个月的努力，中国第一套拥有自主知识产权的石油地震数据处理解释一体化软件 GeoEast V1.0 诞生，改写了中国物探没有自主勘探软件的历史。经过 20 年持续创新和攻关，GeoEast 软件从 1.0 发展到 4.0，彻底打破了国外公司对该领域的垄断，实现了对进口软件的全面替代，在中国石油、中国石化、中国海油等 70 多家企业，国外 42 个国家和地区被广泛应用，被 30 多所高校作为教学软件和科研平台，先后获得埃克森美孚、

>>> "陆上宽频宽方位高密度地震勘探关键技术与装备"
获得2024年度国家技术发明奖一等奖

雪佛龙等国际大油公司的资质认证，成为全球三大主流物探软件之一。GeoEast实现了从"中国石油软件"向"中国软件"的跨越，被誉为石油物探的中国"芯"。东方物探公司实现了从技术跟跑者、并跑者到部分技术领跑者的转变，彻底打破了国外封锁。

2024年6月24日，在国家科学技术奖励大会上，东方物探公司凭借"陆上宽频宽方位高密度地震勘探关键技术与装备"（简称"两宽一高"）项目摘取国家技术发明奖一等奖。这是中国石油首次问鼎国家技术发明奖一等奖。"两宽一高"历时15年科技攻关，在地震勘探理念方法、软件、装备及核心技术等方面实现了重大突破，引领全球陆上地震勘探技术的发展方向，支撑油气勘探取得一系列大突破、大发现，为保障国家能源安全做出重大贡献。从跟跑、并跑到部分领跑，"两宽一高"在国际赛道上展示了我国石油物探技术的自主创新与快速进步。

第三个法宝，是放眼全球，培育国际大品牌。在国内勘探市场萎缩的情况下，东方物探公司很早就将眼光瞄准了国际勘探市场。1988年，物探局走出国门，在缅甸拿下第一个国际项目。这时候，西方的物探公司已经有80多年市场经营经验，相比西方物探公司的发展历程，东方物探公司起步晚了大约几十年，想在海外立足谈何容易。东方物探公司国际勘探事业部副总经理黄艳林说："当时，国内有很多质疑的声音。尽管心里有些委屈，但都挺过来了，大伙认定'走出去'是必须的。"很快，苏丹、利比亚、也门、缅甸……东方物探公司的旗帜飘扬在世界各地。

在国际市场过山车般的形势变化过程中，东方物探公司从"走出去"到"走上去"，成功跻身成为全球最大地球物理承包商，累计为70余个国家300多个油公司提供技术服务，打造形成中东、北非、东非、西非、拉美、中亚和东南亚等规模化生产基地，销售收入连续6年保持行业第一，陆上业务连续20年保持行业第一，OBN市场份额连续6年超过全球50%，成为行业内最具竞争力的服务商。历年参与中国石油海内外重大油气发现率均为100%，连续十年获得中国石油"油气勘探特别贡献奖"。

在一次国际会议上，一名国际大牌石油公司的高级管理人员由衷地说道："如果BGP做不到，那世界上就没有公司能做到了。"

东方物探公司是IAGC核心会员，国际勘探地球物理协会（SEG）、美国石油地质学家协会（AAPG）及欧洲地球科学家和工程师协会（EAGE）主要会员，直接参与全球物探行业规则的制定。由于中国石油物探的崛起，SEG专门在北京建立了首个海外办事处。国际地球物理承包商协会修改HSE管理标准时，一位副主席说："必须邀请BGP参与修改。没有BGP的参与，我们的修改将是不完整的。"

2023年3月，东方物探公司荣耀入选国资委"创建世界一流专精特新示范企业"。5月7日，东方物探公司与沙特阿美石油公司一口气签订了两个陆上、三个海上地震采集项目合同，"独中五元"包揽了沙特阿美石油公司此轮所有邀标项目，合同总额超 20 亿美元。此时的东方物探公司，在国际同行业领域内的排名中，非 C 位莫属。

东方物探，这部厚重长卷，铺陈舒展、辽远深邃；东方物探，这首当代史诗，讴歌成就、彪炳史册！

>>> 东方物探公司科研大楼

世界上第一家测井公司——斯伦贝谢公司早期的测井车

世界上第一条测井曲线

利器在握
石油工程技术精粹

百年测井话沧桑
为地层画像的风雨历程

现代测井车与测井装备

石头,学名岩石,其形态万千,层状、片状、块状、球状、柱状……在地质学家眼中是一片片宝贵的矿藏。历经沧海桑田的变迁,无数生物诞生又消亡,岩石在其前世今生千万年的嬗变中,悄然蕴藏着丰富的石油资源,如同藏在岩石里的神秘密码。测井就是地质学家的"眼睛",从点到线、从单条曲线到多条曲线、从二维到三维,对地层信息的不断采集和逐渐丰富,如同绘画,从勾勒线条的简笔,到单一色彩写实的素描,再到逼真细腻、立体感强的油画,为地层描绘的图像越来越清晰立体,逐层覆盖,地质学家的这双"眼睛"越来越明亮。

一次神奇的"家庭魔术"表演

1912年夏天,法国巴黎矿业学院教授康拉德·斯伦贝谢正兴致勃勃准备做一次"家庭魔术"表演,孩子们好奇地围在浴室的铜制浴缸边。斯伦贝谢把浴缸里装满了沙子和黏土,在沙子里面插上几根螺栓并通上电流,观察浴缸里面不同位置电阻率的变化。斯伦贝谢让孩子们把硬币藏在沙子里不同的地方。在一双双纯真的眼睛注视下,斯伦贝谢开始表演魔术了,他测量浴缸里面不同地方沙子的电位和电阻率的变化,很快确定了硬币所藏的地方。当他把硬币找出来的时候,孩子们惊喜地跳起来。

测井技术的首创者法国人康拉德·斯伦贝谢,毕业于法国巴黎矿业学院。他在实验中发现大地磁场在不同的地方存在差异,原因是不同地方的土壤与岩石的矿物成分与含量不一样,造成了电阻率的差异。为了进一步

>>> 康拉德·斯伦贝谢

>>> 马塞尔·斯伦贝谢

验证原理，1912年暑假，在法国诺曼底半岛上斯伦贝谢家族所拥有的瓦尔里切庄园里，他做了一次实地试验，用人工电磁场测量不同地点电阻率的方法，画出了世界上第一张等电位图，可以算是为地层画像的第一幅草稿。1919年，他的弟弟马塞尔·斯伦贝谢大学毕业，成为机械工程师。兄弟俩怀着对这一领域的热爱，在一座铁

>>> 康拉德、马塞尔使用非常基本的设备，在诺曼底卡昂附近的庄园记录了第一张等电位曲线图

矿上验证这一方法并取得了成功，可以清楚地测定矿体的范围。从原理上说，他的人工电磁场测量电阻率的方法有望应用在找矿服务中了。

康拉德的这一创举，首先得到父亲的鼎力支持。老斯伦贝谢是一位企业家，他慷慨拿出50万法郎，支持儿子们的电法勘探科学研究和试验。兄弟俩优势互补、配合默契。康拉德从物理学理论上研究探讨，定方向；马塞尔心灵手巧，从工程上实现，设计制作仪器，一点点改进测量的可靠性、准确性和重复性，可谓珠联璧合。1923年，康拉德干脆辞去了教授职务，在罗马尼亚、塞尔维亚、加拿大、刚果等地开展电法勘探，完善了工艺技术，提高了测量精度，积累了丰富的经验，扩大了电法勘探的影响力。1926年，兄弟俩正式注册了斯伦贝谢电法勘探公司，开始商业性的服务活动。

1927年9月5日，对于测井百年历史来说具有划时代的意义，在佩彻布朗油田诞生了第一幅测井"简笔画"，斯伦贝谢和女婿亨利·道尔在佩彻布朗油田迪芬巴奇2905号油井做了一次现场试验。亨利·道尔和其

>>> 亨利·道尔

他几位工程师，将两根黄铜管和一根木管作为电极，加一节灌满鸟枪铁砂的铁管来加重，用三根铜芯电线做电缆，缠绕在一台绞车上。绞车上的计数器通过计算绞车转了多少圈，以此来计算下井的深度。通入电流的铜芯电缆在铁管的重力作用下开始下到油井中，每下去3英尺（约0.9米）就测量一个电阻率数据，道尔亲手记录了全部数据，画出了世界上第一条测井曲线，只有一种色调的"简笔画"开启了电法测井新纪元。

通过与地质资料的对比和后续多次试验，在这些组成"简笔画"的电阻率数据点中，不同的峰和谷可以反映不同的地层，这样就没有必要采取以往昂贵的钻井取心方式来判别地层了；而在另一些地方，测井曲线也可以用来校正地质资料。斯伦贝谢的测井方法被称为"电取心"，某种程度上是钻井取心的有效替代。这一张由地层电阻率数据构成的"简笔画"意义非凡。

>>> 1927年，在法国佩彻布朗油田进行测井试验，诞生了世界上第一条测井曲线

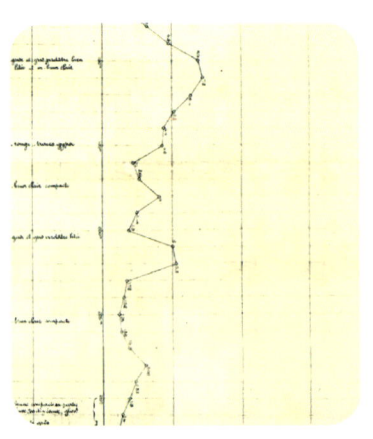

>>> 世界上第一条测井曲线

中国测井奠基人翁文波

当斯伦贝谢公司的职业地层画像师不断改良测井技术，为地层画出一幅一幅曲线的时候，中国这片古老的土地上，几千年沉寂的地层还无人一窥它的真容。1939年，刚毕业回国的翁文波博士，与助手在四川巴县石油沟完成了我国第一条电法测井曲线，开启应用测井技术勘探石油天然气的先河。

在烽火连天的抗战岁月，由于日军切断了所有援华的石油通道，国内石油进口陷入停顿。一滴汽油一滴血，面对石油短缺的严峻形势，国民政府加紧寻找石油资源。1937年10月28日，国民政府资源委员会中国石油公司四川油矿勘探处使用从德国购买的G70旋转式钻机在巴县石

>>> 1945年，中国第一个石油地球物理勘探队——重力队在甘肃省高台县
（前排左六：队长翁文波）

>>> 1942年，翁文波、童宪章、张锡龄、陈贲（左起）在玉门油矿

油沟钻了当时最深的一口天然气井——巴1井，钻至井深1402.2米，期望有大发现，以解燃眉之急。

巴1井于1939年11月25日完钻。1939年12月20日，在中央大学执教的翁文波教授，受国民政府资源委员会主任翁文灏和副主任孙越崎的邀请，带着助手高叔哿到巴1井进行科学试验。他们带着一般电工仪表、零位指示检流计、电流表、电压表以及自制的简易电位差计等作为测井仪，将2根18号普通电灯皮线做电缆，在下端装上2个铅电极，电线上每距1米扎上一圈胶布，并缠上麻绳作为深度记号，首先测出井中的自然电位，然后用干电池作为下井电源来供电，每米测一点电位差，然后把各点的电位差换算成电阻率，再将这些数据用手工绘制成曲线，为了将换算出来的电阻率与地层真正的电阻率有所区别，这个绘制的曲线称为视电阻率曲线。一个一个点测量出来的自然电位绘制出来，连成曲线。经过试气证实，测定气层的位置是正确的，翁文波先生的这次尝试初见成果，用所测得的数据画出曲线，这幅曲线划分出天然气层井段的位置，在这个层位果然试出了高压气流。巴1井是中国现代油气工业史上第一口天然气井，为抗战岁月的军需补给贡献了力量。

先辈的足迹

1947年春天,地处河西走廊的玉门关外春色姗姗来迟,翁文波率领刘永年、孟尔盛和刘德嘉再次到玉门油矿进行地球物理勘探。6月,中国的第一个电测站在玉门关外诞生了,刘永年担任站长。一个月后,孟尔盛和刘德嘉组建了重力队,负责玉门、酒泉地区的重力测量工作,再招收2名学徒工,随后组成了中国第一支专业测井队伍。

电测站成立初期,除了"电测站"被误传为"电车站"趣闻外,在油田上还有一个广为流传的"佳话"。当时,因没有测井车,刘永年他们就在测井现场的拖车旁边,放上一张桌子、两个凳子,桌子用来摆放"测井仪器"。由于"照相示波仪"有点金贵,怕晒太阳,他们就用木棍做支撑,盖上一块黑红两色的双层布,搭起一座简单的临时"遮光棚"(现场操作棚),刘永年在棚子下面操作测井仪器。这种情景有点像集市或庙会上的"算卜先生",摆张桌子,搭块篷布给人测字算命。有人就说刘永年和算命先生一样,解释电测曲线,就像"算卜"先生翻天书一样翻来覆去地看。时间长了,有位钻井工程师风趣地对他说:"你们测井好像集市上算卜摊",并直截了当地笑着把刘永年叫"刘半仙"。

"刘半仙"也就成了刘永年的"绰号"。在老君庙油矿传颂着,一些较熟的同仁,见到他还半开玩笑地喊:"半仙来啦!"

这是在我国开始搞测井工作时的"趣事",更是当时测井工作的真实写照——那一张桌子、那极其简单的仪表、那一块布搭起的操作棚、那弯弯曲曲的线条,都印记着测井这门新的技术,在我国刚刚起步时筚路蓝缕的"身影"。

当时,老君庙电测站的器材非常缺乏,刘永年就在翁文波工作的基础上,利用前期做测井试验时留下的电工仪表和电流转换器,自己动手焊接了1部手摇绞车,把3根较粗的电工皮线用麻绳、胶布捆起来,一部简陋的电缆做成了。没有电位计,怎么办?刘永年灵机一动,将普通电工仪表和自制的电流换向器连接起来,就成了简单的电位计,这些破旧的器材,在老前辈的手上组成了1台电位差式手动电测仪。这台简陋的仪器,在玉门老君庙油田做了10口井的测井试验!

看着第一台手动电测仪测出的曲线,刘永年对这幅地层画像很不满意,不断琢磨着,他找来1台照相示波仪器和1只精密度较高的零位检流仪,在电位差式手动电测仪的基础上,制成了中国第一台半自动电测仪。

1946年8月,王曰才从日本九州帝国大学工学部采矿系毕业,获工学学士学位后,9月继续在物理探矿研究室读研究生。为把所学知识报效祖国,1947年底,王曰才毅然回国。途经台湾的时候,他想方设法运回一台美国产的电动绞车和一根1000米长的四芯麻包电缆,带到玉门油矿。他们用这台电动绞车、四芯麻包电缆和1台灵敏度为40微安/厘米的示波仪,装配成一台半自动电测仪,用这台设备测出了0.5米电位电极系视电阻率曲线、2米梯度电极系视电阻率曲线及自然电位测井曲线。测井的时候不再需要请钻井工人手摇绞车,时效实实在在提升了。

>>> 1948年,刘永年与同轴直流放大机式电测仪

1949年春天，刘永年调往四川，王曰才带着四五名人员，撑起了电测站，除了担任玉门油矿的测井工作外，自己动手想方设法制作了电子管直流放大器，把测井仪改装成简单的自动电测仪。先辈的汗水和心血加快了我国测井事业为地层画像的历程。

1951年，百废待兴的新中国，亟待建成完备的能源体系。燃料工业部石油管理总局在西安召开石油工作会议，提出了自主制造地球物理勘探仪器的设想。满怀豪情的刘永年等石油科技工作者，发扬自力更生、艰苦奋

>>> 1949年，王曰才与直流放大器式电测仪

斗的精神，在第一台半自动电测仪研制成功的基础上，经过深思熟虑，首次提出多线电测仪的设计和试制方案。1953年，地球物理测井仪器修造所雷厉风行，着手开始电路、机械、光学系统、总装配和制造工艺等综合设计。缺少技术人员、机械加工设备不到位、无线电元器件缺乏……一个个绊脚石拦在他们面前，凭着扎实的专业基础和丰富的现场工作经验，刘永年这位穿着中山装的学者一头扎在多线电测仪的试制中，1954年3月，多线式电测仪样机试制成功，马不停蹄奔赴玉门进行现场测井试验，1次测出了5条曲线，取得合格的资料。不同笔触画出的多条曲线——这幅关于地层的素描得到苏联专家科马洛夫博士的高度评价。

1955年初，当石油工业部决定在北京石油学院建立石油测井工程专业的时候，学校把创建测井教研室、开设测井专业课的重担压在王曰才的肩上。在大学建立测井专业，我国是头一回，是一项开拓性的工作，面临

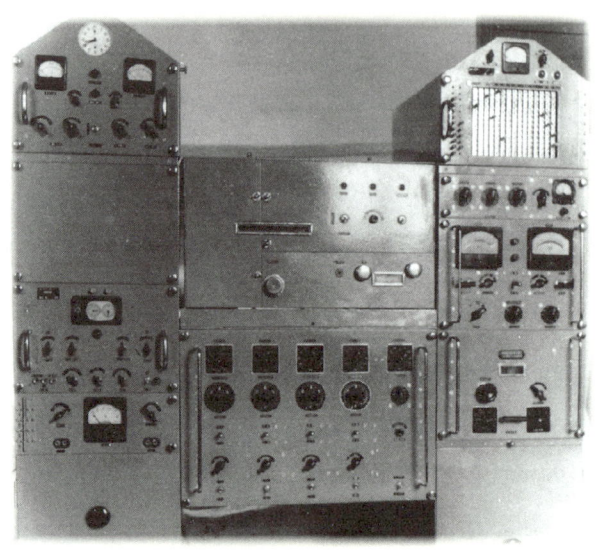
>>> JD-581 多线式自动井下电测仪

的问题很多,一缺师资,二无教材,三无实验室。面对困难,王曰才暗下决心:"石油工业发展需要测井专业人才,困难再多再大,我们也要想办法克服"。专业课除了放射性测井这一门课由另一位教师讲授外,其他的几乎全由他"承包"了。1957年,第一批测井专业学生毕业了,有力支持了我国测井事业,王曰才这位测井教育的奠基人,在40多年的教学生涯中,呕心沥血,桃李满园,为测井队伍源源不断输送着人才。

艰难困苦,玉汝于成。1958年6月23日,对于多线电测仪的所有研制人员来说都是终生难忘的日子,JD-581多线式自动井下电测仪经过6年时间的艰苦研制、试验和不断改进,精度及各方面技术参数都达到预计目标,达到国际水平,累计生产上千台,在全国各大油田服役40余年,成为新中国勘探仪器的里程碑。科技人员自主研制的多线电测仪被称为"地下探宝的眼睛",给地层画像越来越精准。

浓墨重彩描绘地层的油画

具有"死亡之海"之称的塔克拉玛干沙漠位于新疆南部的塔里木盆地，沙漠的地下蕴藏了一块宝藏，储存了丰富的油气资源，塔里木油田就坐落在这里。干旱的气候、恶劣的环境使油气开采困难重重。

这是我国最大的深地油气富集区，油气资源多是埋藏在地下6000米以下。为了在更深更复杂的地下寻找油气资源，从克拉4井6400米的"初试验"到钻穿地下"珠峰"的轮探1井，中国石油对"卡脖子"技术开展了艰苦卓绝的攻关，中油测井公司（CNLC）CPLog测井系列研发团队就是其中的"绘画能手"，微电阻率成像、阵列感应、阵列侧向、声成像、核磁共振等先进技术犹如伸向地层深处的画笔，为地层描绘出惟妙惟肖的"油画"。

2019年7月7日，从塔里木油田轮探1井测井现场传来喜讯，中油测井公司自主研发的CPLog成像测井系统再创深井作业记录。该井测井深度为8882米，为亚洲陆上第一深井，井底温度171℃、压力135兆帕。整个施工过程顺利，测井资料品质优良，微电阻率成像这个地质"显微镜"发挥了关键作用，在最深和最长测量段中为地层绘出了清晰的图像，储层中的裂缝和孔洞统统逃不出一个个电扣的火眼金睛，成为有效识别与精细评价的有效手段。

这种成像技术为地质家提供直观井壁电阻率图像，涉及机电一体化、阵列微弱信号检测以及图像处理等很多技术。中油测井公司高级技术专家

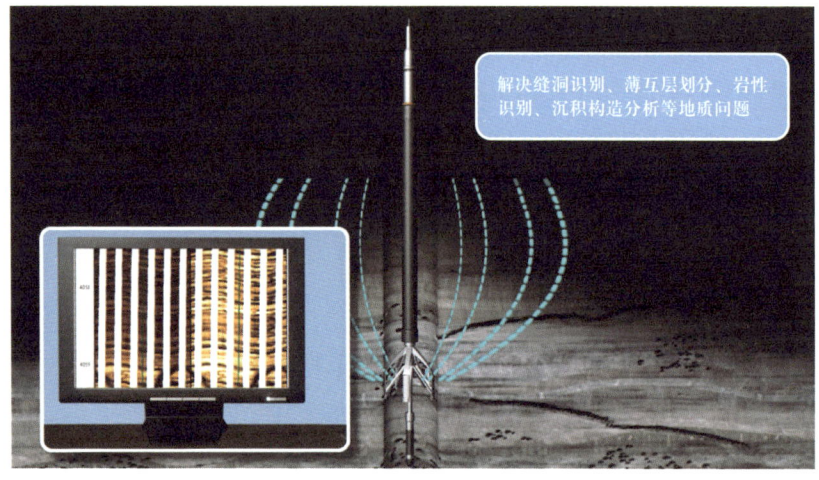

>>> 微电阻率成像原理示意图

肖宏，1988年从西北大学物理系激光物理专业毕业后，投入石油测井仪器研发的队伍中，与微电阻率成像仪结下了不解之缘。这种机电一体化难度很高的仪器，阵列电极探测器机械件要工作在高温高压下，同时要求电极与外壳高绝缘，绝缘密封性要求极高。他带领团队成员，经过橡胶密封、陶瓷烧结、玻璃烧结、自适应密封等上百次的不同方法实验。大夏天高温40多摄氏度，加温测试高温高压房内温度

>>> 肖宏正在仔细检查电路板

更高，房间内2台大功率电扇拼命转着，温度就是不能降下来，但是实验必须得在高温80多摄氏度，高压条件下取出实验材料，进行测试。团队成员戴着棉手套隔热，旋转着护帽，每转一圈，头上就多一道汗水印记，但是没人说热、没人打退堂鼓，都在默默使劲。经过不懈的努力，终于解决了核心探测器密封问题，形成的技术自主可控、稳定可靠、可重复修复使用，在国际上处于领先地位。探测器解决了，帮助探测器贴靠井壁的推靠器，成了"拦路虎"，为了让推靠器的六个"臂膀"（探测器）紧紧贴在井壁上，团队成员煞费苦心，推靠器就像一个不听话的八爪鱼，有时候爪子打不开，需要的时候收不拢，甚至漏油，团队成员感到前所未有的压力，像走进一片迷雾看不到方向和出路。一年多的时间，大家头上的白发多了，人也瘦了，用屡战屡败和屡败屡战来形容微电阻率成像仪器的研制过程可谓十分贴切。项目成员，像庖丁解牛一般，打开推靠器，抽丝剥茧，把一个一个部件单独试验、检查，增加碟簧，改变井径电位器的走线，然

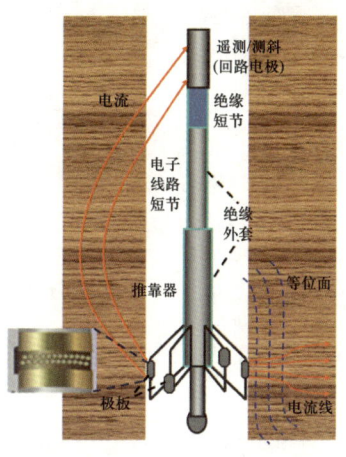

>>> 微电阻率成像推靠器原理图

知识链接

微电阻率成像测井仪器工作原理

微电阻率成像测井仪器的关键是推靠器。从地面下放到井底的过程中，推靠器伸开六个"臂膀"，像一个八爪鱼一样使仪器紧紧贴着井壁，发射出的交变电流通过井内钻井液柱和地层回到仪器顶部的回路电极。极板中部有24个排列整齐、密密麻麻的电扣，从电扣流出的电流垂直于极板外表面进入地层。电扣上的电流反映出电扣正对着的地层由于结构或电化学上的非均质性引起的电阻率的变化。电扣电流信息经适当处理，可刻度为彩色或灰度等级图像，即反映出地层电阻率的变化，一幅地层电阻率的"油画"就出炉了。

>>> 2023年，微电阻率成像仪器在俄罗斯TNG公司成功应用

后进行高温高压测试，最后进行将近100次的推开和收拢实验。装上极板后重达245千克的仪器，他们不断地抬起、试验、拆卸和检查，最终解决了影响仪器推广的核心问题。

2008年在长庆油田实验井进行了18井次下井实验，8井次的生产井测试，推靠器这只"八爪鱼"都服服帖帖，没有出现问题，肖宏和项目组成员总算舒了一口气。

2009年7月，2支微电阻率成像仪器销售到伊拉克，2010年2支仪器销售到俄罗斯，打开了国产成像仪器外销的先河，在伊拉克、伊朗、俄罗斯、阿塞拜疆、孟加拉国、加拿大等国家，用中国先进技术挥洒墨笔丹青，在异域的地层绘出了精彩的油画。

地层的动态连环画

为了寻找油藏的"蛛丝马迹",测井研发工程师们绞尽脑汁。近年来,由于油气勘探开发逐渐深入,地质对象愈加复杂,高陡构造、窄压力窗口地层等特殊的地质条件给地质勘探开发带来了巨大挑战,地质学家们即使有一身拿手绝活,也难以深入地层,精确描绘地下地层的景象。

"能否让钻头长出'眼睛',一边钻井一边获取并描绘地层信息,将地层信息如同动态连环画般一幅一幅展示出来呢?"测井研发工程师们几经琢磨,随钻测井应运而生,即包含旋转导向(钻)、地质导向(测)、高速传输(传)、地面控制(控)四个子系统在内,能有效控制井眼轨迹,适时调整钻头方向,避开危险,看着油气走,瞄准储层不偏离,还能过薄储层,分辨出具有一定对比度的相邻岩层,将范围清晰的油藏构造连环画般清晰展现在地质家眼前,成为地质学家和测井研发工程师的"得力信使"。

2020年7月,中油测井公司提出IDS智能导向系统落地,旋导装备外销,以及随钻远探测电测波电阻率成像样机测试验证成功的目标。为圆满完成这一目标,中油测井公司第一时间成立智能测导专班,公司首席专家陈鹏带领电磁波团队奔赴一线。然而过程中难题层出不穷,首先是随钻远探测仪器容易受到环境的影响,周围有任何磁性的材料都会对测量信号造成干扰,造成信息失真,这对研究团队挑选仪器调试场地带来了极大挑战。在远探测样机调试阶段,由于难以找到空旷的调试环境,陈鹏带领团队创新性提出搭建金属板刻度环境,利用金属板刻度数据校正测量信号,当时正值西安的三伏天,室外温度连续高达40℃以上,再加上金属板的

知识链接

方位电磁波仪器工作原理

方位电磁波仪器的关键是稳定可靠的阵列天线。电磁波测井是向地层发射特定频率的电磁波，不同电阻率地层对电磁波传播速度的影响不同，通过测量两接收线圈间电磁波的幅度比（衰减）和相位差这种特殊的相对测量的方式，来完成对地层电阻率的测量。对称阵列天线结构，在0.1秒的眨眼工夫，采用分时发射的方式，就有两个高低不同频率电磁波已经射向地层。对称分布的阵列天线起到很好的井眼大小补偿、补偿温漂等作用。经过地层的电磁波，带来了深浅不同地层的电阻率信息。电磁波的相位差和幅度比信息经适当处理，可刻度为彩色曲线，即反映出地层电阻率的变化，一幅地层电阻率的实时曲线就出炉了。

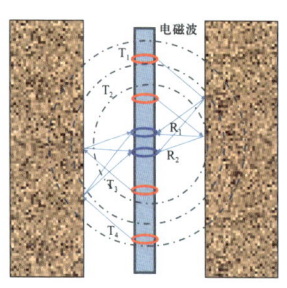

>>> 方位电磁波阵列天线原理
T_1、T_2、T_3、T_4 为发射探头，
R_1、R_2 为接收探头

反射，实际温度已接近50℃。由于存在吊装作业，所有团队成员都必须劳保穿戴整齐，汗水顺着安全帽不停地流淌，红色工服上出现一层一层白色的盐渍。在这样的酷暑环境下，所有成员一边喝着藿香正气水，一边测试仪器，历经一周的反复测试，终于建立了刻度图版，解决了环境干扰问题。

到测量阶段，仪器接收到的信号过于微弱又成了困扰团队的难题。实际上，微弱信号检测一直是方位电磁波仪器常年未解决的核心难题。陈鹏带领电磁波团队力求突破，从天线结构、采集电路入手，反复试验验证，采用叠加降噪、欠采样相敏检波技术将隐藏在噪声中的测量信号"揪"出来，解决了困扰随钻测导领域科学家们多年的难题。

2021年7月26日，从川渝地区的磨溪132井测井现场传来喜讯，中油测井公司自主研发的WPR2534方位电磁波仪器再创深井作业纪录，该仪器在高硫化氢、高磨损硅质地层的测井环境连续稳定工作252小时。工作过程中，仪器在储层最薄和变化最剧烈的地层段中为钻井轨迹的调整做了最恰当的及时"预警提示",避开了一个个"弯道暗坑",精准测量了地层电阻率,有效识别复杂薄层的地质"甜点",实现了钻井轨迹始终保持在储层中穿行,保证了最大的泄油面积,圆满完成了目标。

随钻测井仪器一次次进行着迭代,这意味着地层成像画像从简笔画、素描、油画到动态连环画的一步步升级,这一次次进步直接将油气发现率提高15%~20%。我们相信,研制的仪器对地层的画像将越来越清晰立体、及时可靠,岩石中油气储藏的"秘密"必将无处遁形!

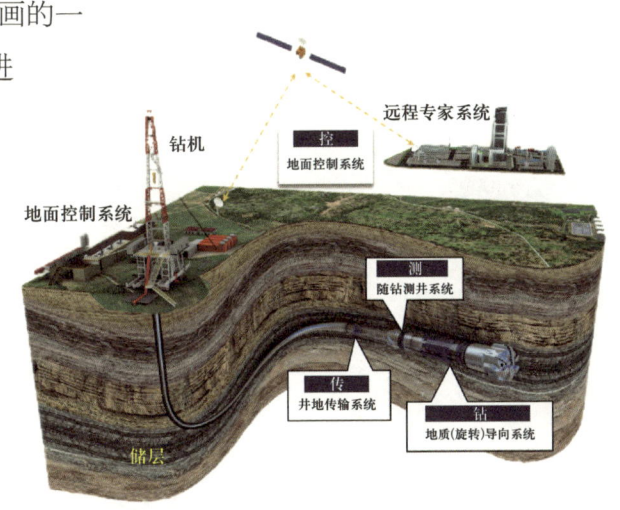

>>> 随钻测导应用场景

【延伸阅读】

阵列感应测井仪的成功应用

2017年,阵列感应测井仪在塔里木油田高温高压复杂井眼及地质环境条件下成功投产,最高井深达6839米,实现了最恶劣环境条件下的应用突破。在长庆油田一口井的测量过程中,面对密度和补中曲线失真、声波时差高等情况,作为国内首个批量生产的成像测井装备,感应测井曲线反映出明显的减阻侵入特征,综合解释为油层,试油获高产油流127.5吨/天。

利器在握
石油工程技术精粹

地层流体刻画大师
核磁共振成像测井技术

1944年，科学家伊西多·艾萨克·拉比获得诺贝尔物理学奖，他是核磁共振领域早期做出非常重要贡献的科学家。他发现在磁场中的原子核会沿磁场方向呈正向或反向有序平行排列，而施加无线电波之后，原子核的自旋方向发生翻转，这是人类关于原子核与磁场以及外加射频场相互作用的最早认识。

微观粒子的量子进动——奇妙的核磁共振

说起核磁共振技术的起源,不能不提一个叫奥托·斯特恩的物理学家。他于1888年出生在德国,1912年在获得物理化学博士学位后,跟随爱因斯坦来到瑞士苏黎世。1919年,斯特恩通过实验发现,注入高真空室内的原子或分子沿直线运动,形成一束粒子流,在某些方面类似于光束。出于对物质世界本质的好奇,他和助手们开始了分子束实验。到1920年,该实验取得了重大进展,斯特恩及助手观察到,在外加非均匀磁场的作用下,原子的空间取向是量子化的,并测量出质子这一亚原子粒子的磁矩。然而,当时的他并没有意识到这个实验对未来人类生活的巨大影响。1927年一位科学家伊西多·艾萨克·拉比找到斯特恩,提出了对分子束实验的改进方法,成为后来核磁共振技术的基础,因此,拉比被誉为"核磁共振之父"。

1946年,斯坦福大学的科学家布洛赫和哈佛大学的科学家珀塞尔,提出了用于核磁共振精密测量的新方法。同年,斯坦福大学实验室助手瓦里安敏锐地意识到了核磁共振技术在化学分析领域的广泛应用前景,开启了核磁共振的商业化道路。1952年,瓦里安公司研制出了世界上第一台商用核磁共振波谱仪(Varian HR-30),并在得克萨斯州一家石油公司投入使用。这一里程碑事件标志着核磁共振技术由理论研究向实际应用的转变,并迅速向化学、医学、油气勘探、材料和食品等领域不断扩展,实现了从微观粒子的量子进动到奇妙的核磁共振应用。迄今为止,已经有7位科学家因为在核磁共振方面的研究成就获得了诺贝尔奖。

1944年，物理学
伊西多·艾萨克·拉比

1952年，物理学
利克斯·布洛赫　　爱德华·珀塞尔

1991年，化学
理查德·恩斯特

2002年，化学
库尔特·维特里希

2003年，生理医学
彼得·曼斯菲尔德　　保罗·劳特布尔

>>> 因核磁共振方面的研究成就获得诺贝尔奖的科学家

井下找油找气的"神奇透视镜"

医学核磁共振仪器大家都比较熟悉,可是把这个庞然大物搬到数千米深的井下给地层做检测面临不小的挑战。首先是井筒空间极其狭窄,无法容纳大型线圈和供应高电流,所以只能使用永磁材料生成静磁场,但采用这种方式磁场强度怎么上得去呢?其次,井下温度极高,此处可装不了降温系统;此外,井眼不规则、钻井液会吸收电磁能量;这还不止,井下的核磁共振测量只能在磁体及天线的外面进行,这也注定其占的空间有限;而且,还要千方百计去克服地层中的顺磁性物质的影响。这意味着核磁共振测井并不容易实现,注定其过程及结果必定不凡。

>>> 核磁共振测井和医学核磁共振示意图

是的,这看起来太难了!但是,对于科学家来说,越难的问题研究越有趣。核磁共振测井的构想最早也是由瓦里安提出来的,他在1949年就观察到地磁场中原子核的自由进动,并对其进行了可行性研究。到了20世纪60年代,雪佛龙公司和斯伦贝谢公司合作研制了利用地磁场的核磁共振测井仪(NML),并用于油田测井,开创了核磁共振测井的先河。但

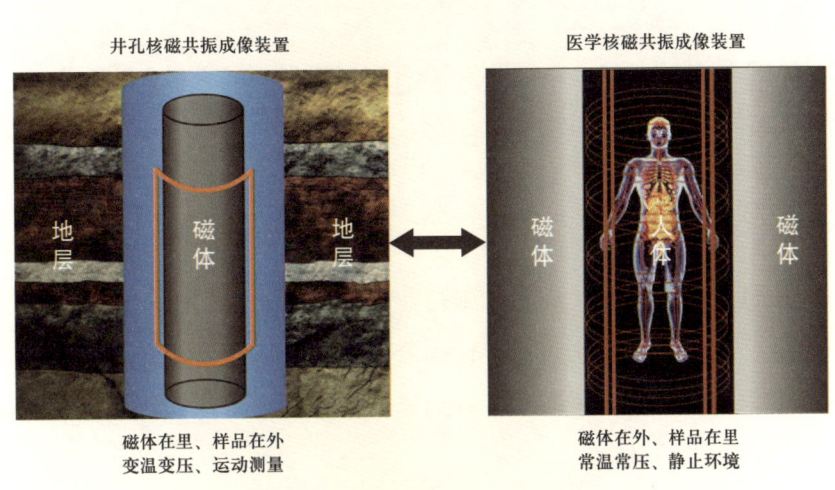

>>> 井孔核磁共振成像与医学核磁共振成像区别

这种仪器受到两方面限制：一是仪器测量信息不但来自地层流体，还有来自井眼中钻井液的贡献；二是在检测核磁信号之前，需要关闭高强度的直流磁场，这需要花很长时间。由于仪器的"死时间"过长，导致微小孔隙的信号无法观测，造成孔隙度测量的不准确。基于以上两个原因，地磁场核磁共振仪器没有得到应用。在差不多的时间，与此类技术相似，俄罗斯也研制了一种名为大地磁场型的核磁共振测井仪（MK923），它以"预极化—地磁场自由进动"方法为基础。这种仪器直至今日仍在俄罗斯应用，但同样受到前述两个因素的困扰。

石油领域的专家们脑洞大开，通过巧妙的设计，将耐高温、高压的磁性材料和结构精巧的线圈放置在数千米深的井孔中，激励地层里面氢原子核的核磁共振信号，从而透过岩石的微小孔隙精细刻画出油、气、水的含量、分布和流动能力。这样，井下找油找气的"神奇透视镜"——核磁共振测井就诞生了。

你方唱罢我登场——国际油服公司争先开发新技术

为了迅速抢占市场,成为油服行业的领头羊,也为用户和自身创造更好的价值,斯伦贝谢公司、哈里伯顿公司、贝克休斯公司等国际三大油服公司,使出浑身解数,采取了各种措施,你方唱罢我登场。上演了一幕精彩绝伦的"三国演义"。

斯伦贝谢公司一马当先,哈里伯顿公司后来居上,贝克休斯公司不甘于后。早在地磁场核磁共振测井时代,斯伦贝谢就试图把核磁共振技术常规化,无奈每次测井前都要做烦琐的钻井液处理,难题久攻不克成了死结。1978年,以研制原子弹著称的美国洛斯·阿拉莫斯国家实验室的科学家杰克逊到雪佛龙的油田参观,碰巧斯伦贝谢正在做地磁场核磁共振测井。他对这种烦琐的作业流程很不满意,并产生了灵感,设计一个磁体,放到数千米深的井孔,在井孔外面的地层产生静磁场,对地层中的氢原子核进行磁化;再设计一套线圈,向地层发射脉冲电磁波并接收回波信号。这就是著名的"Inside-out"概念,奠定了真正具有实用价值的核磁共振测井的基础,杰克逊也因此成为核磁共振测井之父。他还把脉冲核磁共振技术引入测井之中,为丰富的脉冲序列解决各种地质问题打开了大门。

杰克逊的样机却遇到了瓶颈,仍然无法规模化应用。他试图用井孔中的磁体在井孔外面地层中建立一个环形均匀静磁场,而实际测井中仪器的快速提升运动导致线圈发射的脉冲难以在同一个静磁场中产生作用,其结果是要么观测不到回波信号,要么虽然观测到了信号,但其量值却严重失真。

两位犹太科学家——米勒和泰吉，在以色列维兹曼科学院看到了杰克逊的专利和"Inside-out"概念，敏锐地感觉到巨大的商业前景和可以改进的技术方向。他们迅速提交了基于梯度磁场的磁体和核磁共振成像测井探头设计方案及专利保护，并在美国宾夕法尼亚州创立了专门从事核磁共振测井服务的 NUMAR 公司。NUMAR 公司于 1991 年起一骑绝尘，依靠核磁共振单项技术的绝对优势在国际测井市场独霸天下。

斯伦贝谢公司、贝克休斯公司争相与其深度合作，把 NUMAR 公司的核磁共振独门绝活挂接到各自的测井平台抢占高端市场。而油田服务业务规模最大、员工最多的哈里伯顿公司时任首席执行官是曾经担任过美国国防部部长，后又担任美国副总统的切尼，他对这项战略性高端技术更是看在眼里、急在心里。一不做、二不休，切尼亲自决策，干脆就高价收购了 NUMAR 公司。哈里伯顿公司在全球测井市场的份额随即迅速上升，世界多个著名含油气盆地采用哈里伯顿公司/NUMAR 公司核磁共振仪器 MRIL-P 后喜报频传，不仅油气储层新发现层出不穷，许多过去被常规

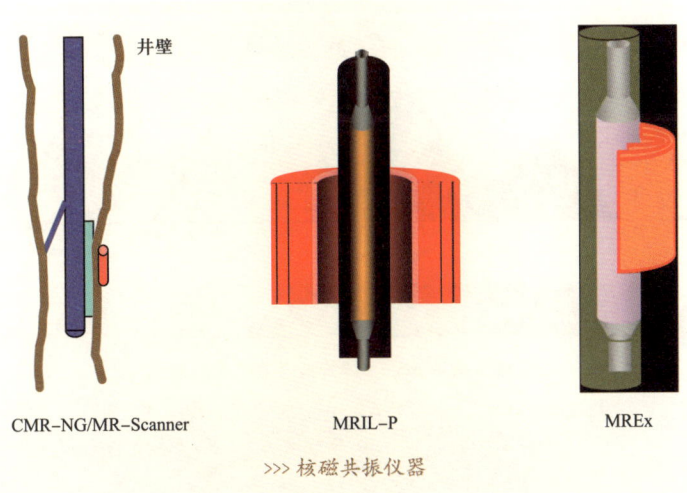

CMR-NG/MR-Scanner　　　　MRIL-P　　　　MREx

>>> 核磁共振仪器

>>> 岩石中肉眼看不到的孔隙

测井技术漏掉的油气藏得以重新发现。与哈里伯顿公司旗鼓相当的斯伦贝谢公司和贝克休斯公司当然不甘落后,他们招兵买马,纷纷组建研究团队,攻关数年,终于研制出各自的核磁共振测井技术,斯伦贝谢公司用 CMR-NG/MR-Scanner,贝克休斯公司用 MREx,重新瓜分世界高端测井市场。

我国石油工业界同样感觉到了核磁共振测井技术的巨大潜力,于 1996 年开始引进 NUMAR 公司的核磁共振测井仪器,先是从贝克休斯公司买,后又从哈里伯顿公司买,引进的核磁共振测井仪器尽管价格十分昂贵,但在解决复杂油气藏存在的一系列测井疑难问题中发挥了重要作用,不仅可以确定孔隙度、孔径分布、渗透率,还可以定量识别油气水,准确表征它们的赋存状态,这些功能都是前所未有的。

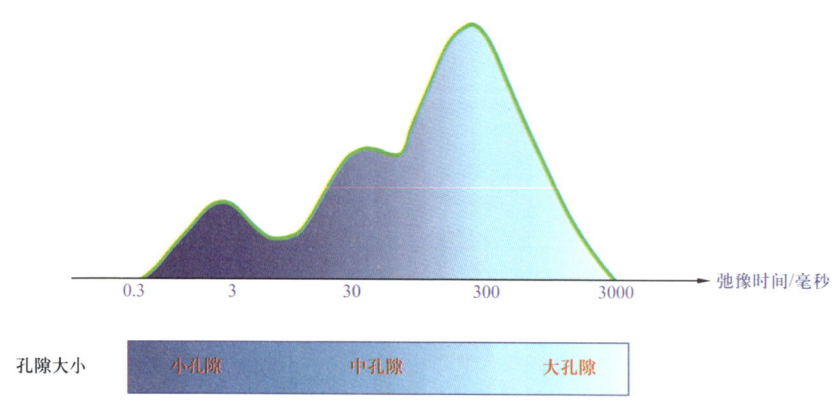

>>> 利用核磁共振测井评价储层岩石的孔隙大小

十年铸剑——国产利器横空出世

要了解中国核磁共振测井技术的自主化发展历程,需要先了解一位重要人物——肖立志,他作为国内核磁测井引路人,推动了国内核磁共振的快速发展。他于 1962 年出生在湖南省新邵县一个小山村,1978 年考取江汉石油学院矿场地球物理专业专攻测井,1982 年他出于对物理实验的热爱,用老式连续波核磁共振波谱仪搭建了核磁共振岩心分析装置,开始了核磁共振在测井和岩石物理中应用的开创性探索。1991 年他考入中国科学院武汉物理研究所波谱与原子分子物理国家重点实验室,攻读核磁共振方向的博士学位,提出了岩石核磁共振应用的理论基础。1996 年,他获得英国皇家学会资助,到诺丁汉大学学习;同年,在伦敦加入美国西方阿特拉斯国际公司(后并入贝克休斯公司),而后受聘到哈里伯顿公司美国休斯敦研究中心工作。

2002 年,肖立志毅然放弃了在美国高薪和舒适的工作生活环境,回到他心心念念的祖国。彼时,他在石油巨头哈里伯顿公司,站在了核磁共振测井领域科学研究和技术应用的世界最前沿。他执笔撰写的英文专著 *NMR Logging Principles and Applications* 后来被翻译成西班牙文、俄文、中文等多种语言,成为国际上研究核磁共振测井的重要学术著作。但肖立志在事业高歌猛进的同时,却经常寝食难安。那时我国已经开始重视核磁共振测井技术的巨大应用潜力,各个油田测井公司纷纷引进国外仪器。由于设备制造方面完全是空白状态,步履维艰,处处受制于人。肖立志决心要用自己的所学,为祖国的石油工业填补井下核磁共振这一前沿科技的空白。

当时的国内核磁共振测井市场被国际三大油服公司所垄断,他们设备销售价格昂贵,尽管应用效果良好,在我国也难以大规模推广。2003年开始,在肖立志推动下,中油测井公司与中国石油大学(北京)以及中国石油勘探开发研究院共同组成了研发团队,明确了各自的任务目标:中国石油大学(北京)承担仪器原理设计与模拟仿真、测量方法及数据处理研究,中国石油勘探开发研究院负责永磁体制造,中油测井公司负责机电测量系统以及相关设备配套。分工确定了,目标明确了,但是怎样推进,在没有可供借鉴的图纸与实物的情况下,他们只能从基础的文献调研和资料收集分析入手。万事开头难,白手起家更难。面对研发团队对该技术没有任何基础和经验的巨大困难,肖立志发挥了定海神针的作用。他带领国内首个核磁共振测井系统研制团队,主动担负起原理设计、仿真模拟及测量方法和数据处理的重任。

仪器原理设计、数值模拟、探测器结构、信号处理等四个方面是仪器研制的基础,又是实际应用的前提。不解决这些问题,探测器的开发和机电测量系统设计就无从下手、寸步难行。这是因为,一方面要通过数值模拟和实验验证结合,确定探测器的响应特征,优化确定探测器的结构

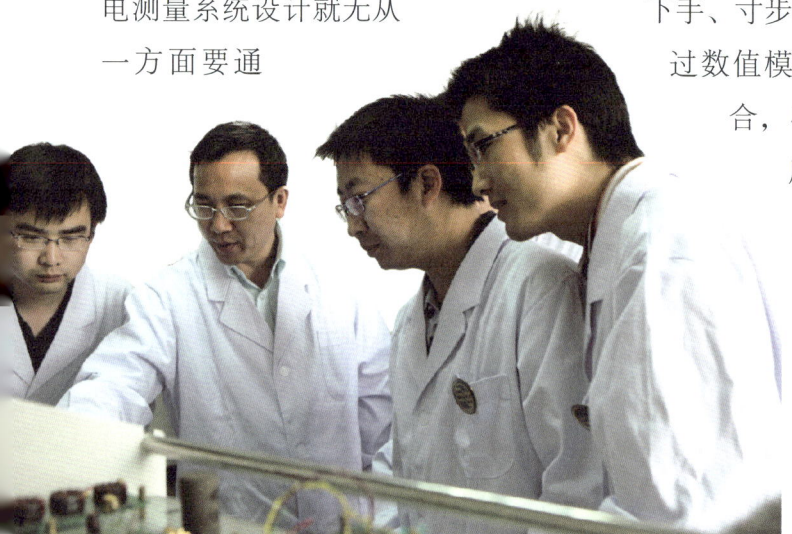

>>> 肖立志(左二)指导团队开展研究工作

及相关设计参数；另一方面，对测量得到的核磁共振信息如何处理，决定着是否能将测量信息准确转换为地层地质信息。他充分发挥其多年的探索积累和知识经验，带领团队先后攻克探测器优化设计、测量信号高精度处理及快速反演等难题，为仪器成功研发做出了开拓性的贡献。

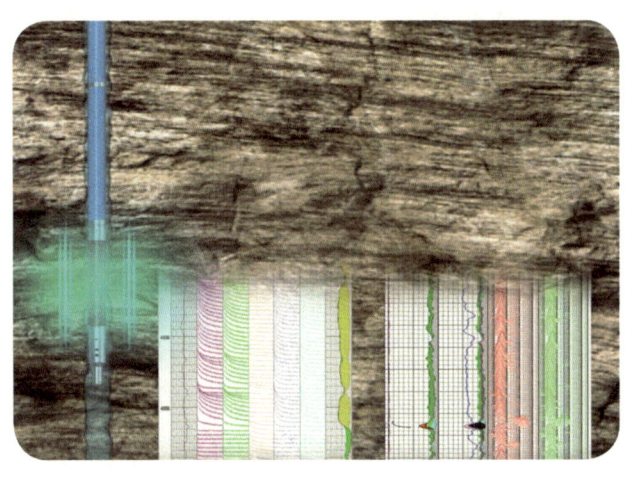

>>> 核磁共振测井示意图

测量原理和方法问题解决了，但是如何把理论、方法变成可以用的测井仪器仍旧是个大难题，这需要机电研究人员解决探头制作、耐高温电子线路、地面与井下大数据通信等一系列难题。研制过程中的点点滴滴，每一个参加研制的人，至今都能如数家珍，感触良多。记得当年电子线路的研制过程，就好比当年莱特兄弟制作飞机一样，从最开始的飞机飞不起来，到飞行几米、几十米到几百上千米，逐步变成今天可以自由飞翔的飞机。电子线路最开始通上电以后，就好比一块石头一样，没有任何反应，更别提能探测到什么信号了。然而，研究人员始终没有放弃，不断查找问题并更改设计，到后来通电后仪器终于有了反应，从开始通电仅维持几秒钟就烧坏了，到后来慢慢变成可以工作一分钟、几分钟、几十分钟……仪器每烧坏一次，就得把所有烧坏的器件替换掉，而这些耐高温的器件价格非常昂贵，每个从几百元到几千元不等，每次替换几十个到上百个，最后烧坏的器件差不多能装满几个脸盆。经过五年的不懈努力，电子线路工作逐步趋于稳定，烧坏的次数越来越少，随着工作时间的不断增加，距离成功也越来越近。终于有一天，研究人员在示波器上看到了期盼已久的核磁共振回波信号，当时他们不敢相信自己的眼睛，甚至怀疑那个回波信号是真是假。经过严谨而认真的辨别，终于确认那就是来自氢原子核的神秘回波信号，大家都激动地留下了泪水，因为他们等这一刻真的是太久了。悬着的心终于放了下来，承受的压力得到了完全释放。这一段经历，讲起来似乎很简单，但其中的艰辛与曲折、眼泪与汗水、失望与期待却似度日如年，一言难尽。正是由于对石油测井事业的深沉热爱，使大家无怨无悔持续奋斗，不畏艰辛勇往直前，直至赢得最后的成功。

经过5年多的攻关，在团队解决了成百上千大大小小的技术和工艺问题后，首套国产核磁共振测井仪终于成功诞生。项目团队始终保持着清醒的头脑。虽然收获的季节到来了，但这不是终点，而是新的起点，千万不

>>> 研发团队试验仪器

能有停一下、歇一歇的念头，还得百尺竿头更进一步，趁热打铁才能成功。他们一方面进行大量室内测试和生产现场试验，对仪器机电系统硬件和处理软件进行了多次优化完善，进一步提高了仪器的稳定性和可靠性，确保仪器性能符合生产应用的要求；另一方面针对现场需求，加快仪器系列化和特色化，先后开发形成了不同尺寸、居中和偏心的多类产品，满足了地质评价和工程服务的需要。令人惊喜的是，仪器投入应用后，在国内外油气勘探开发中产生了十分显著的效果。例如，我国长庆油田利用核磁共振测井技术，解决了低阻、低对比度油藏流体识别等难题，为我国第一个亿吨级大型致密油田新安边油田和环江整装大油田的发现提供了技术利器；青海油田常规油与致密油共存，使用常规测井方法难以发现油气层位置，使用核磁共振测井之后，不但可以准确发现油气层，而且可以精确计算油气含量，如将一口井 N_1 地层基于核磁共振技术将油层厚度发现从 10 米增加到 57 米，刷新了该地区单井油层总厚度的纪录。良好的体制机制和和谐的协同攻关，促成了我国自主可控的核磁共振测井技术的全面实现，这在我国测井技术装备发展历史上是第一次，具有里程碑意义，是我国高端石油测井重大装备研发的楷模。

利器在握
石油工程技术精粹

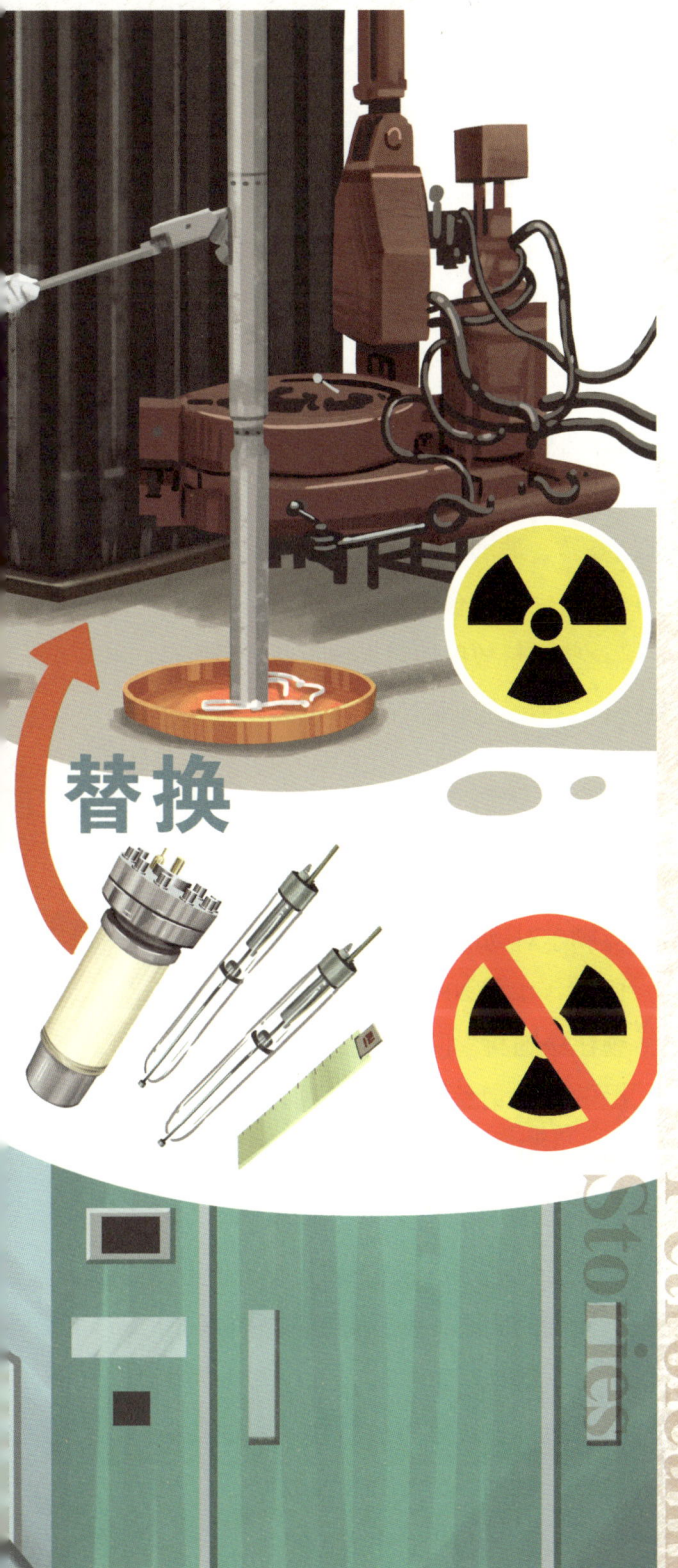

射线交织的"画卷"
绿色核测井之路

居里夫人和她的丈夫皮埃尔因为发现了镭元素而获得了诺贝尔物理学奖，是享誉世界的科学家。然而在发现镭元素的过程中，他们均被镭元素发射的射线过多照射，导致皮埃尔晚上休息时经常因剧痛而被惊醒，居里夫人也患上了贫血和白血病，最终为科学研究献身。核测井其实就是一种利用射线来寻找埋藏在地下数千米的石油、天然气的勘察技术，在寻找过程中会产生大量的放射性射线，因此在石油工人进行测井作业的时候，也有接触到大量射线的风险。为了减少射线对测井作业人员产生的影响，实现绿色核测井的目标，最佳的办法就是设计一种可控的发射射线的装置，在测井仪器不工作的时候，不会发射放射性射线。走出绿色核测井之路不仅符合国家和行业的发展战略，也是核测井技术的必然发展趋势。

驾驭放射性的大师

每当说起一个物体具有放射性时，人们总会立马联想到骷髅头标志和辐射警示，觉得它有毒有害异常恐怖。但实际上，放射性物质在大自然中是普遍存在的，例如路边岩石、地板瓷砖、玻璃，甚至我们戴的眼镜中都含有放射性元素。但是它们所含有的放射性元素含量微乎其微，所以我们平时并不会感觉这些放射性的存在，这些微量放射性对人体也基本没有危害。自然放射性在日常生活中无处不在，但是它们的强度非常弱，对人体没有危害，那它又是怎么被发现的呢？

这就不得不提一个诞生于法国巴黎的科学家——法国科学院院士贝克勒耳，值得一提的是贝克勒耳出生于一个科学世家，他们家族三代都有法国科学院院士。1896年时，44岁的贝克勒尔对物理学已经有很深的研究了。

1896年1月20日，法国数学家彭加勒在法国科学院周例会上展示了伦琴提供的X射线论文和相关照片。贝克勒尔正好在场，彭加勒建议贝克勒尔试试荧光会不会伴随有X射线。

当他进一步做实验时，凑巧碰上了连绵的阴雨，他只好把实验的东西原封不动地锁进抽屉，而这些东西里面就包含一块含有放射性元素铀的矿物——铀盐。5天后，天放晴了，贝

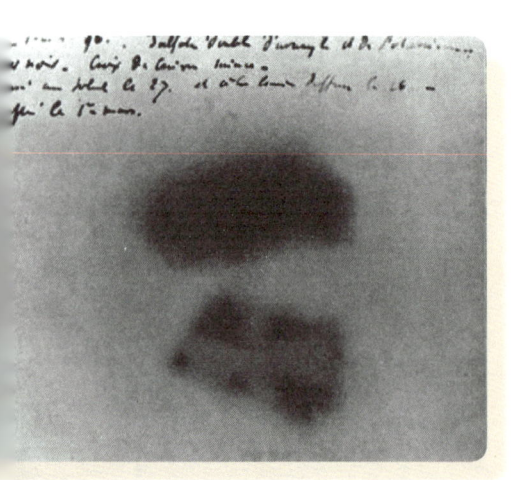

>>> 贝克勒尔发现铀盐发光的底片

克勒尔继续中断的试验。一向严谨细心的他取出底片时，想预先检查一下实验品，没想到意外情况发生了：在没有阳光的情况下，底片不仅曝光，而且上面还有很明显的铀盐的像。这说明铀本身在发光。

在进一步研究中，他还发现铀盐所放出的这种射线能使空气电离，也可以穿透黑纸使照相底片感光。他又发现，外界压强和温度等因素的变化不会对实验产生任何影响。贝克勒尔的这一发现意义深远，它使人们对物质的微观结构有了更新的认识，并由此打开了原子核物理学的大门。

在地层中，由于铀、钍和钾等天然放射性核素的存在，地层岩石会因吸附放射性物质的多少而产生相应的放射性测量值的差异。岩石组分的颗粒越小，吸附放射性的能力越强，放射性测量值相应升高。地层中的泥岩由细小颗粒组成，吸附的放射性核素多，就表现出了高放射性的特征，反之，当地层中粗颗粒组分较多，如砂岩地层，相对应的放射性较低。

科学家们发现，不同岩石中放射性含量的高低以及射线的能量各有特点，可以根据不同的能谱特征，判断出岩石成分是什么。因此，岩石的放射性特征是测井勘探中的指路灯。有些情况下，岩石放射性高，说明岩石以泥岩为主，附近含有石油的可能性较低。而在另外一种情形下，如页岩油气藏富含有机质，油气有机质通常伴随着放射性铀而存在，就会产生较高的辐射。遗憾的是，我们的眼睛并不能看到放射性，那我们怎么探测它的存在呢？为了看到伽马射线，我们要借助探测器。为此，产生了自然伽马测井，这也是最早的核测井。在1935年，自然伽马测井就广泛地在市场中应用。但此种方法只能测量自然伽马射线的总强度，而不能定量分析放射性物质的成分。为了解决这个问题，测井专家定量检测铀、钍和钾三种元素放射性能量特征，从总伽马射线中定量计算各种放射性物质的含量，从而判断岩石的种类，自然伽马能谱测井应运而生。

绚丽多彩的光子

>>> 吴有训助力其老师康普顿教授完成康普顿散射实验

自然伽马测井探测的是伽马光子，而光子又是如何被发现的呢？

在20世纪初期，物理学家们发现了一些不符合经典物理学理论的现象，其中之一是黑体辐射问题，即热辐射光谱的总辐射强度与频率无关，这与经典电磁辐射定律矛盾。为了解决这个问题，爱因斯坦于1905年提出了光子说。

光子是一种没有质量但能传递能量的粒子，它的能量与光的频率成正比。光子说能够解释多种光学现象，如光电效应和康普顿散射等。其中康普顿散射的证明，中国人吴有训做出了重大的贡献。

1921年冬，吴有训考取公费留学生，登上赴美的轮船，两年后成为诺贝尔物理学奖得主康普顿教授的学生。当时，康普顿正在进行一项重要的实验，即康普顿散射实验，该实验是研究光的波粒二象性的经典实验之一。

射线交织的"画卷"
绿色核测井之路

>>> 正在进行康普顿散射实验

康普顿散射实验是康普顿在1922年进行的一项著名的物理实验，该实验利用了X射线的本质，通过测量入射光子和散射光子之间的角度差来研究X射线的散射现象，这项实验也为康普顿赢得了诺贝尔物理学奖。

吴有训在康普顿散射实验中扮演了重要的角色。他帮助康普顿设计了一个实验装置，该装置能够测量散射光子的角度差，并且还通过计算机模拟成功地预测了实验结果。他们做了7种物质的X射线散射曲线、15种元素散射X线的光谱图，以科学事实验回了对康普顿效应的各种否定，证明了光子康普顿散射的存在。

放射性测井中的密度测井方法就是基于康普顿散射的原理，利用康普顿效应，用固定强度的伽马射线源照射地层，伽马射线穿过地层时会被地层吸收，地层对伽马射线吸收的强弱取决于地层单位体积内所含的电子数，也就是电子密度，而电子密度与地层密度有关，因此通过测量经地层

125

波粒二象性

波粒二象性是指某物质同时具备波和粒子的特质，即所有的粒子或量子不仅可以部分以粒子的术语来描述，也可以部分用波的术语来描述。波粒二象性是微观粒子的基本属性之一。1905年，爱因斯坦提出了光电效应的光量子解释，人们开始意识到光波同时具有波和粒子的双重性质。1924年，德布罗意提出"物质波"假说，认为和光一样，一切物质都具有波粒二象性。2015年瑞士洛桑联邦理工学院科学家成功拍摄出光同时表现波粒二象性的照片。

吸收后的伽马射线的强度就可测算出地层密度。20世纪50年代开始，就形成了基于康普顿散射的密度测井。20世纪70年代末，斯伦贝谢公司充分利用光电效应和康普顿散射反应，首先推出岩性密度测井仪，可同时测量地层的光电吸收指数和地层密度。现代石油钻探和生产需要大量井下有关的参数信息，这些信息主要包括井眼参数、地层参数等。其中地层中子孔隙度和密度孔隙度能够直接反映地层碳氢化合物的储量，对定量评价潜在的油气储量来说是十分重要的参数。同时密度孔隙度的明显增加和中子孔隙度的明显降低经常被用来作为气层存在的判断依据。

20世纪中期，放射性同位素源首次在地层测井中被用于测量地层参数来计算孔隙度。在油气勘探和生产过程中，带放射性源的测井仪已经逐渐成为井下测量仪器的一个重要组成部分。

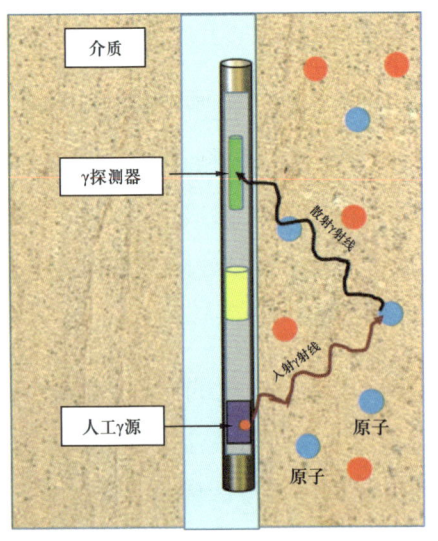

>>> 密度测井原理

打开微观世界的钥匙——中子

除了将伽马源用于测井,中子测井也是目前常用的另一类测井方法,那中子是如何发现的呢?

中子的发现可以追溯到 20 世纪初期。当时,科学家已经知道原子由带有正电荷的质子和带有负电荷的电子组成。然而,他们发现在一些原子核中的质子数不足以解释核的质量。因此,科学家猜测这些原子核中还存在着其他的未知带电粒子。

中子是由英国物理学家詹姆斯·查德威克和欧内斯特·卢瑟福共同发现。当时,卢瑟福正在进行一个有趣的实验,他试图用氢核(即质子)轰击一些金属,以产生高速粒子并研究它们与原子核的相互作用。在实验中,卢瑟福使用了轻质金属铝和铍作为靶材料,并使用了强大的阻滞放大器来观察产生的高速粒子。然而,他注意到在铝靶材料中产生的粒子数比在铍靶材料中产生的粒子数少很多。这引起了他的好奇心,他们开始探究产生这种现象的原因。1932 年,詹姆斯·查德威克的学生约翰·科克罗夫特和欧内斯特·沃尔夫等人,通过对贝利旋转方法的改进,用阿尔法粒子轰击重氢化合物,并在反冲物中探测到了一种与质子具有相似性质的粒子。随后,他们通过进一步的实验确定了这种粒子的质量和核外电子相近,但不带电,这就是现在所称的中子。中子的发现标志着原子核结构理论的重大进展,也为后来的核物理研究打下了基础,对我们认识核能和核技术的发展产生了深远影响。人们形象地把中子称为核能系统的"灵魂",可以说中子研究是一把打开原子核的"钥匙"。

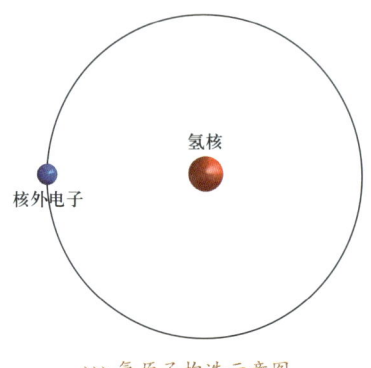

>>> 氢原子构造示意图

我们都知道，原子核带正电，它是由带正电荷的质子和不带电的中子构成的。中子的质量与氢核的质量相近，而氢元素又是地层水的重要组成部分。中子源向地层发射快速运动的中子流，由于质量相当，氢核是地层中最重要的中子减速剂，经过减速后的中子通过与地层中其他物质反应转变成伽马射线，从而无法被中子探测器检测到。最后到达探测器的中子数越少，说明地层孔隙度越大。如果发生弹性碰撞，到达探测器的中子数很多，说明孔隙度很小。这就诞生了补偿中子测井仪，利用该类仪器可准确探测地层中孔隙大小。

利用中子和光子的补偿中子测井和岩性密度测井都可以表征孔隙度。就像在蜂巢跑马拉松一样，中子和光子分别代表两个队伍，对于孔隙度大的蜂巢，中子队伍会比孔隙度小的蜂巢到达终点的人数少，密度队伍则正好相反，无论是中子的减少还是光子的增多，都可以反映孔隙度的大小。

为放射性装上"安全阀"

放射性测井揭示的是岩石的核物理性质,即岩石中各种核素微观特性的宏观表现,它反映着岩石的本质,能够提供大量具有不同物理实质的参数,在石油测井中具有不可替代的地位。放射性有这么多优点,是否对人体有伤害呢?

为了回答这个问题,我们首先需要了解核测井测量的射线主要有两条:一条是地下岩石中放射性矿物发出的天然射线,另一条是人工安装在测井仪器上的放射源发射到地层中散射回来的射线。前者由于没有放射源的存在,因此对人体和环境来说是绝对安全的,后者采用了放射源,对人和环境具有一定危害,但不要害怕,随着科学技术的进步和人们安全意识的提高,逐渐产生了诸如可控 D-T 中子源、可控 D-D 中子源和 X 射线源这样的可控源。顾名思义,可控源是可以通过人为控制工作状态的源,当它不通电源不工作时就不具有放射性,因此对人体和环境来说是安全的。这种可控源的研发还要追溯到第一次世界大战后。

第一次世界大战的爆发使许多科学研究被迫中断,直至 1918 年 11 月战争结束,科学家们才陆续回到自己的实验室。1919 年,卢瑟福(Ernest Rutherford)应邀担任英国剑桥大学卡文迪什实验室主任,他用 α 粒子轰击干燥的氮气,击中氮原子核,使氮转化为氧,并释放出一个质子,实现了人类历史以来第一次人工核反应。

核测井向着可控源发展,也就是为放射性安装上安全阀。当我们接近可控源时,无需害怕,因为它在不工作的时候对人体是没有伤害的。国外

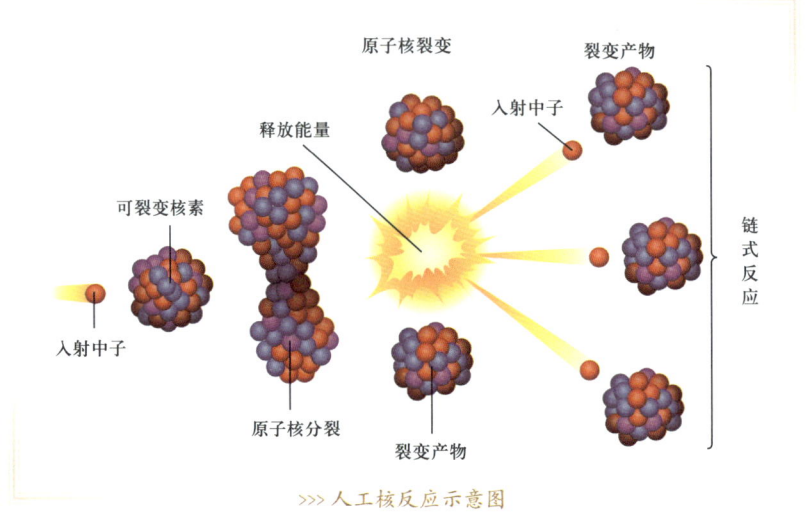

>>> 人工核反应示意图

油服公司于 20 世纪 60 年代开始推出可控中子源测井技术，最初主要用于地层中子寿命及 C/O 的测量，进行地层含油气性质的识别。随着探测器及中子源工艺技术的进步，可控中子地层元素测井和可控中子孔隙度测井技术也得到快速发展。

有了这样的小型"子弹"，我们就有了打开地宫宝藏的钥匙。

对于另一个光子，也和中子有着相同的成长路径，从早期使用的锗源成长为可控源。目前有两种成长路径：一种是使用氘—氚（D-T）可控中子源，另外一种是使用可控 X 射线源，两种方案都是基于发生器技术实现可控制发射粒子。目前商业化的 D-T 可控中子源岩性密度测井仪器如斯伦贝谢公司的 NeoScope，但测量原理和方法与伽马源相比发生了根本性变化，密度测量精度大幅度降低（尤其是在泥页岩和含气地层），丢失了岩性指示（P_e）信息。而 X 射线与伽马射线本质属于光子，与地层物质相互作用的过程基本相同，都是利用与地层发生的光电效应和康普顿散射测量地层密度和 P_e。可控 X 射线源测井技术研究相对较晚，随着技术的不断进步，基于 X 射线管的地层密度及荧光测井技术将得到进一步发展。

我国在可控源技术方面的研究起步于20世纪60年代,经过多年探索和创新,已经形成了一批具有自主知识产权的可控源产品和应用技术。中国原子能科学研究院研制的高能量D-T中子发生器,是目前国内最大功率的可控中子源,可用于核武器抗辐射加固的模拟试验;西北核技术研究所研制的紧凑型D-D可控中子源,可用于中子活化分析、中子成像、中子治疗等领域;西安冠能中子探测技术有限公司研制的中子管,是一种小型化、高产额、高稳定性的可控中子源,可用于石油测井、煤质在线分析、核安全监测等领域。

绿色可控的放射性测井是核测井发展的未来,可以试想当无放射性危害的核测井普遍应用时,对于人身和环境的安全将是多么大的保障。

>>> X射线源

利器在握
石油工程技术精粹

"穿深望远"
透视深层的声波远探测技术

第二次世界大战期间,德国U型潜艇像海底幽灵般神出鬼没,加上采用的海上狼群战术,肆无忌惮地在大西洋海上交通线疯狂地猎杀同盟国过往的船只,曾一度让盟军损失惨重。直到盟军使用主动声呐发射声波,并分析反射回来的信号来定位潜艇,才显著降低了潜艇对商船和军舰的威胁。将声呐技术的原理用于油气勘探开发中,就是声波远探测技术,这项技术使得曾经一度隐藏在井外的油气资源"无所遁形",提高了勘探效率和准确性。

从"一孔近见"到"一孔远见"

早在20世纪30年代中期,斯伦贝谢公司便开始提供声波速度测井的商业服务,使用卡车和电缆进行测井作业。这种测井是基于康拉德·斯伦贝谢的发明专利,利用井中两个检波器来测量岩石的声波速度,所用的声源是福特A型喇叭。这种早期仪器并不怎么实用。

>>> 声波速度测井示意图

1955年,斯伦贝谢公司发明了一种测量井中声速的装置,利用射孔弹作为声源,在井的不同位置放置两个检波器,每隔400英尺(约121.9米)移动一次测量位置,能够连续测量声波速度。

这种速度测量是声波测井技术的雏形,它通过在井内发射声波,声波沿井壁"滑行"传播,并被井内的检波器检测,通过测量声波的传播速度和声幅,现场工程师可以推断出地层的厚度、孔隙度和油气含量。

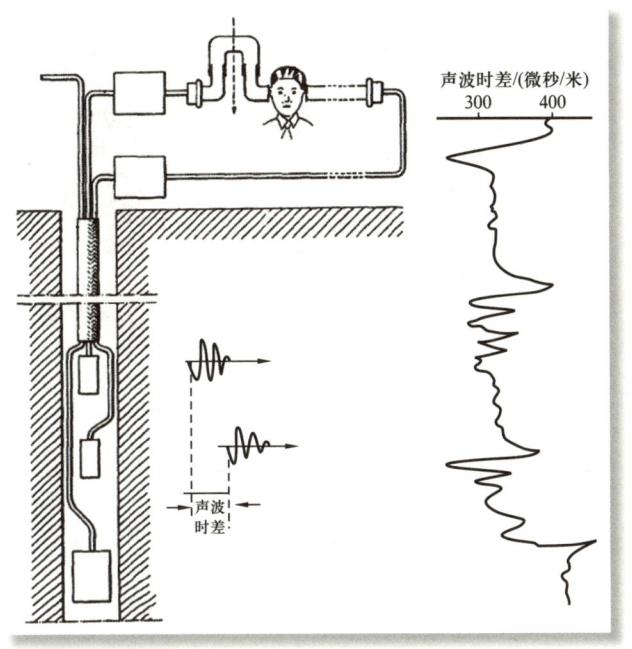

>>> 1935年获得声波时差的专利封面

然而这种常规的声波测井技术的井外探测距离仅能达到 1 米左右，无法有效探测井外数米至数十米范围内的油气构造。这就好比透过万花筒看花，只能看到筒中的模糊景像。因此，声波测井结果常被人们称为"一孔之见"。

为了改变声波测井"管中窥豹"的状况，石油人发明了声波远探测技术。这项技术类似于医院体检用的"B超"或舰艇中用的"声呐"。在井中，声源就像"B超"中的超声波探头，不断地向地层中辐射声波，像医院的超声用于人体器官探测，这些声波遇到地质体会产生反射，工程师通过处理这些反射的声波信号，能够判断井外地质体的距离和方位。

从最初常规声波测井记录的简单时差曲线，到现在能够清晰成像井外数十米范围内反射体的声波远探测技术，可以说是改变了声波测井技术被称为"一孔近见"的宿论，达到了"一孔远见"的目标。

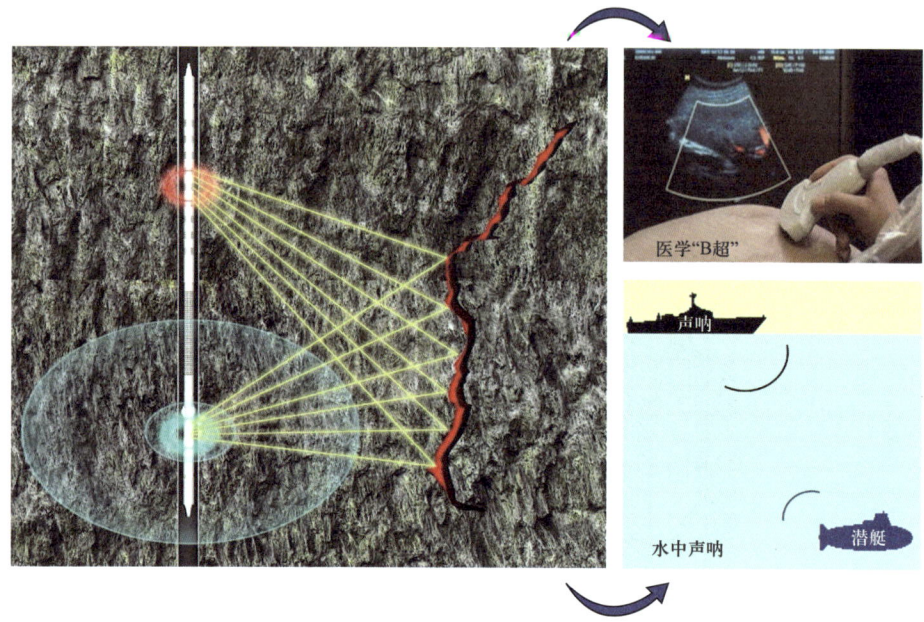

>>> 声波远探测技术原理示意图

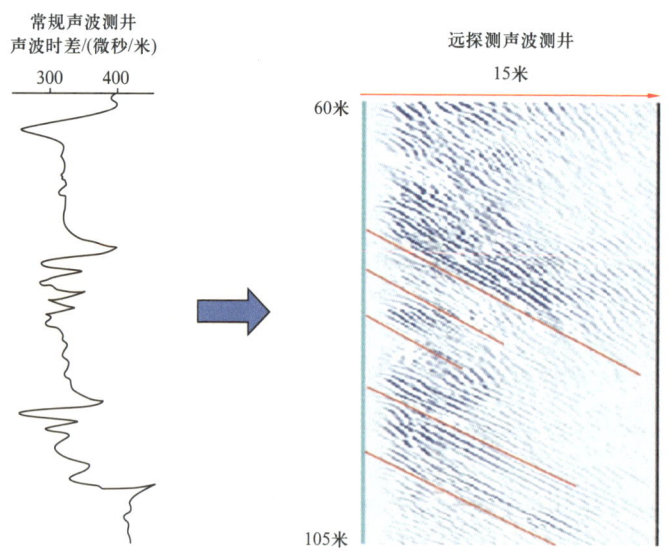

>>> 从常规声波测井到远探测声波测井

反射纵波做"黑白 B 超"

声波远探测技术最早可以追溯到 1989 年 Hornby 提出的单极反射纵波远探测方法,其原理是利用井中(无方向变化的)圆柱状单极子声源向井外辐射出纵波,并接收从井外地质体反射回来的信号确定反射体的位置。Hornby 从井中接收到的测井数据中成功提取出了来自井外地层界面的反射纵波,并对井外倾斜地层界面进行成像,开创了声波远探测技术应用的先河。

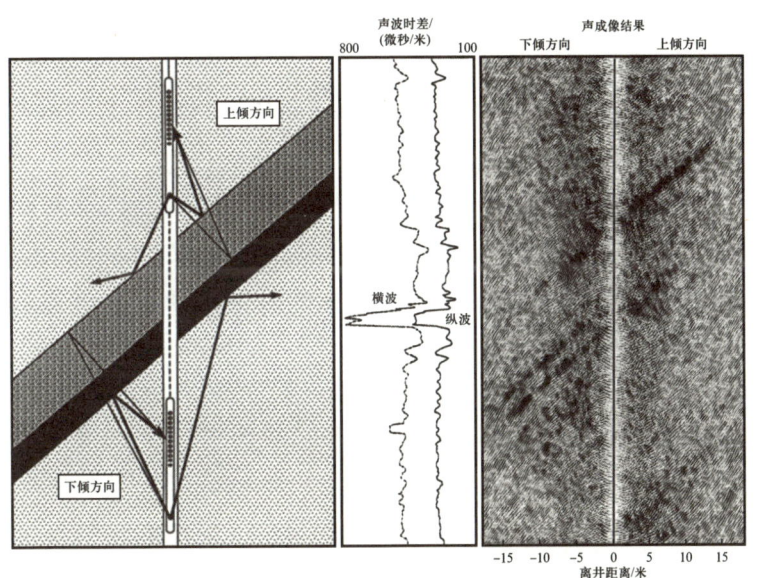

>>> Hornby 利用单极纵波法对过井反射体进行成像

基于 Hornby 的研究成果,国际油田服务巨头斯伦贝谢公司于 1998 年推出了利用单极纵波法进行井旁反射体成像的测井仪 BARS(Borehole

>>> 单极子声源

知识链接

单极子声源工作原理

单极子声源采用圆管状结构的压电陶瓷，在沿径向膨胀和收缩的振动过程中始终保持圆管状的对称外形不变，可以向各个方向的井壁均匀辐射声波能量。

Acoustic Reflection Survey）。这种仪器的源距（发射声源到接收器的距离）为 4.4～16 米，长源距的设计使得反射波在地层中的旅行时间较长，有利于从接收到的波形数据中分离出反射波，该仪器能够探测井旁十多米范围内的反射体。

大港油田于 2005 年成功研制了国内第一支远探测反射声波成像测井仪 BH-ARI，能探测井外 3～10 米范围内的裂缝、断层和地层界面，在华北、大庆和塔里木等油田的含有裂缝的碳酸盐岩储层评价中取得了一定的应用效果。

时间来到了 2009 年，在我国塔里木油田的轮东 2 井，来自中国石油渤海钻探测井公司的柴细元带领团队像往常一样进行测井解释评价工作。与以往处理的井不同的是，他发现这口井的地层岩性十分致密，油气发现和开采取决于地层中是否有裂缝，在利用常规井壁探测技术进行处理后，在成像结果上仅解释出一条40厘米高的裂缝，储层物性较差，初步判断该井是没有油气显示的，但有着多年现场井解释评价经验的柴细元觉得这口井并不简单，是否在常规探测范围以外存在裂缝发育呢？随后他带领团队使用自研的远探测声波测井仪器再次进行了测井作业，从纵波远探测资料分析发现，在井旁5米至10米范围内存在裂缝，厚度为8米。经射孔压裂后，日产原油18.5立方米，日产气22万立方米。这是国产自主研发远探测技术的"首秀"，推动了远探测技术与装备的国产化及现场应用。

>>> 第二代方位远探测反射声波成像测井仪 BH-ARI-Ⅱ 在千岛湖进行现场测试

到2018年，中油测井公司推出了第二代方位远探测反射声波成像测井仪 BH-ARI-II，采用不同方位接收使得该技术具有一定的方位分辨率，该仪器在千岛湖进行了现场测试，目前已在国内多口现场井中进行了作业，2020年斯伦贝谢公司也同时推出类似的方位纵波远探测技术 3DFF（3D Far Field）。

反射横波做"二维彩超"

单极子声源发出的声波宛如水滴在平静的湖面上泛起的涟漪,向四面八方传播,不具有方向性。单极声源的频率一般较高(约上万赫兹),因此单极纵波远探测技术存在着探测深度浅、无法判断反射体方位的局限性。这种没有方位性的单极纵波远探测成像就好比早期"B超"的黑白图片,色彩单调,信息有限。

在同一介质中,声波的频率越低,衰减越小,传播的距离就会变长。利用单极子声源可以进行纵波远探测,那么利用频率更低的偶极子声源进行远探测时是否能够探测更远处的反射体呢?带着这个疑问,唐晓明进行了大量的井段偶极横波数据处理,从实际资料和理论模拟等方面对偶极横波远探测展开了相应的研究,于2004年提出了偶极横波远探测方法。该方法将偶极子声源放置于井中,对声源在一个方向上施加压力,在对应相反的方向上施加拉力(在一个方向上"吸气",在另一个方向上"呼气"),使得井壁产生弯曲振动,在地层中激发出横波,通过接收经地质体反射回井中的横波进行井旁成像。与单极纵波相比,偶极横波技术有着更强的指向性和方位性,可以确定反射体形态及其延伸的方位。就像医学成像中从"B超"发展而来的"彩超"技术,不仅能描绘被探测体的形态,还能确定其运动方向(如血液流动)。

偶极横波远探测技术的开拓者唐晓明教授1955年出生于四川雅安,"文化大革命"期间曾做知青下乡。"岁寒,然后知松柏之后凋也",1977年,中央宣布恢复高考制度使得还是青年的唐晓明喜出望外,他焚膏继晷,废寝忘食准备高考，"苦心人，天不负"，他于1978年成为中国恢复高考制度后"北京大学"第二批学生。在燕园里受地球物理系的大家巨匠熏陶了四年，当时如果参加工作已经可以得到令人心动的丰厚待遇，醉心于科研的唐晓明毅然决然地选择继续求学，在中国国家地震局地球物理研究所攻读研究生，师从现在的地球物理学界掌门人、中国科学院院士陈颙先生，从事地震学和岩石物理学研究工作，1984年获得了硕士学位。后来，陈颙院士评价说："唐晓明是国家地震局地球物理研究所众多学生中的尖子"。

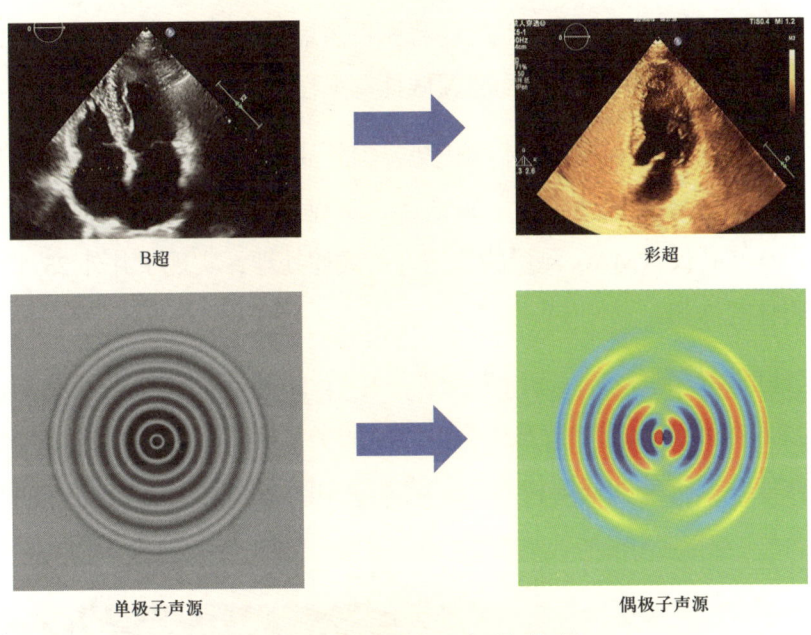

>>> 单极子声源和偶极子声源辐射对比

期望着自己的学术水平能够更上一层楼，成为国际一流的科研人员，唐晓明开始游学西方。他于1986年进入世界顶尖高校——麻省理工学院（MIT）攻读博士，师从国际地球物理学泰斗、麻省理工学院地球资源实验室（ERL）的创立者Nafi Toksoz教授。在读博士期间，唐晓明恰值青年才俊，他温和有礼，才思敏捷，发表了多篇高水平论文。1990年，唐晓明取得了麻省理工学院理学博士学位，当时在测井界，意气风发的他已经小有名气。

博士毕业之后，他首先进入新英格兰研究所任研究科学家，近不惑之年又进入世界第三大石油服务公司——贝克休斯公司，在声学部任高级研究员、首席科学家和科技顾问，同时于2000年远赴西欧，在挪威理工大学做访问教授。自1994年至2010年这16年间，是他的研究发明"高峰期"——申请发明专利30余项，出版的著作《定量测井声学》是井孔声学和相关领域必读的书籍。他的译著和百余篇文章中有很多论述都对国际上的地层评价、测井和岩石物理领域具有里程碑的意义。

由于偶极横波远探测技术的优势，国外油田技术服务公司相继研制了各自的偶极横波远探测仪器。2005年，贝克休斯公司通过对已有的正交偶极声波测井仪XMAC测量的数据进行成像处理，实现了井外25米范围内地质体的探测。

"廉颇跨鞍情未老，赤臣谋国志不休"。2010年，唐晓明认为声波远探测技术在油气开发中大有可为，应该服务于祖国的油气开发事业。于是，他放弃了国外的优厚待遇，回国入职中国石油大学（华东）。不过出

>>> AFST 仪器

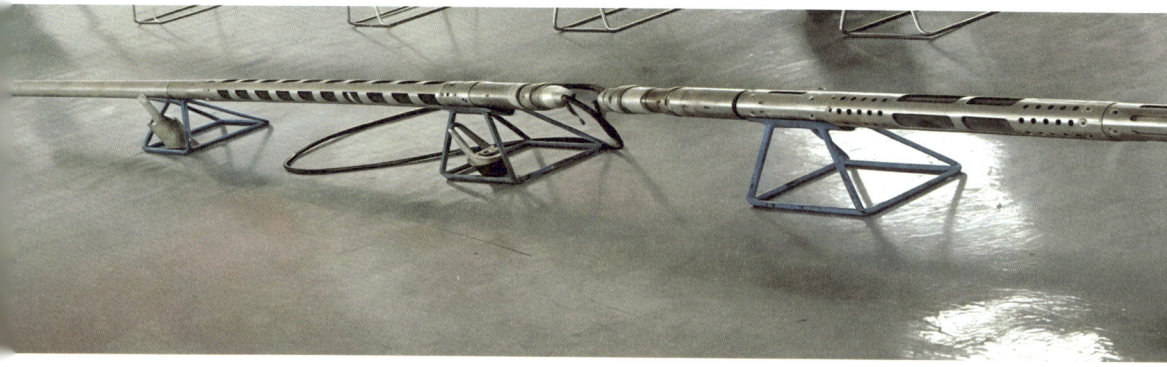

国时风华正茂的青年才俊，归来已是博学多识的大家巨匠。他与国内企业共同推动了远探测技术的发展。他自主研发的偶极横波远探测成像技术，应用在我国南海某海上油田一重要区块超深地层突破勘探瓶颈，填补了40年来的空白，日产天然气40.9万立方米、原油71立方米，彰显了该海洋盆地油气藏的勘探实力。

"这项技术改变了测井技术被称为'一孔之见'的宿论，实现了'一孔远见'的目标。"测井行业的专家们这样比喻这一重要技术的应用效果和前景。

然而，远探测技术的研发不是一蹴而就，也有着曲折的历程。中国石油大学（华东）研究团队与中海油服公司合作进行国产远探测仪器装备的研发，在理论研究和实验检测中都遇到了许许多多的困难。

"要在各种纷繁芜杂的波场中提取来自数十米外反射体的横波，就好比从广场舞的高音喇叭声中分辨出蚊子的嗡嗡声，太难了！"——这是研发人员共同的体会。

难点还不止这一个，探测的地层越远，波传播经历的衰减就越高，需要降低声波的频率来减少波的衰减，但降低频率，又会出现降噪、分辨率、保真等方面的难题。

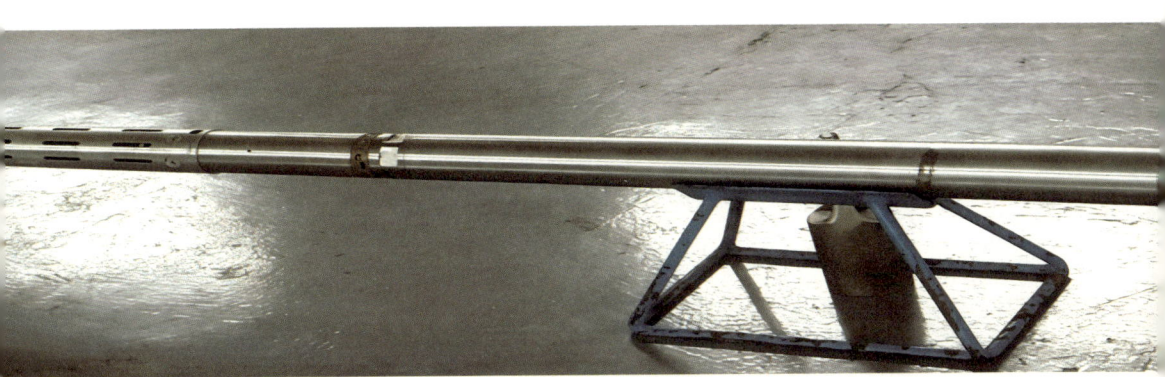

>>> 唐晓明获国际测井家协会SPWLA杰出科技成就奖

试验的整个过程既艰难又曲折，既要让发射出去的横波"百步穿杨"，不漏过一个小小的缝、洞构造，又要让反射波成像清晰可靠，把这些构造从噪声中区分出来。

使用望远镜看百米外的景象都会模糊，何况是在几千米深处的地层中探测井周数十米范围内的油气构造，还要探明其方位。

一般来说，在同一介质当中，声波的频率越高，衰减也就会越大，传播距离就会变短。基于这一基本物理规律，团队成员进行了大量的理论计算和实验测试，分析了不同声源频率下接收到的反射波幅度，最终发现在声源激发频率变为1500赫兹以下时，沿井筒传播的直达波幅度大幅度降低，使得数据中反射波幅度大为增强。同时，针对反射波成像中夹杂的背景噪声，对成像结果进行降噪、相干等图像处理，可以清晰看到隐蔽在噪声背景中的地质反射体。经过5年的技术攻关，实现了偶极横波远探测核心技术的原创性突破，采用了三叠片结构的低频偶极换能器，偶极声源中心工作频率降至1000～2000赫兹，在提高反射波幅度的同时，增加了仪器的采样长度和采样率，于2016年研制了偶极横波远探测成像测井仪AFST，在实际应用中能够清晰探测到井外70米范围内的地质构造。同年6月，国内声波测井带头人唐晓明因此技术荣获国际测井家协会SPWLA

杰出科技成就奖，成为第一个获此奖项的中国高校科研人员。

偶极横波远探测技术虽然是一项了不起的科研成果，但在早期现场推广应用中却不是一帆风顺。人们对"一孔之见"的观念根深蒂固，因而对"一孔远见"的效果持怀疑态度。为了推广这门技术，必须用"眼见为实"的实验效果来验证技术的可靠性。为此，研究团队在中国石油大学（华东）校内设计并建设了两口实验井，井身结构和实际油井相同，在南—北方向且平行相距10米，远探测实验结果清晰地呈现了十米处的目标井的成像，验证了横波远探测技术的准确性和可靠性。

中海油服公司、中石化经纬公司和中油测井公司先后在中国石油大学（华东）校内实验井进行了邻井远探测测井实验，均在测量井中发现井外10米远处的目标井，提高了远探测技术的信服力。经中国石油、中国石化、中国海油轮番验证之后，中国石油大学（华东）的远探测实验井被认证为声波远探测仪器研发成功与否的标准刻度井。

>>> 偶极子声源

知识链接

偶极子声源工作原理

偶极子声源由两个振幅相同但相位相反的压电陶瓷组成，其能使井壁的一侧压力增加，而另一侧压力减小，故使井壁产生扰动，形成轻微的挠曲，在地层中直接激出纵波和横波。

方位偶极做"三维彩超"

"保障国家能源安全,向地球深部进军",深层油气能源的勘探和开发的难度极高,背后是持续不断的核心关键技术创新。塔里木盆地是我国深地科学探索的主战场,塔里木油田的中古6-6井位于有着"死亡之海"之称的塔克拉玛干大沙漠腹地,偶极横波远探测技术在该井的重点深度段发现反射体,有效圈定了油气目标层位。但是现场工程师进行侧钻施工时却遇上了难题,由于偶极子声源辐射的对称性,从成像结果显示反射体呈180°对称分布在井的两侧。这让施工人员面临了一个困扰:这时侧钻施工的该向左还是向右进行呢?

对于塔里木油田,几千米深井的侧钻施工费用往往达到几百万至上千万元。当时正在油田进行中古6-6井远探测资料处理的唐晓明及其团队得知,在现场第一次侧钻后未发现油气,于是又花费数百万元在反方向进行二次侧钻。以2020年为例,中国新增探井数量2956口,每年度的探井侧钻费用更是天文数字。"科学技术是第一生产力",解决了远探测的方位性问题,就可以大大压

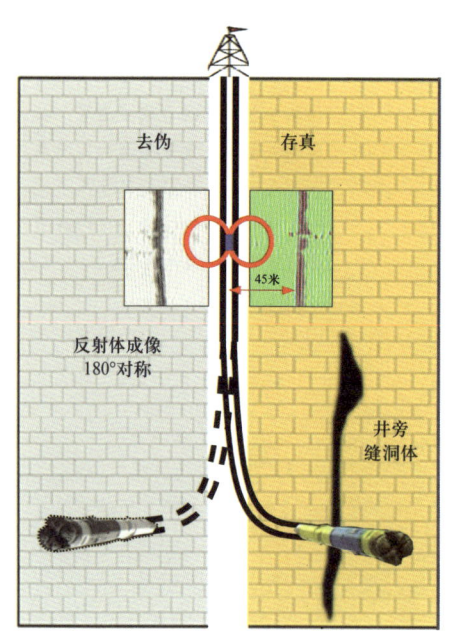

>>> 偶极横波远探测"方位180°不确定性"难题

缩国家油气勘探的成本，功在当下，利在千秋。在这样的背景之下，他们下决心解决这一世界级难题。

回到学校后，唐晓明立即组织研究团队对"方位180°不确定性"难题进行集中研讨攻关。"不以理论为指导的实践是盲目的实践"，他经常用斯大林的这句名言来教导学生，这也是他科研工作的基本原则。

"方位180°不确定性"难题在理论上涉及地壳岩石中"井孔与弹性波的相互作用"这一长期讨论的科学问题，早期的井间地震、垂直地震剖面、声波测井、声波远探测等技术都与该问题密切相关。美国工程院院士J.E. White、斯伦贝谢公司Doll研究中心的M.A. Schoenberg以及麻省理工的科学家都关于该问题发表过一些研究成果。站在巨人肩膀上看得更远，在已有的研究基础之上，唐晓明带领着李杨虎和古希浩等博士生针对该问题中弹性波的辐射、散射和接收开展了一系列的模拟和计算。前人都是针对平面波进行研究，唐晓明敏锐地发现这一假设不符合物理现实，井中声源辐射的是球面波，物理系统是一个线性系统，井内测井仪器接收到的球面波是由多阶波分量的叠加，不同波分量对反射体的方位敏感度不同，他们在理论上证明：只要能提取出有方位灵敏度的高阶波分量，180°不确定性难题便迎刃而解。

远探测中的反射波幅度与测井噪声幅度相当，高阶波分量的提取无异于千里之外望烛光，难上加上。在夜晚辗转反侧之时，一个想法映入唐晓明的脑海：借鉴宇宙膨胀的测量方法——"红移"和"蓝移"。

美国天文学家哈勃提出，恒星远离我们时，光的波长变长，移向光谱的红色端（红移）；恒星靠近我们时，光的波长变短，移向光谱的蓝色端（蓝移）。反射体在左侧和右侧时，井内接收器记录的反射波波长也有光波长的变化效果，这就为后续的技术研发提供了理论基础。

传统的四分量仪器拥有对称性，在180°对称的方向上图像完全重

>>> 唐晓明及其团队成员研发远探测仪器

复,而要解决方位性难题,就必须打破常规远探测仪器的对称性,但是又需要保留仪器四分量扫描的特性。

根据团队研究得出的结论,将远探测仪器在井中偏心放置,井中接收换能器重新组合,这些不对称性的方式都能使得仪器的原有对称四分量数据得到扰动,这种扰动可以增强反射波"红移"和"蓝移"的效果。在此基础之上,团队提出了一种创新型的偶极远探测工作模式。在这种模式的方位扫描下,对井周反射体具有360°的方位敏感性,可以根据180°和其对称的方位上反射波的"红移"和"蓝移"现象,确定反射体在井的左侧还是右侧。

2019年5月16日,美国总统特朗普签署行政命令,允许美国禁止向被"外国对手"拥有或掌控的公司提供电信设备和服务。随后美国商务部宣布未经批准的美国公司不得销售产品和技术给华为公司,中国电信业巨头"断芯",大型高端仪器装备的国产化开始提速。

"工欲善其事,必先利其器"。2023年全球测井仪器市场规模达到了24.26亿美元,中国是测井仪器的第二大消费国,市场上的主要测井仪器生产商三大巨头斯伦贝谢公司、哈里伯顿公司和贝克休斯公司全部是外国油服公司。

由于理念新颖,方位偶极横波远探测仪器在全球市场还未见销售,在研究团队提出新型四分量旋转工作模式基础上,需要尽快将仪器研制成功,既解决油田现场的实际需求,同时又推动测井仪器的国产化。

深层油气埋藏于异常高温和高压环境,1946年诺贝尔物理学奖便授予了发明超高压岩石物理装置的美国物理学家 Percy Bridgman。极端高温高压环境对测井仪器来说是一场严峻的考验,在恶劣环境下使方位远探测仪器保持正常工作的难度可想而知。

"莫嫌天涯海角远,但肯摇鞭有到时",在经历无数个辛勤工作的日夜,中国石油大学(华东)苏远大教授和谭宝海副教授带领团队设计了低频大功率正交偶极换能器,设计了独立的高精度四方位接收电路,使得仪器能够对不同方位的信号进行组合接收,攻克了高温高压环境下仪器正常工作的难题。新型远探测仪器样机首先需要在中国石油大学(华东)远探测标准井中"过关",在处理了采集的实验数据后,该仪器识别出了目标井的准确方位,之后在塔里木油田实验井中顺利采集到偶极四分量数据。

2019 年,中国石油大学(华东)研究团队联合塔里木油田研发了新型方位偶极横波远探测仪器 ASRI。仪器发射部分采用两组互相正交布置的偶极声源,采用更低的震动频率;接收部分可以对井外 4 个方位的反射波信号进行独立采集。新型方位声波远探测仪器在行业标准井(胜利油田孤古 8 井)进行了现场实验,并在塔里木油田现场实测了 7 口超深井,均成功发现井外隐蔽的油气储层,验证了仪器井外探测距离达到 55 米,方位分辨率达到 ±11.25°,成为我国深地油气探测的"利器"。

软件是硬件的灵魂。在研制仪器的同时唐晓明还指导团队成员中国石油大学(华东)李盛清教授和庄春喜老师进行方位远探测数据处理软件的研发。软件研发是一项极为艰苦的高强度智力劳动,

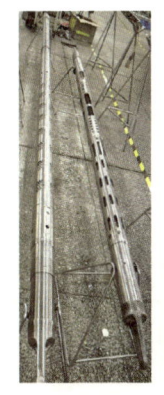

>>> 方位声波远探测测井仪在胜利油田孤古 8 标准井试验成功

整整三万多行的代码，屏幕前密密麻麻的一行行注释，反复测试和完善程序中可能出现的漏洞，攻关开发了具有完全自主知识产权的国产工业化软件——UPC-TerraSound。

2023年9月，UPC-TerraSound声波远探测扫描成像软件正式发布，该软件能够对井周数十米范围内的油气构造清晰扫描成像，具有数据兼容强、处理速度快、成像效果好三大特色，成功应用于中国石油、中国石化、中国海油、巴西石油等国内外大型石油公司，发现了一批隐蔽型油气藏，实现井下"穿深望远"的勘探目标，成像技术国际领先，打破了国外技术垄断，填补了国内空白。

>>> UPC-TerraSound声波远探测扫描成像软件 UPC-TerraSound正式发布

从常规声波测井1~2米的一维测量，到纵波远探测测井探测10米范围内反射体的二维成像，再到方位横波远探测测井对55米范围反射体的扫描成像，声波远探测技术实现了真正意义上的井旁构造三维成像。

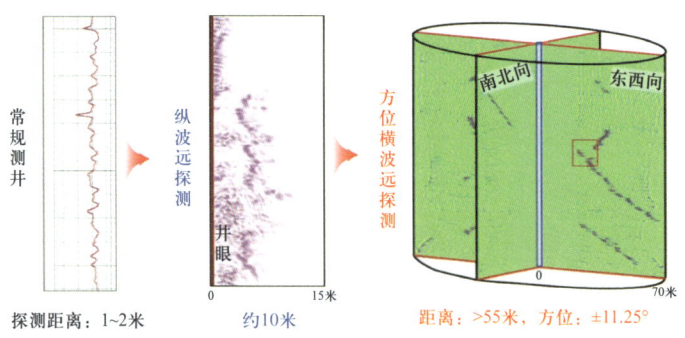

>>> 不断发展和完善的声波远探测技术

目前，自主研发的声波远探测装备和技术在国内各大油田得到了广泛应用，这不仅拓展了井下探测范围，突破了以往"一孔之见"的局限，更实现了"探得远、探得清、探得准"的目标。新技术的应用成功地发现了以往常规测井技术难以察觉的油气，为测井行业的科技进步和业务发展注入了强大动力。

声波远探测在塔里木油田的应用

在我国陆上最大的含油气盆地——塔里木盆地，分布着全国 80% 以上的超深井。"与其他盆地不同的是，塔里木盆地历经八期构造变形，油气藏普遍具有超深、高温高压、高含硫和高含蜡的特征，油气藏埋深大于 4500 米的探明储量占总储量的 74.9%，勘探开发难度极大。"塔里木油田首席专家杨海军说。在这极端复杂的地层中寻找油气好似"蒙上毛玻璃看画"。

塔里木油田于 2020 年在新疆库车市境内的轮探 1 井，钻井深度 8882 米，是当时的亚洲陆上第一深井。通过将远探测仪器放入井中采集数据，经过数据处理后发现井外依然有很多存储油气的缝洞构造。时任塔里木油田总经理杨学文说："今天测试日产原油 133.5 立方米（相当于 111.7 吨），塔里木盆地能够在 8200 米以下的深层找到液态的石油烃，这在世界石油勘探开发史上还是首次，这口井的发现拓展了塔里木勘探的新局面。"轮探 1 井在 8200 米超深层获得工业油气流，打破了 8000 米超深层石油勘探"死亡线"。

果勒 3C 井是位于塔克拉玛干沙漠腹地富满油田的一口超深侧钻水平井，2023 年以 9396 米井深刷新了当年亚洲最深水平井纪录，标志着塔里木油田超深油气钻探能力正式迈入 9000 米级新阶段，具备向万米深地进军的条件。

不同于传统直井垂直地穿过油层，该井采用水平井钻探，在钻至 8000 米左右深度后，需要控制钻头沿着顺着油层的方向钻进，在地下深处精准穿透油气储层，相当于隔着一座地下珠穆朗玛峰定向打靶，难度不亚于在百米外"穿针引线"。

唐晓明带领团队对井外地层进行远探测成像，寻找油气富集空间。在水平深度段 8380 米至 9360 米处，可以清晰看出井旁 50 米范围内存在多套进井裂缝系统。这些裂缝有序排列，倾角在 30°至 50°之间。远探测成像结果明确了该地层中的构造形态，为进一步的油气开发提供了重要信息。

利器在握
石油工程技术精粹

地层测试器 测量地层压力

地层探秘者
神奇的地层测试技术

在《测井原理与综合解释》的课堂上，学生突然抛出了一个问题："大部分测井仪器都是运用核、电、声等测井技术原理间接测量地层特性，能不能直接取得地层油气样品，直接测量呢？"老师斩钉截铁地说："当然能！有一种很特殊的测井仪器——地层测试器。地层测试器直接使用探针坐封在井壁之上，隔离环空钻井液后，直接抽吸地层流体，获得地层压力和地层流体样品，属于直接测量。如果其他测井仪器是隔着帽子猜测的探险家，那么地层测试器能直接掀开帽子一睹真容。"

从追赶到并跑

第二次世界大战后,石油工业迅猛发展,作为石油工业高端测井装备的代表——电缆地层测试器开始走上历史舞台。1955年,斯伦贝谢公司发明了电缆地层测试器。之后,国内外各家公司围绕"测压"和"取样"两种核心功能,开发出一代又一代新产品。

进入20世纪90年代,第三代地层测试器开始陆续投入市场。1992年,斯伦贝谢公司推出了组装式地层测试器(MDT);1995年,Atlas发布了油藏特性测井仪(RCI);1999年,哈里伯顿公司开始应用油藏描述仪(RDT)。至此,斯伦贝谢公司、Atlas公司(后因商业重组改称贝克休斯公司)、哈里伯顿公司三大油服公司的第三代主流地层测试器产品基本框架已经形成后,三大油服公司对产品进行了大量的技术改进,并推出光谱分析、封隔器等一系列新功能模块。近几年,仪器改进速度逐渐加快。2019年9月18日,在摩纳哥举行的2019届SIS(软件集成解决方案)全球论坛上,斯伦贝谢公司分享了Ora智能电缆地层测试平台,产品性能大大提高。目前,电缆地层测试器已处于第三代和第四代产品的过渡阶段,很多前沿技术雏形已经出现,但整体仍然维持在第三代产品的框架内。

21世纪以来,国内测井公司开始了自主研发的进程。在激烈的市场竞争中,2006年,中海油服公司率先研究出第一套真正意义上的国产电缆地层测试器——油气层钻井中途测试仪EFDT。

面对国外的技术封锁,面对着一无资料二无经验的两难境地,中海油

地层探秘者
神奇的地层测试技术

>>> 井下光学传感器

服公司充满着"为中国打造国际一流地层测试仪器"的使命感和责任感，高声对技术垄断说"不"，加倍努力、卧薪尝胆、刻苦攻关，充分吸收相关国内外先进技术，立足自主创新，在研制过程中大量采用新方法、新技术、新材料和新工艺。中海油服经过刻苦钻研和不懈努力，克服了研制过程中的重重困难，突破了一道道技术难关，陆续攻克了双探头推靠坐封、混合流体控制和泵抽技术、微型电液集成、压力补偿式PVT取样及混合流体和电气组合快速连接等连外国专家都难以置信的一系列尖端技术，成功研发出国内第一套真正意义上的电缆地层测试器。

油气层钻井中途测试仪EFDT包括电子线路模块、电源模块、液压动力模块、泵抽模块、流体分析模块、光谱分析模块、双探针模块、双取样模块和多取样模块。油气层钻井中途测试仪EFDT基本达到了国际第三代电缆地层测试器的技术水平，走完了从追赶到并跑的艰难之路。

"乒乓老人"话往事

刚退休的冯永仁,痴迷于打乒乓球:微白的头发,瘦削的身段,却有着敏捷的步伐,挥出一道道弧线,球速越来越快,球风越来越诡谲。

一旁对战的年轻人开始招架不住,汗如雨下。

小伙眼看打球打不过,急中生智,故意挑事,想让冯永仁分心。

"听说您老人家当年带领团队拿下过一个大项目,是不是浪得虚名啊?"

"胡说!"

>>> 正在测试仪器的冯永仁

20年前，海上测井技术一穷二白，所用的仪器全部从国外购买，价格高得离谱。这让冯永仁下定决心，闯出自己的路。

2001年，冯永仁带领团队在一个20世纪80年代修建的老楼里，在简陋的工装台上，研究起了最新的地层测试技术——油气层钻井中途测试仪。

四年后，科研样机接受了第一次现场测试。严冬的华北平原，气温达到零下20多摄氏度。团队抵达井场，人拉肩扛，组装调试仪器，这个重达600千克的宝贝，就是冯永仁和团队精心"孕育"的"孩子"。

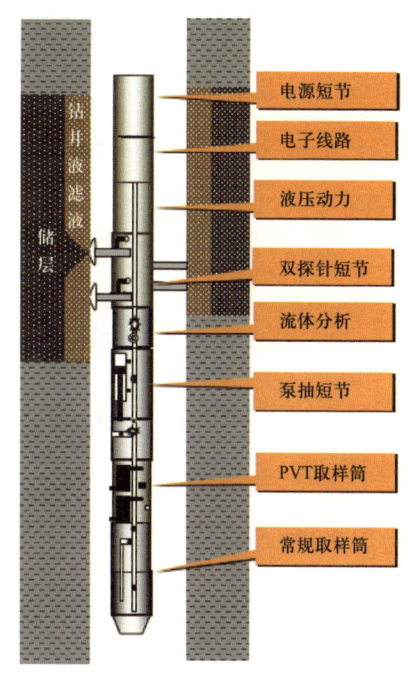

>>> 地层测试器结构

然而，经过20多个小时的紧张测试，换来的不是成功的喜悦，而是沉入谷底的打击：失败！

冯永仁记不清自己当时是怎么回到驻地的。那晚的被窝无比冰冷，他辗转反侧，无法入睡。

面对讥讽和质疑，回想多年来艰辛的付出……他多少次问自己，仪器研发还要不要继续？

外国人能做到的，中国人也一定能够做到！打起精神的他召集项目组成员一遍遍重新梳理研制过程。办公室废弃的设计图纸、演算稿纸足够铺满办公楼前的足球场。

为了检验仪器的可靠性，没有振动实验设施，他们就用土办法，把仪器放在农用拖拉机上，开到坑坑洼洼的乡村土路上，连续颠簸了一个月。

2006年，又是一个寒冬。客户同意他们进行海上测试，但反复告诫："你们只有一次机会。"

那个夜晚，他一直紧紧盯着手机，不敢睡去。

夜已将尽，手机屏幕忽然亮了，是一条短信，只有两个字：成功。

短短两个字意味着：我国具有自主知识产权的地层测试器终于研发成功。

后来，大家普遍承认这是第一套国产地层测试器！

"当时确实挺困难，不过都挺过来了。看球！"

>>> 地层测试器的"探针"

一道杀球，球网对面拼命招架，还是让球直飞过去。

球拍在手中旋转着，云淡风轻。

作为冯永仁的徒弟，周明高也不甘示弱，跟师父一样努力做科研。

几年前，渤海地区的油藏勘探遇到了大问题，国产地层测试器无法解决稠油、出砂、低孔低渗等复杂储层的取样问题。简单地说，现有国产地层测试器泵抽速度太快，调速范围太窄，很多新发现的区块地层条件特殊，必须慢慢抽，才能从地层抽取稠油样品。

为此，他全力攻关，和团队一起设计了"超级心脏"——宽频调速模块。通俗地说，用一个电动机带两个油泵（"心脏"），电动机可以精确调速。解决了"心脏"的问题，低速泵就成了。想要快抽，就用大的那颗"心脏"，跳动快一些；想要低速抽，就用小的那颗"心脏"，跳得慢一些。

知识链接

宽频调速模块

宽频调速模块即采用一机双挂、SPWM等技术手段解决对高压直流潜油电动机精准控制难题，实现对泵抽速度的宽频调速。宽频调速模块的成功研制与应用，解决了稠油、出砂、低孔低渗等复杂储层的取样问题，解决渤海大油田的"卡脖子"问题。

利器在握
石油工程技术精粹

地下油气密码的破译者
解释评价技术

天才科学家图灵，除了大家熟知的"计算机科学之父""人工智能之父"外，还有一重身份，即密码分析家。这是因为他在二战期间设计了破译德国密码的机器，获取了大量有价值的情报，为赢得战争发挥了重要作用。在油气勘探开发领域，测井信号中蕴含着油气信息，有的也隐蔽如密码，解读至关重要。解释评价就是抽丝剥茧、去伪存真，通过测井信号的蛛丝马迹精准定位地下油气层的一种技术。2011年5月，北京钓鱼台国宾馆的一场新闻发布会轰动了中国石油测井领域，由中国自主研发的测井处理解释软件代表CIFLog1.0在这里展示了它强大的功能，由此中国的石油人开始使用自己的测井处理解释软件。

芝麻开门——神奇的阿尔奇公式

>>> 阿尔奇

在斯伦贝谢兄弟测得地下岩层的第一条电阻率曲线之后的漫漫15年间，是测井工程师们迷茫摸索的时期。测井曲线记录了地层信息，但如何用它来认识地下岩层，尤其是认识岩层的含油气情况，始终是个不甚清晰的问题，直到阿尔奇关注了此事。

作为壳牌石油公司的一名测井工程师，阿尔奇没有显眼的头衔，却一不小心成了后来测井解释专业的"祖师爷"。这是他本人也始料未及的，说起来，竟是因为一个神奇的实验。

在当时的墨西哥湾沿岸地区油气田测井实践中，电阻率测井曲线已被广泛用于地层的对比，并且提供储层流体性质的某些指示，比如当岩层含有油气，它的电阻率通常会增大。但由于各种影响因素的存在，含油气的多少、孔隙度大小以及岩层电阻率高低三者之间到底是什么样的关系，一直没人能够把它真正说清楚。

阿尔奇在系统观察这些现象后，决定寻找其背后的规律。他采用来自得克萨斯州以及路易斯安那州相关油田的岩心，在壳牌石油公司的生产实验室精心设计并开展了两类电阻率实验，分别叫地层因素实验和电阻增大率实验。将两类实验联立起来，可以得到一个公式，也就是后来大名鼎鼎的"阿尔奇公式"。公式清晰地告诉人们，砂岩中油气饱和度的多少，可以通过砂岩的电阻率、孔隙度以及水层电阻率定量计算出来，这是一个破天荒的事情。1941 年 10 月，在美国达拉斯石油工程与矿业学会上，阿尔奇宣读了《用电阻率测井确定若干储层特征参数》的开创性论文，测井解释从此迈过"看图讲故事"的漫长"中世纪"，进入定量化表征的新时代。有人说，天不生阿尔奇，测井解释万古如长夜，谁说不是呢！

在阿尔奇公式发表 43 年后的中国，华东石油学院［现中国石油大学（华东）］有位叫李宁的本科生，关注了阿尔奇公式，在当年的《测井技术》上，发表了一篇名为《阿尔奇公式中指数 m 的物理意义》的文章，半页纸的篇幅，独立思考的锋芒已然毕露。不久后的 1989 年，在《地球物理学报》上，他又以一篇《电阻率—孔隙度、电阻率—含油气饱和度关系的一般形式及其最佳逼近函数类型的确定》文章，系统阐述了阿尔奇公式的一般形式。那时候，人们大概不会想到，这个与当时中国"体操王子"李宁同名的学生，会在若干年后成为测井界第一位院士。

随着中国石油工业的发展，以李宁、赵良孝、曾文冲等人为代表的我国科研技术工作者，对阿尔奇公式所引出的油气饱和度评价方向进行了大量的探索，逐步明确了不同类型地层中含油气饱和度的计算方法。而以注重科研、治学严谨而著称的谭廷栋先生，更是将测井推到了一门独立学科的高度，他带病工作 20 余年，却不辞劳苦多方呼吁，使得测井跻身为石油工业十大学科之一。病情加重之下，还组织编写出版国内首部测井专著《测井学》，弥补了中国过去只有石油测井学科而无石油测井学专著的

>>>《测井学》在石油工业出版社出版发行

空白。他在20世纪末提出的"一学(测井学)""二论(非线性和非均质理论)""三谱(能谱、频谱和光谱测井)"的测井学科发展展望,如今看来依然熠熠生辉。可以说,阿尔奇打开了解释评价理论的大门,前赴后继的中国石油人在这个领域挥洒汗水贡献智慧,有效支撑了中国各油气田的勘探发现和成功开发。

知识链接

阿尔奇公式

孔隙度是指岩样中所有孔隙空间体积之和与该岩样体积的比值,称为该岩石的总孔隙度,以百分数表示。从实用出发,只有那些互相连通的孔隙才有实际意义,因此允许油气在其中流动的孔隙叫有效孔隙。饱和度是指储层中流体体积含量占储层总孔隙体积的百分数,称为流体的饱和度,按照流体类型通常分为含油饱和度、含气饱和度和含水饱和度。阿尔奇公式是由地层因素、电阻增大率两个实验推导出来,其中地层因素实验得到的认识为:任意饱和水的纯净砂岩,其电阻率 R_o 与所饱和水的电阻率 R_w 之比,只与砂岩孔隙度 ϕ 及胶结指数 m 有关,即 $F = \dfrac{R_o}{R_w} = \dfrac{a}{\phi^m}$。电阻增大率实验得到的认识为:含油(气)岩石的电阻率 R_t 与该岩石完全含水时的电阻率 R_o 之比,只与岩石的含油饱和度 S_o(含水饱和度 S_w)有关,即 $I = \dfrac{R_t}{R_o} = \dfrac{b}{S_w^n}$。这两个实验所得公式联立后得到的油气饱和度求取公式 $S_h = 1 - S_w = 1 - \left(\dfrac{abR_w}{\phi^m R_t}\right)^{\frac{1}{n}}$,也就是阿尔奇公式。

见微知著——致密油气的山重水复

"6000.08万吨!" 2020年12月27日上午10时,长庆油田生产指挥中心油气产量显示屏上跃然出现这样一个数字。至此,中国石油工业新的里程碑诞生,标志着我国建成了年产油气当量6000万吨级特大型油气田。"磨刀石里找油气",这是人们谈及长庆油田时经常挂在嘴边的一句话。顾名思义,这种储集在磨刀石一般的岩层中的致密油气,在鄂尔多斯盆地广泛分布。第二年,中国石油2021年度十大科技进展揭晓,支撑致密油气勘探开发的测井解释评价技术赫然上榜。也许在一些行外人的眼中,天天对着测井曲线"纸上谈兵"的解释评价,何以获此殊荣?

测井解释评价担负的使命之一,就是如同医生通过心电图来诊断病情一般,在几千米的地层中,根据测井曲线特征来确定油气层所在的深度,同时剔除水层、干层。不同的是,心电图上如果没有起伏,就意味着没有了生命体征,但是在测井曲线上没有起伏,却不能宣判油气层的"死亡"。有的致密油气层与水层相比,在测井曲线上差异微乎其微,让人难以识别。例如长庆油田的巴55井、新疆油田的前哨4井等,每日产油高达50吨以上,这些井堪称打开鄂尔多斯盆地环西地区、准噶尔盆地大沙湾地区重大石油发现的钥匙。然而,这些"明星井"的测井曲线并没有明显的"明星相",按照原来的解释方法,很难遇到各自的"伯乐",那么它们究竟是怎样被慧眼辨识的呢?

医者开方下药,讲究循因对症,这同样是测井解释评价的关键。岩性、孔隙结构、井眼环境等都会影响测井曲线特征,或是掩盖油层的信息，或是使水层呈现出油层的假象，首先必须找到这些造成油水难分的原因。随着特殊成像测井新技术的应用和经验的累积，如果被复杂的孔隙结构主导，则通过核磁共振的谱型特征认清微观孔喉的全貌，再加以判别；如果被复杂的泥质和矿物组分主导，则索性避开电阻率曲线，通过阵列声波的波形、频率等信号来判别。

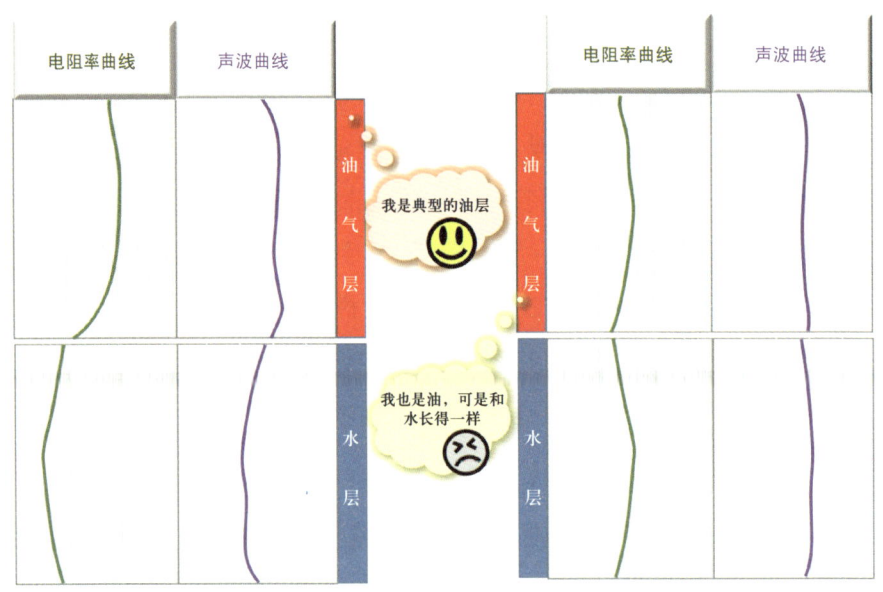

>>> 低饱和度油气层示意图

这仅仅是第一步，在磨刀石中"挤油"，只是弄清了哪里含油气是不够的，还要计算出有多少油气容易流动，并判断地层是否容易被压碎，定位到"甜点"。随后测井解释还要发挥钻井的导航作用，为钻头规划水平方向最优路线，实时告知钻头是否偏离"甜点"、距"甜点"还有多远，测井解释人员又要指导工程师将岩层压碎，告诉他们应该压哪里、施加多大的压力才能形成最优缝网，为致密油气开辟渗流的高速路；最后，随着油气的产出，还要在水平井中布置各类"监视器"，告知每段地层贡献了多少油气，该如何调整开发措施……这样一套流程说来简单，幕后的解释评价人员经历了远比纸上陈述更加艰难漫长的研究历程。

作为目前国内第一大油气田，长庆油田从20世纪70年代百万吨/年的规模，到2020—2023年实现6000万吨以上稳产，毫不夸张地讲，是一点一点在"磨刀石"一般的地层里抠出来的。这里的解释评价工作，需要对岩石机理孜孜不倦的探索，对阿尔奇公式无数次的创新衍生，对老井年复一年的再挖掘，对油水下限的不断再认识。有的地区油水下限做出一点点调整，就能新增几百平方千米的含油面积，落实上亿吨的地质储量。这座超级大油田的成长史中，又怎能忽视测井的作用呢？

知识链接

致密油气

致密油气是指储集在覆压基质渗透率不大于0.1毫达西（空气渗透率小于1毫达西）的砂岩等储层中的石油、天然气。致密油气单井一般无自然产能或自然产能低于工业油气流下限，但在一定经济条件和技术措施下可获得工业油气产量。我国致密油气分布广泛，已成为目前国内油气增储上产的重要领域。"十三五"末，长庆油田中浅层此类油气藏资源规模达23亿吨，大庆油田资源规模达9965万吨，其他如塔里木油田、大港油田、华北油田都发现了大量的致密油气层。

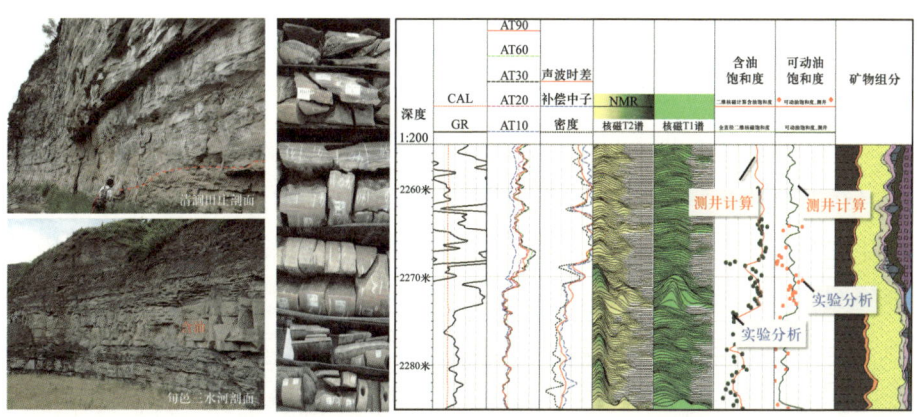

>>> 通过核磁共振测井分析长庆油田致密砂岩储层含油特征

长缨缚龙——缝洞油气藏的显形记

2020年4月9日,一则令人振奋的消息登上当天的央视新闻:塔里木油田满深1井勘探获重大突破,盆地新增石油资源量超亿吨……取得此项勘探成果,测井解释评价发挥了重要的支撑作用。值得注意的是,这条长达142千米的富含油气的断裂带,是一类与常规砂岩油气藏不同的领域。

多数石油、天然气散布于地下岩石矿物颗粒间的孔隙中,可以说是岩石孔隙决定了储量和产能。但满深1井的高产却源自地层中大规模发育的裂缝,不但为油气运移提供了高速通道,而且沿着裂缝展布方向的碳酸盐岩又容易被溶蚀改造形成较大规模的溶洞,这样的地层往往伴随着巨大的油气储量和产量。然而,发现这些裂缝和溶洞并不是容易的事,有时一口井钻下去刚好命中裂缝带,有时则迷失在坚硬的岩层中颗粒无收,更有甚者,与缝洞擦肩而过却浑然不知。于是,测井解释评价工作被寄予了指点迷津的厚望。

面对较为均匀的、孔隙比较大的地层,9条常规测井曲线和阿尔奇公式是解释人员破解油气的法宝,但面对缝洞型油气藏,仅凭常规测井曲线则有些力不从心,它们对缝洞尤其是井旁的缝洞并不敏感,直到特殊成像测井作为新的"解码秘籍"孕育而生,解释精度有了显著的提升。利用电成像测井,解释人员可以直观勾画出井下的裂缝,精确计算出它们的长度、张开度;利用声波远探测,解释人员可以准确识别井筒周围30~100米的裂缝或者溶洞。井下传来的声、电、核信号无比复杂,经过变魔术一般的处理解释,一幅幅井壁、井旁的缝洞彩绘便会跃然纸上,告诉地质

油气就藏身在这些地下断裂中

>>> 裂缝主控型油气藏

家们想要的各种详细信息：缝洞在哪里？有多远？有多少？规模大不大？彼此是不是连通？那些深埋于亿万年前缝洞中的故事被解释评价人员娓娓道来，在塔里木、四川等盆地不断取得新的勘探突破，让一座座大型的缝洞油气藏得以重见天日。

工欲善其事，必先利其器。测井解释方法的提升，同样意味着运算量的剧增。曾几何时，在20世纪那个计算机水平低、仅凭人力的"石器时代"，面对巨大的工作量，老一辈测井解释者都在翘首企盼着测井处理解释软件的突破。

知识链接

常规测井曲线

常规测井曲线包括9条，即自然伽马、自然电位、井径、声波、中子、密度，以及浅、中、深侧向电阻率曲线。其中自然伽马、自然电位和井径曲线主要用于划分岩性，声波、中子和密度曲线主要用于计算孔隙度，电阻率曲线主要用于评价含油气性。

巍然亮剑——CIFLog 磨砺测井软件"里程碑"

2011 年 5 月，我国自主研发的测井处理解释软件代表 CIFLog 1.0 成功发布。中共中央政治局委员、国务委员刘延东批示：CIFLog 的研发成功，打破国外技术封锁，把我国测井软件技术推向新高度。国家油气重大专项技术总负责人贾承造院士说："这是我们国家科技界的一个重大成果，对于提升我国测井技术水平和大型软件的研发水平具有重要的意义，是一个里程碑的事件。"

在解释软件还未出现的年代，几千米长的井，解释人员仅凭铅笔、橡皮、直尺和计算器，十几厘米、十几厘米地去计算和手绘，如此庞大而艰巨的工作量，带来的是工作的低效与人力的浪费。

测井处理解释软件能让解释评价工作的时效得到数量级的提升，为此，国内外各石油公司都不惜斥巨资研发。20 世纪 90 年代，中国石油、中国石化和中国海油等公司相继研发了测井处理解释软件，但在高端测井成像资料处理领域一直被斯伦贝谢公司等国外少数测井服务公司所垄断，它成为制约我国此领域的"卡脖子"技术。

李宁在还没有成为中国工程院院士就一直关注这个问题，多年与国外公司打交道的他，在一次讲课中提到，某国外公司高端测井处理软件，中方虽然付了高昂租赁费，但任何数据只能由国外专家亲自处理，生怕给中国人泄了密。讲到这里，李宁激动地说："作为石油科技工作者，必须思考怎样才能把最核心的优势技术掌握在手里，必须要有引领潮流的气魄，要有打破垄断和超越权威的干劲，我们要领着别人跑！"

从此，李宁带领团队，开启国产高端测井成像资料处理软件研发之旅。经过多年艰苦不懈地攻关，2010年CIFLog 1.0研发成功，一举突破了全部高端成像测井处理方法，打破国外技术垄断，研发形成了针对我国陆相复杂储层的测井评价技术体系，具备了国际软件不具备的功能，整体达到国际领先水平。

李宁研发团队并没有一直躺在"功劳簿"上。从2011年开始，他们结合油田需求，持续研发多井评价系统，又历时7年攻关，成功研发全新一代CIFLog 2.0多井评价系统，实现了基于多井的区域解释评价，但在水平井评价上仍然处于空白。为此，李宁研发团队再上征程，在2022年，成功研发了CIFLog 3.0，实现了全交互的测井融合处理解释和全套水平井处理解释，覆盖从随钻地质导向到储层分级评价的水平井处理解释全流程，可替代国外水平井软件。

处理解释软件将如何发展？在与人工智能技术的深度融合之下，CIFLog软件将会大幅度提升测井处理解释工作效率和评价精度，打造测井领域的ChatGPT，推动中国测井技术智能化发展。

>>> 李宁，测井专家，2019年当选为中国工程院院士

知识链接

CIFLog

CIFLog是目前世界上第一个可以在Windows、Linux和Unix三大操作系统上实现跨平台运行的测井软件，同时还是世界上第一个系统集成了火山岩、碳酸盐岩、低阻碎屑岩和水淹层等复杂储层评价的测井软件，也是国内第一个提供包括元素俘获能谱在内所有高端测井资料处理的软件，具备了国际先进测井服务公司测井资料处理软件包的全部功能并实现了超越，打破了国外同类软件技术封锁的壁垒，填补了国内空白。

利器在握
石油工程技术精粹

"临门一脚"出油气
"指哪打哪"的射孔技术

"点火！"一个寻常的下午，对讲机里传来铿锵有力的声音。听到指令后，操作员郑重地按下鼠标按钮。电脑屏幕上变绿的图标反馈出每一颗射孔弹都通信良好，射孔弹打破油气与井筒之间的"屏障"，形成一条通路，油气便能从中流出。从油气到井筒这"临门一脚"，曾经是人们冥思苦想的课题，而今天，射孔技术早已声名远扬，中国射孔也已经登上了世界舞台，其间经历了多少不为人知的艰辛和汗水，只待你一一探索。

射孔百年——破开地下油气的最后一道门

石油工人经历一番奋战,终于钻成了一口令人期待的油气井。那接下来,是不是就能等着油气哗哗流出来了呢?当然没这么简单。在油气井的井筒和油气储层之间,隔着一道紧锁的"大门"。而要破开这道最后的"大门",则需要进行射孔施工。那究竟什么是射孔呢?故事还得从100多年前说起。

在石油工业发展早期,许多油田出现了一个奇怪的现象:刚刚打好的新井,却产不出多少油。人们经过一番调查才发现,石油竟然缺少流入井筒的完整通道。由于油气主要是沿着细小的岩石孔道和裂缝流入井筒,如果孔道太小,或者裂缝太少,就会导致流通能力不足。另外,钻井时产生的一些固液废物,也可能堵塞油气流动通道。

一开始,人们尝试往油井里送炸药,用井底爆破的方式解决通道不畅的问题。这种方式看似方便,却有极大风险:要是爆炸过程没控制好,轻则报废油井,重则威胁人身安全。

1902年,一种机械打孔设备诞生了,这种设备通过转动一个刀片"钻"穿套管壁,通过钻孔形成油气通道。比起"井底爆破","钻"孔可真是太温柔了。但是由于套管的直径硬性限制了刀片的长度,这种方式注定钻不深,还需要投入更多的时间和金钱,所以新的探索仍在继续。

1932年,美国Lane-Wells公司在加利福尼亚Montebello油田找到了一口生产已久、产量大幅度下滑接近停滞的老油井,并在这口井使用了一种新技术——子弹射孔技术。作业结束的第二天，奇迹就发生了，这口井产出了32桶石油，远高于生产之初的日产量。由此，子弹射孔名声大噪，纵横石油界二十多年。

与此同时，一种更厉害的射孔技术也在悄然酝酿。

第一次世界大战时，战场上出现了一种叫坦克的武器。它不仅攻击力强，还有厚重的金属外壁，普通枪弹根本伤不到它。

1945年，应对坦克强防御功能的武器横空出世。石油技术公司Well Explosives迅速将这种武器的聚能效应应用到射孔中，将其高穿深、强穿透的本事用到极致，仅用几年时间就分别在裸眼井、套管井中试验成功，大幅度提高油井产量，也进一步普及了聚能射孔在石油开发中的使用。

聚能射孔在中国起步于20世纪40年代末，从玉门油田将这项技术第一次引入后便在中国落地生根，并逐渐发展壮大。

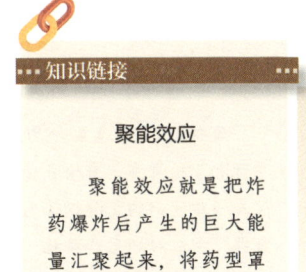

知识链接

聚能效应

聚能效应就是把炸药爆炸后产生的巨大能量汇聚起来，将药型罩压垮形成金属射流，朝着一个方向发力。

>>> 油气井射孔示意图

弹之力——破壁的"金刚钻"

根据油气田温度、压力、构造等地层条件的不同,射孔技术细化了很多分支,但谁都没能撼动聚能效应在射孔的地位,现在的主流射孔技术均是以它为基础原理进行开拓的。

聚能效应有个"依托",名叫聚能射孔弹,这是油气破壁的"金刚钻"。聚能射孔弹的个头不大,其直径一般从20毫米到70毫米不等,但它速度极快,聚能产生的金属射流,速度可以达到7000米/秒以上,堪比火箭发射速度。它能击穿金属套管和地层井壁,为油气

知识链接

聚能射孔弹

聚能射孔弹通常分为有枪身弹和无枪身弹。有枪身弹是装配在一根密封的无缝钢管内,送至井下完成对地层的穿孔;无枪身弹则直接浸泡钻井液中送入储层。

>>> 井下射孔爆炸示意图

流入井筒开通一条又宽又长的地下隧道。

20 世纪 50 年代初，中国先后尝试并实现了对国外射孔弹的仿制。但在 60 年代，人们发现国内油田有不少井的套管因射孔作业产生裂缝，导致油井寿命大幅度降低甚至迅速报废。为此，大庆和四川先后建立起了射孔弹研究和制造基地，研发制造性能更优、成本更低的射孔器材，满足了油气田勘探开发需求。

然而，在 1987—1988 年，石油工业部组织了一场比赛，将国内外射孔弹放在了一起同台竞技。结果深深刺激到大家：进口的射孔器表现仍远远优于国产射孔器。面对这样的结果，研发人员在 1989 年领下责任状，两年内实现常用的 89 型射孔弹穿深 400 毫米、五年内实现 127 型射孔弹穿深 700 毫米。经过一番艰难的科技攻坚，如期达成目标。

随后，大家再接再厉，又立下了迈向 1000 毫米的新目标。射孔弹穿深每一毫米的提高都困难重重，研发人员必须闯过结构设计、高密度药型罩材料及成形工艺技术这三道关口。项目组反复设计认证实验方案、模具加工、药型罩压制、烧结，压制射孔弹以及打靶穿深试验。一次一次地突破，1998 年，我国第一代超深穿透射孔弹在四川诞生了。中国石油射孔器材监督检验中心的测试显示，该射孔弹的穿深达到 1059 毫米。而这种强力的射孔弹，也获得了一个响亮的名字——"先锋"。

射孔弹穿透深度进入跨越式的一米时代，射孔研发的激情不断被鼓舞，中国各地射孔研究机构射孔穿深不断被突破：2010 年穿透深度达到 1539 毫米，2014 年达到 1730 毫米，2018 年达到 2091 毫米，2022 年达到 2258 毫米，2023 年达到 2662 毫米，中国射孔屡次打破穿深世界纪录。

更值得一提的是，在 2012 年的一场超深层射孔竞赛中，来自中国的射孔弹力拔头筹，一举拿下冠军，终结了塔里木油田射孔市场高性能射孔弹长期被国外公司垄断的局面。

枪之准——完井的"瓷器活"

地下是一个复杂的世界,有的油气储层高温、高压,有的含有腐蚀性酸性气体,有的储层薄需要进行分段射孔……各种不同功能的聚能射孔弹装配在不同的钢管(俗称射孔枪)里进行组装,就像积木一样。将不同积木进行标准化紧密连接,形成各种组合,以满足油气田勘探开发的不同需求。

组装后的射孔器要对储层进行"精准打击",就要使用电缆、油管等传输工具将射孔器下入井中,这个过程就好比是在井底放风筝。讲到这里你可能会问,在看不见的地下"放风筝",如何确保射孔器能精准到位呢?这就要借助井轨迹数据、测井数据等来综合判断了。同时,工程师的作业经验也必不可少。

20世纪90年代,中国逐步加强对深层油气的开发。深层油气往往与高温、高压、腐蚀性气体硫化氢并存。想在其中精准射孔,需要能耐得住极限条件的射孔技术。从"0"到"1"的过程无疑是艰难的。研究者们每天奔波在工作室和实验室之间,从材料选用、整体设计、密封结构各方面逐一探究其突破口,再进行材质优化、聚能传爆结构优化、射孔爆轰力学

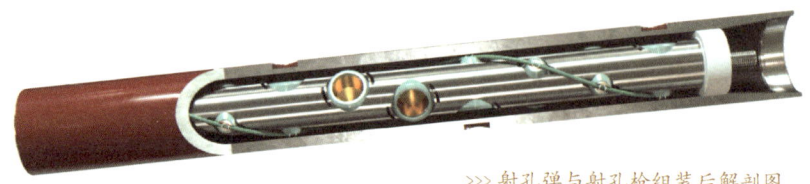

>>> 射孔弹与射孔枪组装后解剖图

模拟……白天实验晚上改图，失败了就重来，成本不够就降成本，设备有限就精简。困难打不倒一心向前的人，经过不知多少次的摸索，终于，中国于 1998 年研制出 200℃ /140 兆帕的射孔技术，结束了对国外高温高压射孔技术的依赖。现在，260℃ /245 兆帕的高温高压射孔技术已经实现现场应用，中国高温高压射孔达到国际领先水平。

2009 年，美国"页岩气革命"的消息漂洋过海，"桥射联作"的概念也随之传入。当时国内的技术团队凭借敏锐的嗅觉，迅速展开调研，得到的答案却是"绝对封锁"，这让心潮澎湃的技术团队一头撞上了南墙。

"当时，我们以拥有国内领先的常规油气藏射孔技术为傲。殊不知，我们是骑着自行车和开着汽车的外国人比赛。"中国石油射孔专家回忆道。

常规油气藏射孔技术是开门见山，直接在直井段搞油气开发；非常规气藏开发的多簇射孔则是蜿蜒穿梭，是在水平上倾井探寻资源。为了解决非常规油气藏这个大难点，我国科研人员运用石油工程、流体动力学、爆炸技术等多学科理论知识，一次又一次地设计、试验、推倒重来、再设计、再试验……科研团队抱着笨重的"铁棍长枪"挺进现场，不断打磨技术、适应地层条件，先后尝试在水平井内由一级点火变成两级点火，逐渐增加至多级点火，并将桥塞坐封等工艺逐一融入现场应用。经过 6 个月的艰难攻关，理论成果顺利实现现实转化，在我国第一口页岩气井——W201 井应用成功。

2021 年底，国内又推出桥射联作 2.0 技术。该技术相比 1.0 版本更安全、操作更简单，也将国内桥射联作技术提升到了国际领先水平。

凭借其优良的技术性能和为射孔技术带来的创新突破，2022 年，这项技术荣获中国石油十大科技进展成果。

所向披靡——中国射孔走出国门

从无到有,从追赶到领先,中国射孔技术一步步壮大,每个人都为之感动。领先全国的射孔技术在世界上也大放异彩。

1970年9月4日对于中国射孔行业来说是个特殊的日子,大庆射孔弹厂迎来了阿尔巴尼亚政府经济代表团一行26人,他们详细参观了射孔弹的制造过程,还高度赞扬了中国自主研发的66-1型有枪身射孔弹的优良性能。随后,当年国内生产的有枪身射孔弹就出口了阿尔巴尼亚。这是"中国产"射孔器材第一次走出国门!

"中国产"射孔器材送出了国门,"中国产"射孔工艺技术的服务足迹也在全球逐步扩大。1994年至2004年期间,受国际油价影响,国际石油市场竞争形势严峻,在国际市场蹚出"求生之路"成了当务之急。石油人发扬革命斗争精神,以泰国市场为切口,采取"测井+射孔"包干到井的方式,承揽单井施工服务作业为甲方节省成本。为了进一步扩大业务范围,他们积极在东南亚市场推介中国射孔器,当第一发102型射孔器穿破地层时,意想不到的事情发生了,原油像水一样不停地从地下冒出,大家措手不及地叫来油罐车,因当地油罐车数量有限,泰国国家能源部紧急协调参与支援,一车一车装满原油的油罐车从泰国邦亚基地拉往曼谷炼油厂。一夜之间,埋藏东南亚热土下的远古宝藏终见天光,与此同时,中国射孔器的名声也远扬海外。

2014年,中国石油人背着自研的国产射孔器材远赴阿联酋参加阿布扎比石油天然气展会,在阿塞拜疆SOCAR公司射孔弹及配套射孔器材的国际竞标中,凭借优质的产品质量、优良的服务性价比,在竞标中一举打败欧文、HUTTING、德国 DYNA 公司,拿下上百万美元的国际订单。石油人趁热打铁,与 NIDC、伊朗国家钻井公司等中东和中亚客户建立联系,加速国际市场"朋友圈"的拓展,将土库曼斯坦、泰国、阿富汗等国的国际能源公司发展成为长期合作对象。

>>> 中国射孔器在国际上展览

过硬的产品和技术,积极周到的施工服务,稳定畅通的国际运输线,都是国产射孔技术站上世界舞台的有效助力。经过几十载春秋的艰苦奋斗,石油人将中国制造转变成为中国创造,让中国射孔技术承载石油人的梦扬帆远航到 40 个国家,为保障世界能源安全贡献中国力量。

故事的讲述就先告一段落。但射孔的故事并没有完。中国石油人仍在探索和创新——射孔技术能更加绿色环保吗?能更加智能化吗?还有没有能实现更大穿深的新科技?相信在不断地探索下,一定会有更多的惊喜。

利器在握
石油工程技术精粹

漫话2000年钻井史

人类居住的地球，蕴藏着丰富的资源。从远古时代人们就开始寻找地下宝藏，包括地下水、铜、金、盐、煤、油、气等，钻井是打开地下宝藏之门的钥匙。现代钻井广泛应用于各种地下资源勘查与生产，相对于其他资源，油气存在于更为复杂的地下环境，钻井是建立地下油气从地下到地面的通道，对钻井技术要求更高。现代钻井技术体现在钻头、钻井液、轨迹测控、固井等各个方面。不同的地层，"脾气"各不相同，有的地层柔弱如泥，有的地层钢在它面前如泥般疲软，有的地层支离破碎，有的地层层叠交错，有的地层隐藏高压，有的地层易漏，有的地层又"吐"又漏……人类在由浅入深与形形色色的地层打交道的漫长历史中，摸索并积累了丰富的钻井实践经验和应对手段。钻井技术也从最早期的人力挖掘、机械顿钻发展到现代旋转钻井。今天的钻井技术，具备了向更深更远的油气资源钻探的能力，正在迎接未知地层更大的挑战。未来的钻井将继续朝着更加安全、省力、经济、快捷、环保和智能方向发展。

卓筒井——中国古代第五大发明

1989年,在加拿大温哥华国际钻井技术研讨会上,欧美专家称其钻井技术有两百多年的历史;苏联、日本专家称其已有三百多年的历史。清华大学教授白光美捧出了宋代苏东坡著《蜀盐说》、文同著《丹渊集》、沈括著《梦溪笔谈》、明代宋应星著《天工开物》等文献,证明中国宋代卓筒井(小口径钻井技术)比西方早了一千多年。但不能令人信服的是,当时中国并不能拿出实物证据来证明。焦虑万分的白光美回国后,遂委托西南石油学院(现西南石油大学)的学子组队寻找卓筒井遗址,历时半年一无所获。一日,一队人从遂宁蓬乐路返程,经吴家桥村垭口,发现一老农在一大竹丫架旁的圆盘水车内原地踏步,送水入天船,十分好奇。问起缘由,被告知"在晒盐卤水";问卤水何来,"卓筒小井取之"。惊天发现由此在大英乡(今遂宁市大英县卓筒井镇)诞生。

"卓筒井"一名初见于北宋文同呈送朝廷的一份奏折中。宋神宗熙宁间(1068—1077年),文同任陵州知州期间,鉴于辖区内井研县于庆历年间新发明的卓筒井采盐技术迅速拓展,此井易于隐藏,逃避盐税,且雇佣外地流民来此打工,遂奏请朝廷加派京官为知县以加强监管。苏轼在《东坡志林》也对卓筒井有过描述,可知卓筒井始于北宋仁宗庆历年间。

卓筒井属小口径深井,是相对于汉代大口径浅井而言的。汉代大口径浅井始于战国(约公元前4世纪)铜矿竖井。汉代李冰在广都(四川省成都市境内)利用大口径浅井技术凿井取盐,使得蜀地成为天府之国。因大口径浅井投入人力、物力众多,凿井速度缓慢,动辄十多月至数年。加上

>>> 20世纪50年代在成都市和邛崃县东汉墓中发现的画像砖,生动描述了东汉年间盐井形制、盐工工作场景,是中国钻井技术的发源地

频繁开采,地下浅层盐卤资源逐渐枯竭,但向更深层位凿井,此法又无能为力。因而10世纪起大口径井盐的生产开始衰落,小口径深井取而代之。

小口径深井采用冲击式顿钻凿井法,井径只有十几厘米,小口径井不仅可缓解盐井垮塌风险,而且能钻掘得更深,能开采到地下深部赋存的卤水,大大促进了宋代的盐业生产。

>>> 旧时井盐生产呈现出"天车"林立,锅灶密布的繁华景象

到了明代中叶以后,卓筒井工艺继续发展,工艺过程逐渐规范,包括相井位、下石圈、凿大窍、扇泥、下木筒和凿小窍等,比宋代更为程序化。发明了撞子钎、铁五爪等工具,用于钻进和打捞盐井落物。这些技术进步为开凿深井和从地下深层采盐采气创造了条件。

卓筒井工艺在18世纪传到了欧洲。1704年10月11日,塔布拉斯卡主教用法文发表在《启示

>>> 法国传教士安贝尔（1796—1839年）曾前往四川重庆附近井盐区传教

书信集》中的一封信中，介绍了当时中国的盐井，17世纪末荷兰出版的法文版《别致的游历》，其中也介绍了四川盐井。这些报道都是当时在四川传教的传教士或耶稣会士据考察见闻记录下来而传回欧洲的。

当时欧洲人直接用钢管实现地面与钻头连接，可是因钻头冲击导致钢管损坏问题上百年都未曾解决。法国遣使会士安贝尔于1825年来中国，其在四川重庆郊区住院期间曾前往附近井盐区传教。在当地井主、井师、工头和井工的引导和解说下，他对井盐技术做了一番细致的现场考察。在写给法国海外传教团神学院院长朗格卢瓦的信《关于盐井的考察》中指出，当地有盐井1000多口，井深490~585米。以130~150千克的铁制钻具钻出，钻头上有伞体上部形状的部件，由藤索悬之，井上有人在踏板上有节奏地跳动，以保证顿钻动作协调。信中所介绍的伞状部件实际上就是撞子钎或转槽子，可在钻头与钻杆之间起到缓冲作用。

安贝尔对四川井盐技术的进一步报道，迅速引起欧美人士的注意，成为他们改进已有钻探技术和工具的依据。1834年6月，厄因豪森发明"变换器"或"滑动器"新装置，用于新盐厂钻探。它接在钻杆与钻头之间，与中国明清时用的撞子钎有同样的结构和功能。这一改进，大大提高盐井钻凿效率。1847年，法国人若巴尔用德文发表《论钻井及绳钻》一文，声称仅单独一名法国井工就用中国方法成功钻出89口井。

卓筒井钻凿技术发展到明清已臻于完善。1835年在自贡盐场钻出燊海井，它深达1001.42米，125米以上井径为11.4厘米，以下至井底井径为10.7厘米，日产天然气8500立方米，黑卤14立方米，是世界第一口超千米的深井，它仍旧是采用自宋代以来传统的冲击顿钻法钻探的。1985年燊海井经修复，恢复了清代的布局和风貌，是见证中国古代深井钻探技术的活标本。

历史学者弗朗切斯科·杰拉利博士在2020年能源博物馆杂志发表的《十九世纪钻井液技术回顾》一文中，写道：我们知道这些技术，多亏早期西方旅行者如法国传教士安贝尔等的信息传播。

>>> 燊海井遗址

四川自贡市和大英县至今仍保存着完整的卓筒井井盐汲制技艺，成为世界钻探深井的活化石。它凝聚了千百年来古代劳动人民的智慧，其钻探流程和成井理念影响着后来的钻井技术发展，与火药、造纸、印刷术、指南针一样对人类做出了不可估量的贡献，有人也称它为中国古代第五大发明。卓筒井，它就像一座丰碑，屹立在世界东方。

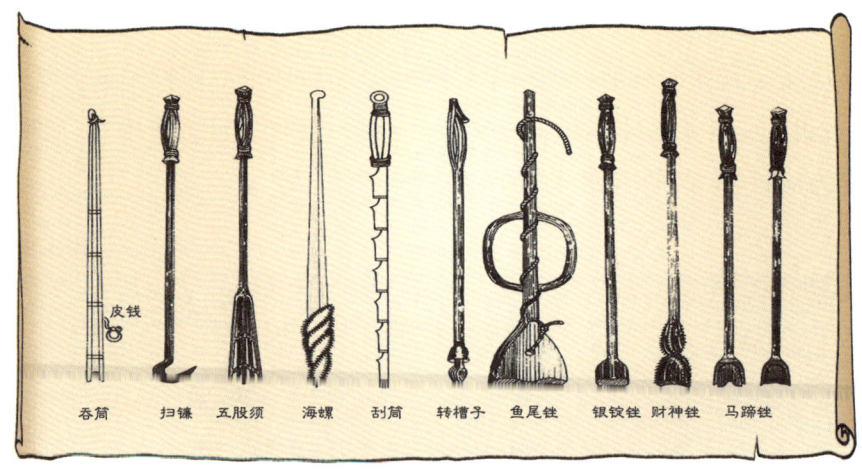

>>> 古代钻井工具

>>> 四川省大英县卓筒井遗址公园

旋转的魅力——顿钻钻井的终结者

1845年,法国工程师福韦尔(1797—1867年)设计了一套冲水工具,也称水钻。据说是他12年前在观察一口井顿钻时,看到工具下落,撞击含水地层,将井底岩石碎块连水带泥一起喷出地面的情景。于是他就萌生了用水力配合钻井的念头。他的这套工具是由螺纹连接而成的空心杆(铁管)组成,空心杆底端接破岩工具,工具的外径大于空心杆的外径,以形成杆周围的环形空间,便于水和井底岩石碎块上返。空心杆的上端通过短联管或柔性管与泵连接。空心杆可通过转动"把手"进行旋转钻进,也可接上震击器进行顿钻钻进。这样,就不用专门下捞筒去捞钻屑了。他利用这项技术,仅仅用了54天在法国南部城市佩皮尼昂钻了一口718英尺(约218.8米)深的水井。该井钻探成功后,也用这项技术来钻油井。福韦尔写了他的做法,报告的简版经翻译也在英国发表,1846年在美国一家杂志社重新印刷。

1860年,彼得·史维利在前人罗伯特·比尔特的早期设计基础上,对手摇螺旋钻做了巨大改进,几乎使钻井破岩变成连续过程。这种钻孔方式目前在水文地质与地基勘察方面还在应用。

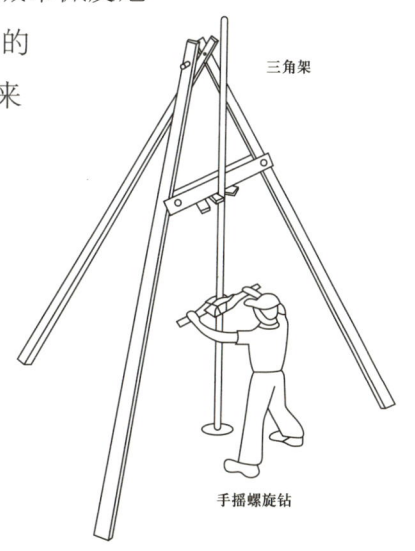

>>> 美国早期使用的一种钻凿方式
——手摇螺旋钻

史维利采用的是一种装有可替换式切削齿的牙轮钻头，通过驱动牙轮钻头转动，使其切削齿吃入岩层形成井眼。同时他借鉴福韦尔的方法，在空心钻杆上端接一条软管，通过软管将蒸汽或水泵入井内，将井底的污泥钻屑排出。这种新型设计，非常适用于岩层钻进，它使顿钻的间断破岩过程变成连续破岩，蒸汽或水的注入也大大改善了井内的清洁程度，已具备了现代旋转钻井的雏形。

19世纪80年代初，两位实干家贝克兄弟研制了第一台旋转钻机，将顿钻的凿子或工具转动起来，并在名为大平原一带钻浅水井。1882年，贝克兄弟又在南达科他州的扬克顿县用同样的旋转设备，利用风车为动力将水泵入井内循环，成功钻成第一口井。后来，贝克兄弟又带着他们的设备到了艾奥瓦州、明尼苏达州和路易斯安那州，最后于1888年在得克萨斯州的科西卡纳油田落脚，他们所用的设备变得广为人知，并备受赞赏。

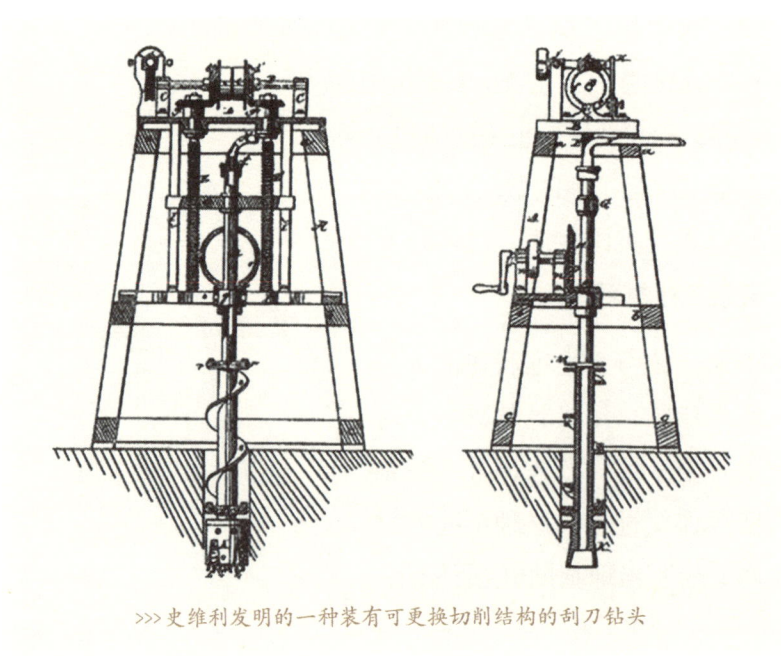

>>> 史维利发明的一种装有可更换切削结构的刮刀钻头

>>> 1894年，贝克兄弟在科西卡纳油田用骡子作动力带动旋转钻机钻井

后来，贝克兄弟不断改进钻机设计，包括增加一组锥齿齿轮驱动的转盘、传动链轮和蒸汽引擎，一套能在井口抓住钻具与转盘一起旋转的"抓手"，和一个单独给钻井液提供压力的用蒸汽驱动的泵。这些部件组合在一起，基本具备了现代旋转钻机的雏形。贝克兄弟在当地专门成立了一家公司，按照这样的设计生产旋转钻井设备。至于说贝克兄弟是否借鉴了史维利和福韦尔的发明，我们就不得而知了。

卢卡斯是一名奥地利采矿工程师，德雷克井掀起的"石油繁荣"也驱使他来到科西卡纳油田试试运气。他是最早转向采用贝克旋转钻井方法的。打一开始，卢卡斯就喜欢选用蒸汽驱动的旋转钻机钻井，同时，他还采用了一种双叉鱼尾钻头，而不是通常使用的单凿子钻头。他将这两样东西凑在一起，在当地打成多口油井。

>>> 安东尼·卢卡斯（1855—1921年）

之后不久，卢卡斯应一位深信油藏就在纺锤顶下的名叫希金斯的地质家的招揽，揭榜挂帅，去了纺锤顶。

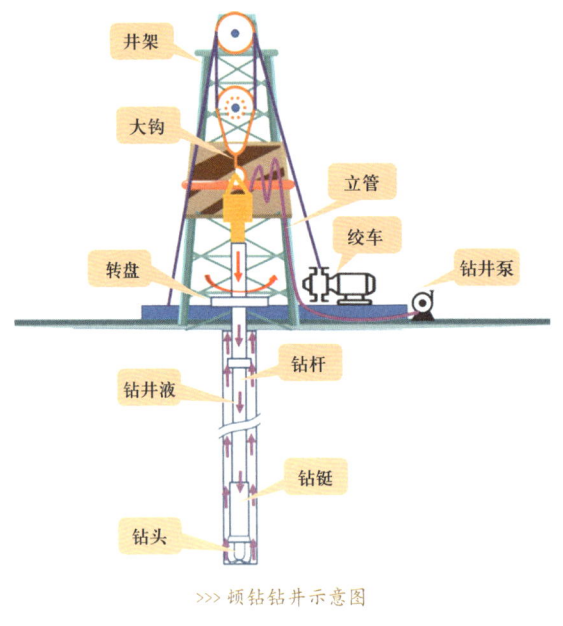
>>> 顿钻钻井示意图

>>> 帕提罗·希金斯（1863—1955年）

纺锤顶位于得克萨斯州博蒙特市南边4英里（约6.4千米），距其西北的科西卡纳油田320千米，当地人叫它"大山"，它只不过是个比周围平原高出4.57米，直径大约1.6千米的高地。这块地方常有一种难闻的气体从地下冒出，顽皮的孩子们喜欢拿它来点火玩。这块地虽小，但也吸引不少投资家在那里钻探找油。

当地一位名叫帕提罗·希金斯的自学成才的地质家坚信埋在纺锤顶下的油气深度有约1000英尺（304.8米）深，在这里租下了一块地，在几个合伙人的资助下，钻了2口井，没能成功。原因是在钻到约350英尺（约106.7米）时，遇到一段较厚的"古怪"砂岩层，司钻们称其为"流沙层"。这种砂层很松，一旦垮落井内则无法继续钻进。于是人们就下入钢管，企图阻止井壁的垮塌。可这段地层却是如此糟糕，竟把下入的钢管给挤扁了。这令他很失望，但他没有放弃，于是，他登广告放话说他会把资产租给任何一位愿意钻一口1000英尺（304.8米）井的人。最后，卢卡斯回应了希金斯的请求，只身来到纺锤顶。

凭借他多年在科西卡纳油田的钻井经历，他开始在"大山"上钻探尝试。在经历了令人沮丧且代价高昂的失败之后，卢卡斯在1900年10月27日又重新开钻了一口新井，他这次把科西卡纳油田的钻井专家哈米尔兄弟也雇了过来一起钻这口井。

哈米尔兄弟得知这里的流沙层会给钻井造成这么大麻烦之后，开始慎重起来并密切关注钻井液的稠化情况。他们从以往的实践经验知道，单用清水是干不成活的，必须让池子里的淡水加土搅拌成浆。他们也知道，黏土里的微小固相颗粒会粘到井壁上，这些颗粒会在井壁上形成一层薄薄的且坚韧的壁饼（专业术语称滤饼），就像我们房间墙上抹的一层灰一样。这层壁饼终于稳定住了这套"流沙层"，没有发生垮落。

正是这样，到了1901年1月，这口新井已钻到了约1000英尺（304.8米）井深位置。在1月10日那天，井上钻工们正在把新换的钻头下到井内。突然，泥浆（现称钻井液）从井内喷出，紧跟其后的就是一股油流，喷出超200英尺（约60.9米）高，远远冲出60英尺（约18.3米）高的井架。巨大的喷油声轰动了附近村庄，几十分钟后，成百上千的居民涌向"大山"，一睹这史无前例的奇景。

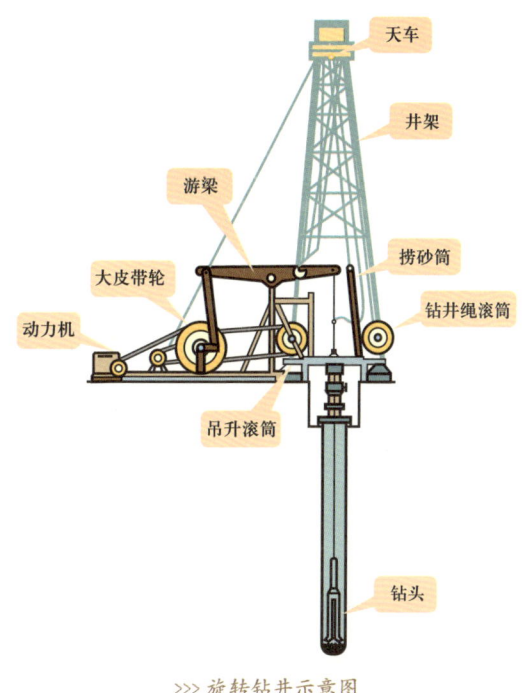

>>> 旋转钻井示意图

知识链接

钻井方法

采用不同的钻井设备、工具和工艺技术钻出井眼的方法，称之为钻井方法（也叫钻井方式），包括顿钻钻井、旋转钻井、井下动力钻井、喷射钻井和冲击旋转钻井等。按钻井时钻头是否旋转分为顿钻钻井和旋转钻井，井下动力钻井、喷射钻井和冲击旋转钻井均属于旋转钻井，它们是旋转钻井方式的新发展。顿钻钻井（又叫冲击钻井）是采用顿钻钻井设备和工具，以冲击方式破碎岩石形成井眼的方法，包括绳式顿钻、杆式顿钻两种方法。旋转钻井是采用旋转钻井设备和工具，使钻头做旋转运动以破碎岩石形成井眼的方法，包括：转盘钻井，即利用转盘旋转带动钻柱和钻头旋转的钻井方法；顶部驱动钻井，即利用钻柱顶部的动力装置带动钻柱和钻头旋转的钻井方法。

卢卡斯站在安全距离之外看着喷出的油柱，估算着喷出的油量，大概每天喷出至少也有 200 万加仑（约 8000 立方米）油。就这样，纺锤顶因这喷出的从未听过的巨量石油而声名鹊起。当时，人们对该井喷出如此之巨量的石油的欢呼声远远盖过了对该井所采用的旋转钻井方法的赞叹。

1908 年李·摩尔用标准钢结构井架替代原先的木质结构，避免了每钻一口井都要从头开始搭建的问题。1915 年，标准石油公司的两位工程师维克多·约克和沃尔特·布莱克发明用轴驱动的转盘以及方钻杆来驱动井内钻具，使钻机设备更为紧凑。哈里斯发明整体式绞车，避免了每次搬家安装 70 多种零散部件的安装拆卸问题。休斯牙轮钻头的引入，彻底淘汰鱼尾钻头，使钻机钻得更快更深等。旋转钻井经过一系列的改进，顿钻被彻底取代。目前全球每年用旋转钻机钻井 5 万至 7 万口。中国每年石油钻井数量高峰时可达到近 3 万口，目前每年也可钻 2 万口左右。而大量地质勘查、矿山钻孔等也会钻出大量的井（在地质勘查领域称为"孔"）。

莫深 1 井——中国陆上超深第一井

1955 年克拉玛依一号井出油后,很快建成了新中国成立后第一个大油田——克拉玛依油田,后来发展为新疆油田。历经半个多世纪开发,新疆油田为下一个勘探目标组织地质家和工程专家召开多次目标优选和井位分析论证会,最终锁定盆地腹部莫索湾地区深层,从而确定钻探深度达到 7500 米的莫深 1 井。

当时中国虽然最深井也达到 7000 米,但莫深 1 井面临温度更高、地层孔隙中液体压力更高、地层情况非常复杂等挑战。新疆油田公司邀请国内著名钻井专家、学者共同出谋划策,针对该井钻井难题,开展了超高温

>>> 国内首台 9000 米钻机在莫深 1 井进行作业

超高密度钻井液、油井管安全性、提高钻井速度、钻井安全控制、井筒稳定性等方面的研究攻关，对于其中关键的钻井液、油井管安全难题选择两个团队开展了并行研究。2006年开始钻井施工，在钻井施工过程中，严格执行国际钻井标准，严格执行施工设计方案，不断挑战施工极限，各项工程、钻井液技术指标不断刷新。经历了469天的日夜奋战，莫深1井顺利钻达地质目标，多处钻到优质储层，取得了重新认识准噶尔盆地资源潜力的第一手地质、工程、录井等资料。

第一支9000米钻机施工队伍是抽调精兵强将组建的，其新型管理模式、标准化井场和HSE管理体系，已成为中国石油标准化的楷模。许多专家在总结莫深1井的成果与经验时，无不感慨地说，"的确，没有莫深1井的战略谋划与成功钻探，新疆油田乃至全国的深层超深层油气勘探进程，或许要在黑暗中多徘徊几年"。

莫深1井钻探成功之后，中国西部超深井数量逐年增多，中国成为超深井钻井数量最多的国家。

>>> 专家对莫深1井现场作业进行远程支持

万米"双子星"——挑战"马里亚纳海沟"深度

太平洋马里亚纳海沟的斐查兹海渊是海洋最深处,深度为 11034 米,2020 年 5 月 9 日至 26 日,中国"海斗一号"先后 4 次万米下潜,最大下潜深度 10907 米,刷新了中国潜水器最大下潜深度纪录。其需要解决的问题主要是装置承压问题,但钻头深入地下则要面对复杂多变的地层。

2024 年 3 月 4 日,中央电视台新闻联播播出新闻:位于新疆塔克拉玛干沙漠腹地的深地塔科 1 井井深突破 10000 米,引发大众广泛关注。深地塔科 1 井是 2023 年开钻的两口万米特深井之一,2023 年 5 月 30 日开钻,经过 279 天的艰苦努力,钻探深度突破 10000 米,目前正在继续向目标深度 11100 米挺进。这也是迄今为止,中国第一口垂直深度超过一万米的井。不仅再次刷新了亚洲垂直井深最深井纪录,也创造了当今世界上钻探一万米深井用时最短纪录。此前苏联曾采用举国体制,集中全世界钻井力量,在钻井难度较低的科拉半岛历时 22 年,于 1992 年钻达了井深 12262 米。

中国石油于 2023 年实施的深地塔科 1 井与深地川科 1 井是目前以油气勘探为目的的世界垂直深度最深井。此前虽然有井深达到 15240 米,但这口井是在钻达一定深度后就拐弯向接近于水平方向钻进了,敢于问鼎万米垂直深层,不仅反映出中国石油人掌握的科技实力,也体现了石油科学家们勇于探索的精神。

深地塔科 1 井位于被称为"死亡之海"的塔克拉玛干沙漠。这里的油气藏埋深普遍在 6000 米至 1 万米以上,地质条件复杂、油藏类型多样,是世界公认的"勘探禁区"。深地塔科 1 井设计井深 11100 米,要钻穿 13

>>> 深地塔科 1 井

>>> 深地川科 1 井

套不同时期形成的地层。

深地川科 1 井位于四川盆地西北部剑阁潜伏构造，区域超深层叠置多套优质储层，成藏条件优越。设计井深 10520 米，目的层是世界上最古老的沉积地层——南华系。

万米深层钻探是在超深、超高温、超高压、超硬和复杂压力系统等环境下进行，对钻机、钻头、管材、仪器和化学材料等是一个巨大的考验，对井下未知的应对更是一场考验。施工难度之大，风险之高，正如诗仙李白曾在当地说："蜀道难，难于上青天"。

塔里木油田勘探开发研究院副院长、总地质师杨宪彰对媒体说，随着对该地区地质认识的不断加深，塔里木油田创造性地建立了独具特色的"准层状"油气成藏模式和沿大型走滑断裂破碎带富集油气的"断溶体"油气成藏模式，解放了一批超深层"圈闭"，万米以深潜力巨大。

"我们的目标就是要钻穿寒武系，揭开震旦系"。承钻深地塔科 1 井的西部钻探 120001 队平台经理林楠曾参与轮探 1 井超深井的钻井作业,对此次作业充满信心。

"塔里木的超深层探索之路几经波折,但总体来说,随着国家科技实力的提升,塔里木的超深层前景光明、未来可期。"中国工程院院士罗平亚说。

西南油气田油气资源处处长谢继荣说:"深地川科 1 井选址川北地区,是因为这里发育有盆地内最优质烃源岩和储层,生烃和储层条件优越"。"这口井正好处在盆地边缘,用 10520 米打穿了这些地层,可以解决扬子板块在西北部边缘地质构造的问题",西南油气田地质勘探首席专家杨跃明表示。"深地川科 1 井将对中国油气勘探领域的拓展具有重大战略意义,同样也具有重大科学探索意义",中国工程院院士孙金声这样评价。

双子星采用 1.2 万米特深井自动化钻机钻探,配套有 6000 马力绞车,这台绞车可以将重达 900 吨的井内钻井工具、钢管轻松快速提起,承载起万米深层钻具的"千钧之重"。

在谈到深层钻探的难度时,中国石油工程技术研究院规划与支持所所长黄洪春将其做了生动的比喻,把它比喻成是"一辆大卡车行驶在两条细钢丝绳上",需要处处小心,这一点也不为过。

钻井作业远离基地、环境艰苦,且面临诸多不确定的地层情况与井下工况,自动化、智能化、远程支持对钻井技术发展意义更为巨大。随着钻机、地面设备和井下工具仪器的自动化智能化发展,加上信息技术与人工智能的引入,钻井将彻底改变现有的方式,无人少人值守、远程操控,将成为未来钻井作业现场的主要特征,钻井将变得更加聪明,相信在不久的将来,随着软硬件的进步,触摸屏和操纵杆会将现在的司钻房变成驾驶舱,司钻的操作能做到精确控制钻井,钻井就好像是在玩电子游戏那样简单而刺激。

利器在握
石油工程技术精粹

校史馆

钻头不到 油气不冒

1979年1月邓小平访问美国，这是新中国领导人首次访美。2月3日，邓小平在美国参观贝克休斯公司位于英国休斯敦的钻井工具公司，并仔细观看时任美国总统卡特作为国礼送给他的一枚J44型三牙轮钻头。回国后，邓小平深知这枚钻头对石油工业的价值，将这枚钻头交给时任国务院副总理兼国家经委主任的康世恩。按照邓小平"要把最好的钻头交给全国研究钻头最得行的单位去研究研究"的指示要求，康世恩让时任石油工业部副部长李天相将这枚钻头转赠给西南石油学院（现西南石油大学）。这只钻头成为该校校史馆的镇馆之宝。

Petroleum Stories

石油钻头——从咖啡研磨机获得的灵感

咖啡研磨机与石油钻头，对我们大多数人来说，或许它们之间毫无关联。但对另一些人来说，情况截然不同。1908年的一天晚上，在路易斯安那州石油城，忙完一天工作的老霍华德·休斯准备小憩一下，他来到附近一家名叫什里夫波特的酒吧。这一天晚上，路易斯安那州一个油田工人格兰维尔·胡马森劳累了一天，也走进什里夫波特酒吧小酌。相同的工作背景下，二人很快找到了共同话题。在嘈杂昏暗的酒吧里，推杯换盏，老霍华德·休斯和格兰维尔·胡马森谈了许多。当格兰维尔·胡马森谈起根据咖啡研磨机的工作原理联想制造钻头的灵感时，老霍华德·休斯眼前一亮，他意识到这样的钻头潜力无限。听完格兰维尔·胡马森对这种钻头的解释后，他随即以150美元的价格从格兰维尔·胡马森手中买下这个设计，或许，格兰维尔·胡马森从未想到，一个处于"襁褓"中的设计可以卖出"天价"，更没有想到150美元卖掉的是一个"钻头帝国"；或许，老霍华德·休斯也从未想到，这150美元买下的钻头设计经过他的改造升级，在随后的日子为他打下一片江山，成就了百年休斯石油"钻头大王"的威名。邓小平1979年带回国的那只J44型三牙轮钻头就是这家公司生产的。

老霍华德·休斯根据格兰维尔·胡马森的钻头设计改造

>>> 由研磨咖啡豆联想到的灵感——石油钻头

制作了一个木制的钻头模型。这是一种牙轮钻头，有166颗牙齿。当钻头旋转运动时，牙齿可以不做滑动，通过钻头前部牙轮转动，让坚硬的"牙齿"敲击岩石。另外，在原先的设计基础上，老霍华德·休斯还找到了一种方法，使钻头在破碎岩层时降低内部转动部件之间的摩擦阻力，并得到充分的润滑。由于牙轮钻头具有特殊的冲击回转锥齿，可以压碎坚硬的岩层，钻孔高效，与当时使用的鱼尾式钻头相比，牙轮钻头具有极大的优越性，可以更快破碎硬度更高的岩石，这对于石油开采有重要意义。

知识链接

牙轮钻头工作原理

牙轮钻头旋转时，其布满牙齿的锥形部件会绕自己的轴自转，从而使其切削齿随钻头与锥形部件共同旋转而产生上下运动，牙齿直接交替敲击井底，从而击破岩石。这种钻头破岩时工作扭矩小，切削齿与井底接触面积小，比压高，易于吃入地层；工作刃总长度长，磨损相对减少。牙轮钻头既能适应软地层，又能适应硬地层。

1908年秋，老霍华德·休斯设计研发的新式钻头——牙轮钻头在休斯敦的鹅溪油田进行测试，结果大大超出了老霍华德·休斯的预期。钻井的速度证明了新式钻头优于任何其他正在使用的钻头。后来的市场也证明，休斯的牙轮钻头广受钻井承包商喜爱，一度供不应求。老霍华德·休斯所创建的休斯公司钻头业务也从最开始只提供钻头租赁，发展到1913年既可租赁也可购买，当时每月的平均净利润就高达8000美元，相当于现在100万美元。

十年磨一剑——国产钻头发展之路

看似不起眼的钻头,却是石油装备领域的"小巨人",它对油气钻探的影响可大了。

1982年,学者马德坤借着国家资助优秀科技人员出国进修学习的机会,飞往了塔尔萨大学。他是1959年从北京石油学院研究生毕业,干了十几年石油机械,深感国内对牙轮钻头的研究太薄弱了,全国每年需要四五万只,却没有一个相应的高水平的研究机构。他决心去填补这项空白。

在美国学习、研究期间,他想用外国先进的实验设备验证自己提出的石油钻头钻进过程的仿真程序!心想,有了这样一个程序,可以最大限度地减少钻头研发的试错成本,减小钻头实验基地设备的建设难度。美国塔尔萨大学虽同意给他提供实验设备,但要找钻头公司资助经费,要花很大一笔钱。当他找到世界著名的钻头生产公司——休斯公司时,老板对他的研究计划极感兴趣,想留他长期合作:"马先生,你打算在美国干多久?""不长,做完实验就回去。"老板一听此话,就拒绝了他的资助经费的要求。于是,马德坤只能决定自己干,美国的计算机发达,那我就学计算机,再用计算机软件做实验。在塔尔萨大学,这个将近50岁的人在机房里泡了整整一个冬天,导致在后来的一段时间里指关节炎、肩周炎痛得他难以握笔。年底结算上机费,该校石油系主任惊讶道:"马先生,你用了这么多机时,难道你没有睡觉吗?"次年春天,妻子得病住院,远在异乡的马德坤寄去的唯一安慰就是那张世界上首次用计算机绘制的牙轮钻头井底运动轨迹图。

马德坤始终惦记着国内的研究工作，1983年5月，因国内急需研究牙轮钻头方面的人才，当时西南石油学院领导找到他，需要他提前回国，他义无反顾地背起行囊回了国，准备向新的目标进击。那时，中国已决定引进美国休斯公司钻头生产线，但对方却坚决不卖设计技术，声称："我们不会去培养一个竞争者。"石油工业部李天相副部长对马德坤嘱托道："美国在技术上卡我们，你要研究他们不肯卖给我们的东西，使我国有自行发展牙轮钻头的能力。"

马德坤决心去赢得这场竞争。他跟同事们一边分享自己在国外学习的经验教训，一边共同探讨钻头力学，一起攻坚钻头设计。当时国家设立的《牙轮钻头破岩机理及新钻头设计》项目由马德坤牵头，他组织了国内7家单位80多位技术人员分组研发，由于项目涉及十几门新老学科，他哪样不懂学哪样，尤其注重把新兴学科用到自己的研究中去，优化设计、系统工程等各种书籍他看了七八十本，不断更新知识，始终站到学科的最前沿。

1986年2月，马德坤的两篇论文在国际权威杂志《机械工程师协会学报》上发表。证明了他在钻头的受力分析上的研究成果已经得到了世界同行的认可。

1990年，经过5年的努力，功夫不负苦心人，马德坤梦寐以求的牙轮钻头终于出炉了。他们建立的具有中国特色的牙轮钻头现代设计技术体系，减轻了设计对经验的依赖，只用两到三个月便可设计出一种高质量的新型钻头。后来，他们针对不同地层，设计出了11种钻头，其中"偏转镶齿三牙轮钻头"获国家发明专利奖。国产钻头性能从此成倍提高。

从依靠"洋拐杖"到甩掉"洋拐杖"
——钻头实现"中国造"

为了提高钻头加工质量,1982年江汉钻头厂采取许可证贸易方式,引进美国休斯公司三牙轮钻头制造技术,对企业进行全面改建。整个工程历时三年半时间,于1985年竣工投产。

引进美国休斯公司钻头制造技术无疑是使中国石油钻头制造业登上新台阶所依靠的"拐杖"。但江汉钻头厂的眼光并没有局限在这根"拐杖"上,他们的指导思想很明确,从用"拐杖"让自己站起来,要发展到自己能独立行走。这一目标迅速成为全厂职工的自觉行动。引进休斯钻头生产的全套技术资料重达2.5吨,一套资料用当时最新款东风牌卡车就能装满一车。为了迎头赶上,全体工程技术人员夜以继日,用了一年多的时间,就"啃"完了按常规工作量几年也啃不完的"纸山"。

正是靠这样的奋斗精神,他们不仅很快完成了进口设备的安装调试和生产线的流通,而且全部掌握了休斯钻头的生产工艺技术。他们采取国外培训与国内培训相结合,脱产培训与岗位培训相结合的方法,力求做到"美国专家走,技术学到手"。

制造钻头所需原材料部分还需进口,为此,江汉钻头厂先后与全国23个省、市、自治区的15家科研单位、高等院校和43家工厂签订了联合攻关试制合同,建立了多形式、多渠道的国产化网络,终于使整个引进生产线中的国产配套设备达80%,不仅节省了外汇支出,带动了国内有关行业的技术进步，也给设备维修管理提供了方便。

按照引进协议，休斯公司只转让生产、技术诀窍，而不传授设计诀窍。为了保证在技术上与休斯公司同步发展，江汉钻头厂坚持生产一代，研制一代，开发一代，把消化吸收的重点转到新产品开发上。同时，还引进了适合中国国情的先进管理模式，是厂放下"拐杖"后能否真正站稳脚跟的关键。为此，江汉钻头厂还建立了产品质量、物质消耗、经济效益、安全生产等保证体系，使全厂生产技术和经营管理工作达到了规范化、标准化、系统化。外国专家离厂后，江汉钻头厂一直确保了产品质量不低于休斯公司水平。

到 1990 年，江汉钻头厂已为石油工业发展提供了数万只优质钻头。这一项目引进成功，不但使中国石油勘探专用的钻头制造水平跻身于世界先进行列，更重要的是，它探索出一条国外先进技术引进、消化、吸收、再创新的成功之路，让"休斯"钻头最终实现了"中国造"。

江汉石油钻头股份有限公司

江汉石油钻头股份有限公司的前身是江汉钻头厂，始建于 1973 年，20 世纪 80 年代成功引进国外石油钻头先进技术，1998 年改制上市，是国家一级企业、国家重点高新技术企业，亚洲最大、世界先进的石油钻头制造商。

滴水穿石——世界第一只加长喷射牙轮钻头

滴水穿石,说的是石头固然坚硬,但只要有足够长的时间,最软的水同样可以滴穿坚硬的岩石。于是便有人探索:穿越漫长的等待,水能否在瞬间穿石、碎石呢?回答是肯定的。前提是必须给予水足够的压力,形成高压水射流。而这探索之人便是水射流专家,中国工程院院士——沈忠厚。

20 世纪 70 年代末期,一个偶然的机会,沈忠厚听到同行介绍国外有人用水(即高压水射流)来切割金属板,裁剪布匹,切口整齐划一,几乎没有毛刺。沈忠厚惊愕地一下子把眼睛睁大……沈忠厚想,倘若把水射流应用于钻井中(即喷射钻井),加快破岩速度,不正是一个提高钻速的好方法吗?于是,他带着一连串喷射钻井的想法和疑问,于 1981 年 3 月远涉重洋,赴美国西南路易斯安那大学和 N.L 公司考察,做访问学者。

沈忠厚永远也无法忘怀那短暂的三个月……他被一个个喷射钻井的难题困惑住了,要想提高钻速,就必须要提高射流在井底的工作效率。因此,问题的关键是必须搞清楚射流自钻头喷嘴落到井底的水力参数的分布情况。然而,传统的研究方法仅限于研究射流在喷嘴出口处瞬间的水力参数,而射流自喷嘴出口处落到井底这一段的水力参数分布情况,却一直是个谜。因为这一区域非常复杂,涉及固液多相流、淹没射流、井底漫流等的叠加与复合,根本无从下手研究。但是,倘若要提高射流在井底的工作效率,你不揭开谜底,又从何谈起呢?有了这样的想法后,沈忠厚就把全部身心都深深沉浸于这个令人苦恼却又极富有魅力的研究之中,忘记了周围的一切。一天，美国喷射钻井的奠基人、全美最著名的喷射钻井权威专家——戈恩斯教授在美国休斯敦做喷射钻井技术讲座。讲座结束后，沈忠厚走到戈恩斯面前，向他请教那苦缠于心的难题。已是70岁高龄的美国专家愕然地望着这位中国学者，无可奈何地摊了摊手，又耸了耸肩膀，说："沈教授，你要是能把这个谜底揭开，你便是……"戈恩斯竖起大拇指。"您等着吧。"沈忠厚握紧了拳头，暗暗地拧着一把劲。

沈忠厚回国后，随即投入紧张而有序的研究中。1986年3月，他完成了《淹没非自由射流压力衰减规律的实验研究及井底水力参数计算方法》论文，并在国际石油工程会议上宣读。那浑厚有力的声音，使与会者惊奇地意识到，来自中国的石油钻井专家在喷射钻井方面已走到他们的前面了。这时候，沈忠厚首先想到的就是给戈恩斯写一封信。戈恩斯很快回信了，对他的成功表示最热烈的祝贺，认为他已当之无愧

>>> 沈忠厚在工作现场

地站到了喷射钻井的最前列。

在此基础上,沈忠厚带领团队研发出了加长喷嘴牙轮钻头,被誉为石油大学第一代钻头。通过加长喷嘴,降低淹没非自由射流压力衰减,最大限度调制射流在井底附近产生的低压脉冲,降低井底岩石的破碎强度和岩屑压持效应,使井底局部实现欠平衡或近平衡状态,达到提高钻速的目的。在相同的条件下,与常规牙轮钻头相比,井底射流压力提高1倍,钻头使用寿命稳定在80~100小时,最高可达150小时。该成果获得了国家科技进步奖二等奖,并获两项国家专利和一项美国专利。沈忠厚也因此先

>>> 长喷嘴牙轮钻头

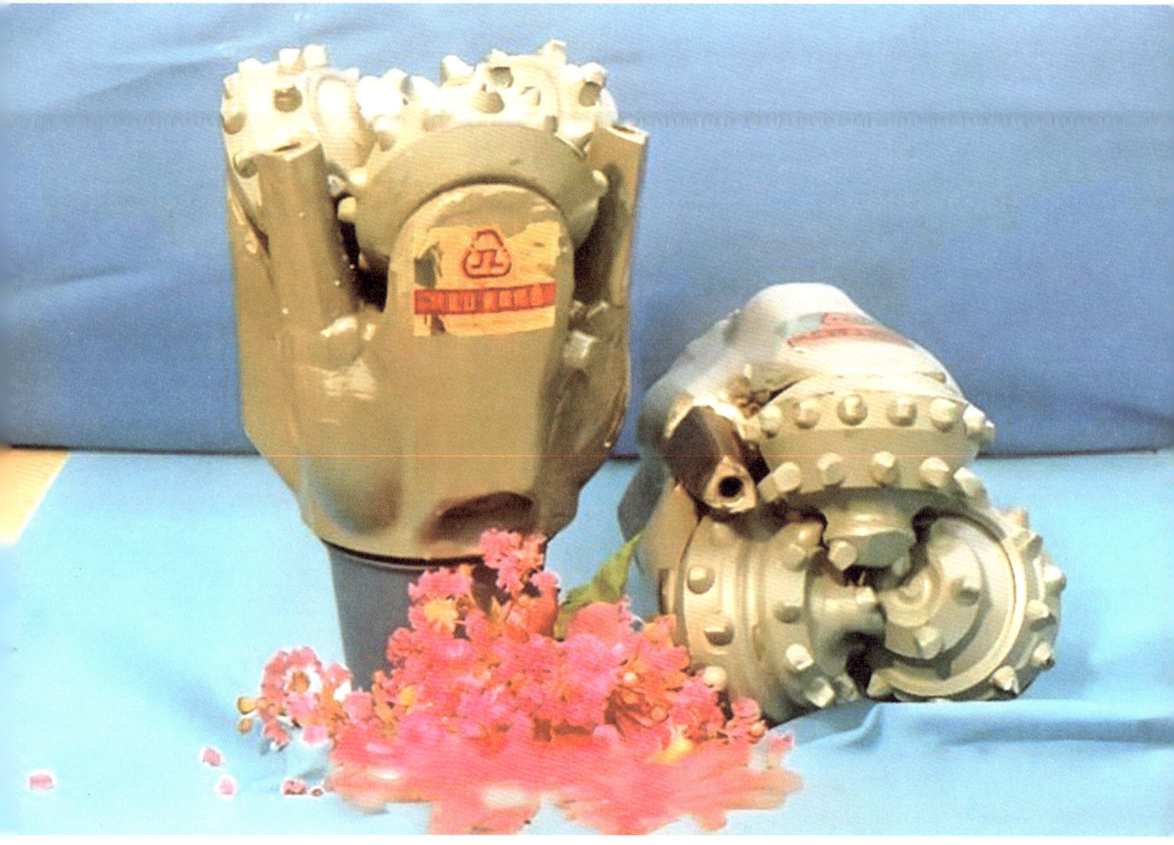

后被评为"能源部特等劳动模范""石油工业有突出贡献专家"……美国、英国权威机构的名人辞典上,也赫然收录"沈忠厚"的条目。

沈忠厚在获得如此巨大成果和荣誉面前并没有止步,他带领他的弟子李根生(2015年当选中国工程院院士)的团队继续拓展研究,相继研发出了二代(空化射流)和三代(联合破岩)钻头,为钻井提速发挥着重要作用,李根生团队还将研究领域拓展到提高油气采收率,径向水平井、水力喷砂压裂等成果相继呈现,为中国油气田增储上产持续贡献着他们的力量。

>>> 李根生,中国工程院院士,油气钻井与完井工程专家

一趟钻利器"畅想曲"

>>> Kymera 组合式钻头

>>> 锥形齿   >>> 脊型齿

来到 21 世纪，钻头技术又迎来新一轮大发展。其发展目标是提高深部软硬交错地层和高研磨地层的钻头破岩速度和寿命，寄希望于下到井底的钻头能一趟钻完设计的进尺，提高深井钻井效率。

2009 年，休斯公司提出第一代 Kymera 组合式钻头专利，将牙轮钻头和 PDC 钻头合二为一，再一次展现出休斯公司破解软硬交错地层的创造力。

2010 年前后，以史密斯公司的锥形齿为代表的异形齿钻头迅猛发展，促进了 PDC 钻头在坚硬、非均质等挑战性地层的规模应用。

2013 年，史密斯公司发布了一款金刚石层可以 360°旋转的 PDC 钻头齿（360°旋转齿）。该齿包含固定外壳部分和旋转部分，切削的过程中旋转部分可以进行

360°旋转,有效解决钻进过程中固定切削齿边刃局部温度过高、偏磨过度等问题,更是将该钻头设计变成一门艺术,钻头的推陈出新如此之快,让人目不暇接。

中国石油工程技术研究院钻头创新团队也身处此浪潮之中,他们以异型齿和耐磨材料研发为突破口,充分借鉴国外钻头齿发展经验,2015年推出了Tridon、Raptodon、Aspidon、Crocodon四大系列非平面齿PDC钻头。在国内及北美完成114井次的现场应用,助力中国火成岩、花岗岩、"磨刀石"等地层的高效破岩,成为中国钻头研发新亮点。

在未来,我们可以想象使用先进的机器人来完成这些钻井任务。这些机器人可以根据地下的岩层情况,自己调整钻井的速度和力度,从而更好地完成任务。它们还能够通过传感器和摄像头来监测井底的情况,并把数据传回给地面,以便钻井工程师做出更准确的决策。

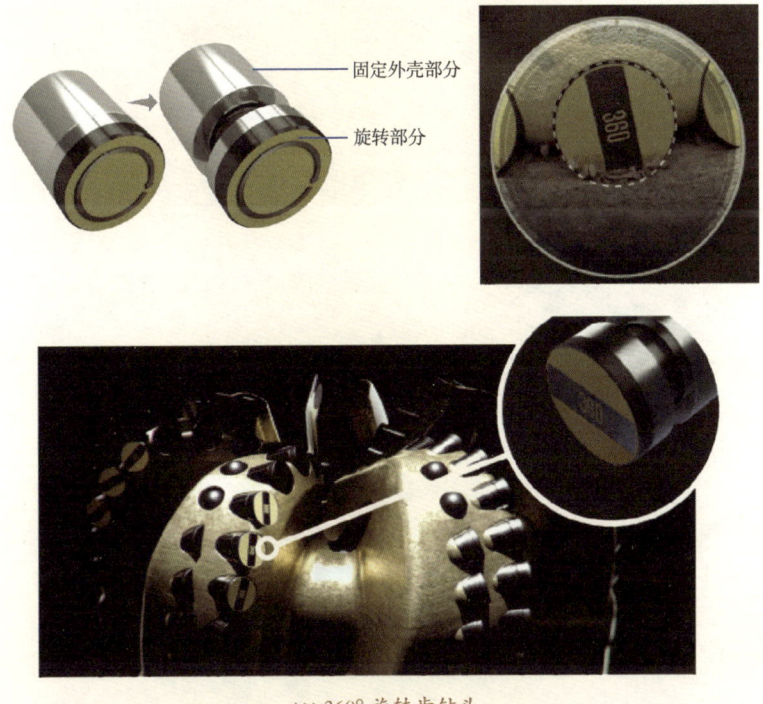

>>> 360°旋转齿钻头

利器在握
石油工程技术精粹

"嗅着油味走"的航地导弹

轨迹测控

1934年，得克萨斯州康罗油田的一口井发生井喷，喷出的天然气着火后将整个钻机吞没，大火燃烧了几个月，周边井被迫停工停产，整个油田面临巨大威胁。一位名叫伊斯特曼的定向井工程师挺身而出，他用一部车载钻机，巧用斜向器导航，从远处精确地钻了一口定向斜井（救援井）在井底位置与井喷井连通，从而从新的井眼猛灌重钻井液把井压住，一下子制服了井喷。自那之后，可以通过给钻头导航从一口井钻到远处另一口井地下位置或另一个特定目标的消息不胫而走，人们对地下深处也能做到如此精准导航赞叹不已。

地下照相追踪轨迹——给井底钻头定位

19世纪以前,几乎所有的井都是垂直向下钻的。到了偶然有一些井被测到偏离垂直以后,人们才开始意识到原先自认为垂直向下钻的井并不直,有的井甚至都斜到50°以上。经过后来的研究发现,发生井斜的主要原因是地层是非均质的,还有可能是因为钻具在右旋钻进时,使钻头倾向右漂。既然井会斜,那么它会斜到哪里去?斜出去有多远?因为那时相邻的采矿权范围内的井是不允许越界钻到对方界内的。由于无法在地下应用无线电定位技术(如现在的GPS)给钻头定位,于是人们就想出通过自上而下沿井筒每隔一段距离测量出各个点位的井斜和方位,将其换算成各个分段的位置坐标,然后从井口累积到井底,就可间接地知道井斜到什么位置上了。

最早测量井斜的方法比较粗糙,沿用了19世纪南非金刚石矿井井下测量采用的方法。这种方法是把一个玻璃瓶灌上酸液(氢氟酸),然后用钢丝绳从中空的钻杆内下到井底钻头位置,酸瓶顺着井眼轴线倾斜,其中的酸会在瓶内形成一个角度,过一定时间,酸会腐蚀玻璃并留下印记,起出酸瓶后便可据此推算出井的斜度来。

1929年,一名叫伊斯特曼的美国工程师研制出第一台照相式磁性单点和磁性多点测斜仪器。采用磁罗盘和铅锤作测量基线,并设计了机械式计时器以触发相机曝光,在感光底片上将铅锤偏离仪器(井眼)中心垂线的距离和方向记录下来。定向井工程师就能从照片标定过的刻度上读出井斜和方位来。这台照相式测斜仪器的出现,无疑给当时的定向井井眼轨迹地下追踪和钻头的定位提供了一种可靠实用的方法。

照相式单点测量仪器与多点测量仪器的测量数据只能在地面读取，需让钻井停下来，将仪器用钢丝绳从钻杆内将其送入近钻头位置，待照完相，将仪器起出来，通常需要占用钻机一两个小时。

现在已有了更先进的井斜测量手段——随钻测量仪器（Measurement While Drilling，MWD）。它是 1972 年由 Teleco 公司与美国能源部联合推出的，井斜和方位分别是用一组正交的三轴重力加速度传感器和磁通门传感器来测量的，测到的数据通过钻井液脉冲信号实时发送到地面，定向井工程师可以在不用钢丝绳、不用电缆的情况下，直接在钻台看到井下钻头处的井斜角、方位角和工具面角等参数，不用占用钻井时间，深受现场欢迎并沿用至今。

>>> 导向钻井示意

揭秘地下钻头的走向——白家祉法

钻头走向

钻头走向指钻头钻出的方向,反映在井斜和方位上的变化称轨迹走向。对于带有结构弯角的弯接头+直螺杆或弯壳体螺杆而言,工具面向就是结构弯角所指的方向;对于推靠式导向机构,工具面向就是推靠式导向机构推靠井壁的合力所指的方向。在没有导向工具的情况下,钻头走向取决并等同于钻头侧向受力方向。在有导向工具的情况下,钻头走向取决并等同于工具面向。现场工程师给钻头导航,实际上就是通过改变导向工具的工具面向来改变钻头走向,从而改变轨迹走向,使其沿预定的轨迹钻出。工具面向不同,钻头走向不同,轨迹走向也不同。

1982年,一名中国人在国际石油工程会议上发表的一篇论文——《应用纵横弯曲梁理论求解钻具组合的受力与变形》(Bottom Hole Assembly Problems Solved by Beam-Column Theory),引来国际学者的广泛关注,让业界同行耳目一新。它以全新的钻柱模型,严谨的数学推导过程,求解了下部钻具组合在复杂的井下工况下的受力变形和钻头侧向力,揭示了下部钻具组合的钻头走向规律。这篇论文的作者就是留美学者、钻井力学教授——白家祉。

20世纪50年代,正是在人们知道井会斜之后,才去思考了如何去控制井斜的问题,并逐步想到如何给钻头导航,控制井眼轨迹。

我们知道,钻头总是沿其所受外力作用的方向钻进的。当钻头所受外力方向与井眼轴线方向重合时,钻头会保持沿当前井眼的轴线方向前进,当钻头所受外力方向与井眼轴线不重合时，即受有侧向外力作用时，钻头就会偏离井眼轴线沿所受侧向力方向钻出。

但在如此复杂的井眼和作业工况条件下，要想求解出下部钻柱的受力状况，给出钻头所受侧向力的大小和方向，谈何容易！

20世纪80年代初期，白家祉就偏对下部钻具如何影响井眼轨迹走向这个复杂问题感兴趣。他为此做了大量深入的研究，也读过20世纪50年代美国钻井力学教授鲁宾斯基和米尔海姆发表在SPE会议上的有关钻柱模型和导出的相应的求解方程，他总觉得不解渴。于是，他经过无数次的建模、求证和反复验算，提出了将下部钻具组合简化为以稳定器为支点的简支梁的纵横弯曲梁的分析方法，以解析解的方式揭示了复杂工况条件下下部钻具组合的受力与变形，特别是钻头侧向力与结构参数和钻井参数之间的变化规律，为现场转盘钻井方式下如何利用下部钻具组合中的稳定器结构参数和配套的钻井参数，实现对钻头走向的导航奠定了基础并指明了方向。

鲁宾斯基通过验证后说："'纵横弯曲法'的符合程度很好。"美国JPT杂志编辑部的评价是："计算简便，可以在便携式计算机上运算，便于现场应用。"世界著名钻井工程专家米尔海姆在赠言中写道："白先生，您在中国的技术成就是举世闻名的。感谢您对钻井工程做出的贡献。"米尔海姆还把"纵横弯曲法"收入石油工程学会编辑的《实用钻井工程》教科书中，称之为"白家祉方法"。在国内，用这种方法编制的微机软件，已在全国各油田推广应用。

后来，现场工程师们根据这套理论和实践经验，设计出了一系列能改变钻头走向的、现场简单易用的、标准化的下部钻具组合形式，包括"满眼"钻具组合（稳斜）、"支点"钻具组合（增斜）、"钟摆"钻具组合（降斜）等。就算是不用斜向器、不用弯接头+井下动力钻具等，也能给钻头导航探索出了一条新路，得到现场的普遍应用。

指哪打哪——让钻头"自动驾驶"

2003年,贝克休斯公司联手阿吉普公司推出被称为"旋转闭环"的一种新型钻头导航工具(系统)(Rotary Closed-loop System,RCLS),引起业界的广泛赞叹和关注。

它是一套紧接钻头上方,由旋转芯轴(接钻头)和内嵌三个沿周向均布的可伸缩液缸的非旋转套筒组成的自动导航机构。系统根据当前井底位置和井斜情况,实时计算钻达目标点钻头所需的侧向推力(大小和方向),并自动调配三个液缸的压力,使三个液缸推靠井壁形成的反作用力正好与钻头走向导航所需的侧向推力吻合,如此循环反复,实现对井眼轨迹的自

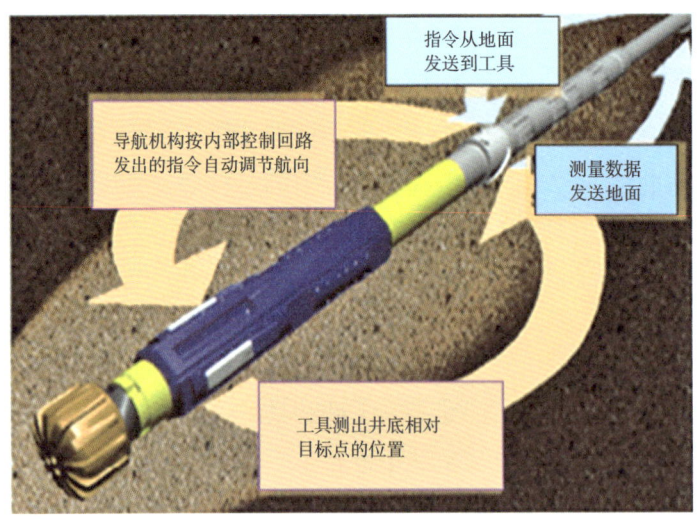

>>> RCLS有两个闭环控制回路——井下闭环控制回路和地面—井下干预回路

"嗅着油味走"的航地导弹

轨迹测控

动跟踪和对钻头的自动导航,就如你开车从"自己驾驶"切入"自动驾驶"模式一样。

最早给钻头导向用的是钢制斜向器,每当井偏离了设计轨迹(航线),就要再次将其下入纠偏。后来在20世纪60年代有了井下动力钻具后,人们便在其上端接了一个弯接头,形成井下动力钻具配弯接头这种导向组合。这种导向组合钻具不旋转,钻头旋转,这样钻头就会沿弯接头弯曲方向钻出,可以连续不断给钻头进行导向。20世纪80年代中期出现的弯壳体马达,直接在马达的传动轴上形成结构弯角,代替原先的弯接头,这种

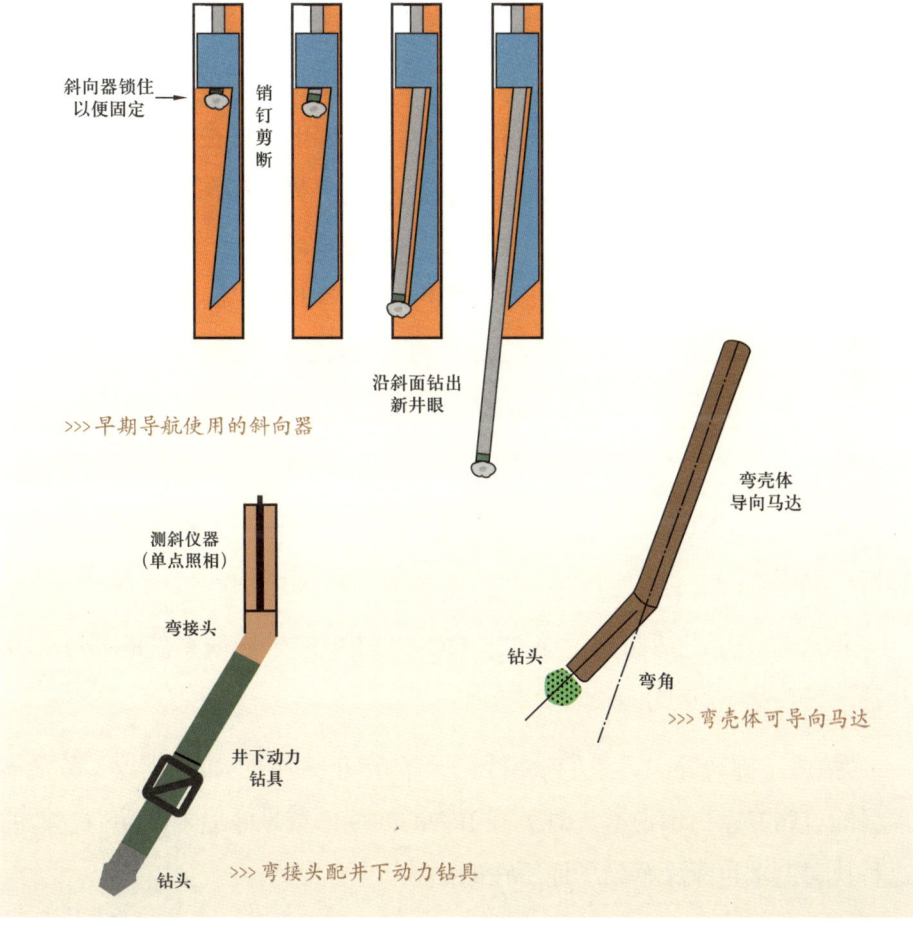

导向马达拐弯快，不需拐弯时可以开转盘钻出而无需更换钻具。但用这两种导向组合给钻头导向仍存在许多不足，一是在每次钻完一个单根后，需要重新测定和摆对工具面，钻台操作烦琐；二是导向时只能滑动钻进，钻具不旋转，经常遭遇托压，钻进效率低。

而贝克休斯公司旋转闭环导向系统的推出，能最大限度地避免上述不足，大大提高了导航效率和钻进效率，提高了井下作业安全性。

旋转闭环导航系统推出后的几年里，业界认识到它的价值，大型油田服务公司纷纷效仿跟进，如斯伦贝谢公司、哈里伯顿公司、GeoData 公司等，并纷纷推出自己的旋转导航产品系统（Rotary STEERable System，RSS）。

旋转导航产品的不断推出与应用，日益显现出其在长水平井、大位移井的延伸能力。在萨哈林 –1 油气项目，10 口世界级超深大位移井中有 9 口是用旋转导航系统钻成的。目前最大水平位移超过 14 千米。进入 21 世纪，随着世界范围内页岩油气、致密油气的深入开发，旋转导航系统又被广泛应用于长水平井的钻进中，为这些油气田的效益开发发挥了重要作用。

面对国内页岩油气与致密油气长水平井钻井的巨大需求，在国家项目的支撑下，经过持续的研究探索，近年也先后推出了"璇玑"指向式旋转导航系统、CG STEER 旋转导航系统，以及经纬旋转导航系统，并在现场推广应用。

2008 年，川庆钻探公司启动了 CG STEER 旋转导航系统的研发，从此踏上了长达 13 年的漫长攻关之旅。

"搞成了旋转导向，我们就摸到了石油行业钻井技术的上限。"负责该项目的首席专家白璟说道。对美好事物的向往一直是他追求的动力，他的这种执着追求也深深感染了他所在的团队。

然而，攻克这样高精尖的技术，涉及机、电、液、测、控等多个学科、多个专业的相互融合和集成创新，不借助外力则寸步难行。

"做正确的选择，选择做正确的事"，在 CG STEER 攻关过程中，这个观念一直贯彻始终。2009 年，川庆钻探公司首次与航天科工惯性科技有限公司建立联系，了解到对方的惯性导航控制在国内处于领先地位，能为研制旋转导向的测控平台提供专业帮助，于是双方一拍即合，于 2010 年起，走上了跨地域、跨行业联合研发之路。2015 年，中国石油大学（华东）的加入，增强了理论研究实力。三股力量互为作用，推动项目稳步前行。

2013 年，CG STEER 原理样机问世；2015 年推出第一代工业样机，但样机（4°～6°）/30 米的拐弯能力距离 8°/30 米的最低设计要求还有一段差距。于是从 2016 年至 2018 年，联合团队开始了又一轮针对旋转导向系统的各子系统的瓶颈和短板的攻关，先后到 12 口井上进行现场试验验证，并获得多项突破。这些，都为 2018 年第二代工业样机的推出打下

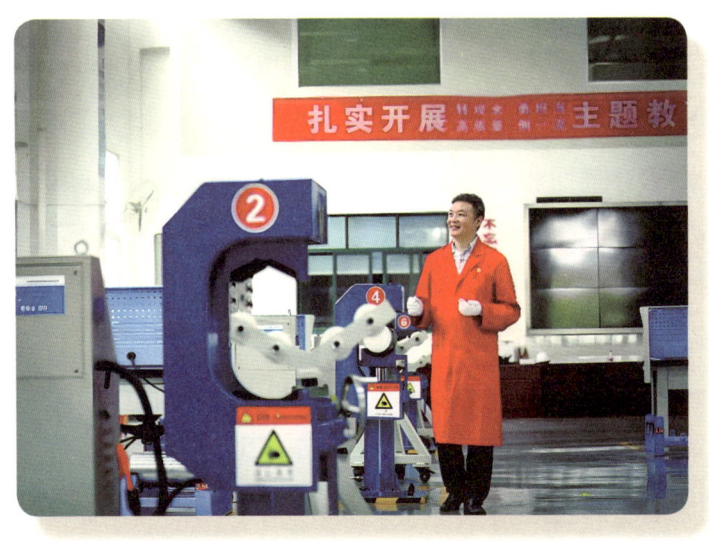

>>> 工作中的 CG STEER 旋转导航系统研发项目首席专家——白璟

了坚实基础。此间，最令人振奋的突破还是摸清了推靠式旋转导航系统的复合力学模型，它为非旋转套多个控制模块的设计、选型与安装，确保系统性能稳定指明了方向，使系统理论拐弯能力提升到 12°/30m 以上，也就有了宁 216H6-1 井一次性打成造斜段和水平段的创举，拉开了 CG STEER 工业化应用的序幕。

"那是一场惊心动魄的考验，发生在 2019 年的 4 月 29 日到 5 月 28 日期间"，无论何时谈到 CG STEER 系统，白璟都会提到宁 216H6-1 井，也会脱口而出这个时间段。

那段时间，白璟一直在现场驻守，严密观测第二代 CG STEER 现场试验情况。当发现第二趟钻开始后 CG STEER 出现了井下信号不稳定、旋转钻进状态下无法正常传输和解读数据时，他心急如焚。而恰在此时，地质师提示目的层提前，需要立即以 10°/30m 以上较高的急拐弯尽快着陆。摆在白璟面前有两个选择：一是放弃试验，换用其他工具抵达目的层；二是继续钻进，信赖 CG STEER 的造斜能力。选择前者，意味着 CG STEER 会错过一次证明自己的机会；选择后者，如果拐弯能力达不到，会错过产层，将给宁 216H6-1 井着陆入靶造成不可挽回的损失。

白璟他冷静思考了一下，对系统做了一次静态测试，在确认上述故障源自脉冲发生器而非导向控件时，他果断拍板："继续打！"随后，CG STEER 勇往直前，朝着产层，以 11.2°/30m 的最大造斜率，顺利着陆。当井下数据传回到地面后，盯守在地面主机旁的十余人瞬间欢腾，跳起来击掌庆祝。事后，井队拉起了红红的横幅——热烈庆祝 CG STEER 旋转导向系统工业化应用首战告捷。这也成为川庆钻探公司在川渝页岩气成功实现替代进口产品完成全井段导向作业的标志性事件。

从此，CG STEER 旋转导航系统踏上了定型产品化道路，为中国非常规油气的开发发挥了它应有的作用。

智能导航——"让钻头嗅着油味走"

2006年12月28日,中国石油对外发布,其一个能在地层中"嗅着油味走"的CGDS近钻头地质导向系统研发成功,标志着历时十年之久、备受西方"卡脖子"的地质导航系统问世。中国石油成了继斯伦贝谢公司、贝克休斯公司和哈里伯顿公司三大公司之后第四个独立拥有这一高端钻井技术的公司。

1993年,也就是在法国AnaDrill公司首次提出地质导航概念的第二年,其推出第一套用于地质导航的工具IDEAL(Integrated Drilling Evaluation and Logging)。它是在现有的导航系统的基础上配上随钻测井工具,综合利用随钻轨迹参数和随钻地层参数对钻头的轨迹与走向进行导航,最大限度规避因地质误差或层位不确定性导致的许多井眼轨迹虽然在

>>> 用随钻地层评价来保证井钻到理想的位置上

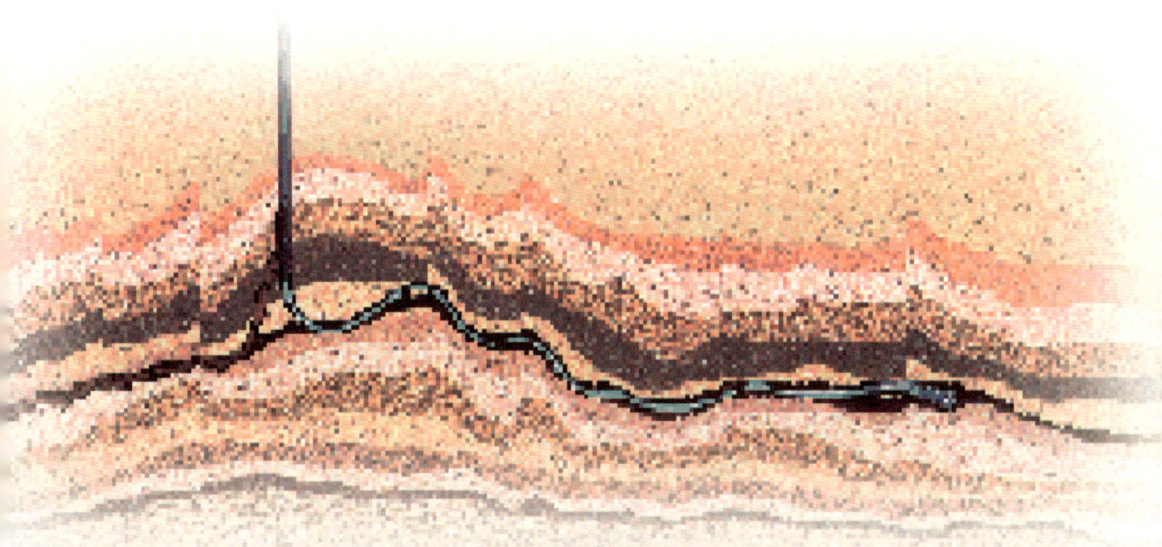

>>> 苏义脑，中国工程院院士，油气钻井工程专家

几何上准确中靶，但轨迹却没有落在所预期的储层中的尴尬状况，着实令人耳目一新。

"给钻头装上眼睛和鼻子，让钻头盯着油层，闻着油味走"，这是1999年开始立项攻克基于测传马达的近钻头地质导向系统之前苏义脑（2003年当选中国工程院院士）就立下的壮志。有一次，他在大庆树平1井驻井，现场用的是某国外公司新研发的随钻测井仪器MWD/LWD配他团队研发的弯壳体马达来钻这口井的。由于测井仪器不能直接接在离钻头较近的马达下方，只能装在马达上方离钻头较远的位置，使得随钻测井仪器测传回地面实际上是钻头钻出过后十几米之后的地层信息，一旦发现地层有变化，往往钻头已经钻出十几米远了。正由于此，井上多次发生目标砂层"丢失"或"失踪"现象，而要让井眼轨迹重回到目标砂层，现场又需花费更多进尺大幅度调整轨迹才能将其艰难找回。这种信息滞后不仅造成井眼在目标储层之外的无效进尺增加，起伏波动的轨迹形态也给后续的钻井和下套管完井安全埋下隐患。这样的经历使他产生了想把测井传感器尽量放置在钻头附近的强烈愿望。

从树平1井回来之后，他开始着手这方面的前期调研。法国AnaDrill公司提出的地质导向概念与他的想法不谋而合，他预感到一个水平井地质导航的新时代即将来临，这也更加坚定了他研发近钻头地质导航系统的信心。他反复对比了几个不同的方案，最终，一套将伽马（可以识别不同岩性）、电阻率（可判断地层中含水或含油性）等地层评价传感器移植到更加靠近钻头的弯壳体马达的传动轴壳体上，然后再将传感器测到的信息通过无线短传方式传给马达上方的 MWD，最后再由 MWD 上传到地面的这种"让钻头嗅着油味走"的测传马达研发方案在他脑海里渐渐形成。

1997 年，他在第二届石油钻井院所长会议上汇报了这套测传马达的研发方案，得到了与会代表的关注和支持，后来在中国石油的支持下于 2019 年 6 月成功立项。他开始组建包括西安仪表厂在内的项目团队，开始了长达十年的近钻头地质导向系统的研发工作。

为了让钻头在"嗅着油味走"的同时，也能分辨出钻头接近地层边界的方位（方向和位置），团队采用了多个沿周向分布的探测传感器，分别记录来自井眼周围上下左右不同方向的伽马射线和电导率，并将不同方向的探测结果生成图像曲线，使它们更容易被解读。当来自井眼上下两个方

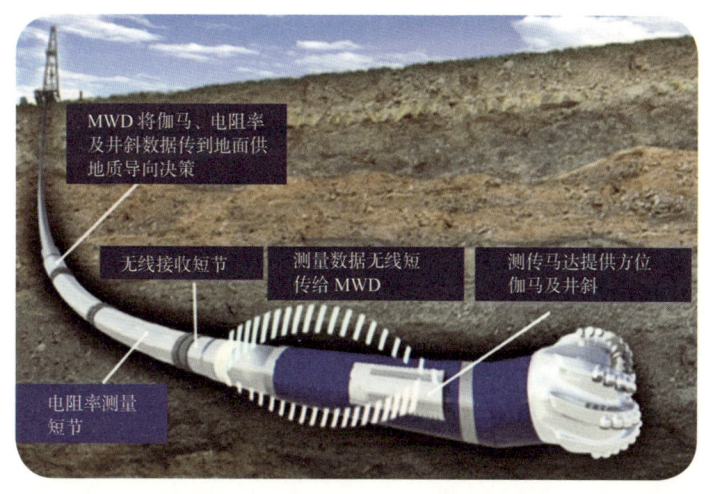

>>> 基于测传马达的"嗅着油味走"的地质导向系统示意图

向的伽马有小小的射线量差时，就能据此立即区分出钻头是从上方还是从下方接近层位边界的，不仅方便现场导航决策，而且甚至可以据此现场评估待钻地层的表观地层倾角，更好地预测待钻地层走向。

为了早日拿下这项技术，苏义脑和他的团队不论酷暑寒冬，不分白天黑夜连续开展试验工作，每当谈起攻关的过程时，他们总忘不了有一次在井下的天线线圈制作完成后，苏义脑和几位研究人员在北航振动试验台架上做全频振动试验一直忙到深夜的情景；忘不了2001年7月的一天，苏义脑领着团队冒着37℃的高温，在北京望京的一个大院场地上完成井下无线短传试验的情景；也忘不了2004年11月7日，系统首次在冀东油田的一口井持续10天的下井试验首战告捷，苏义脑自掏腰包到附近老百姓家里买了一头猪跟团队和队上工人一起痛快庆祝的情景。

系统成功研发出来后，受到现场的广泛欢迎和关注。CGDS近钻头地质导向系统先后在大庆、冀东、辽河、四川、江汉和浙江等油田施工作业110余口，累计水平段进尺近5万米，钻遇的最薄储层0.3m，钻遇率最高达到100%，为中国低渗透薄储层油气藏的高效开发发挥了重要作用。

值得一提的是，在CGDS近钻头地质导向系统研发的同时，国内其他团队也在国家"863"计划和"十二五"国家油气重大专项的支持下，研制成功各具特色的地质导航系统，例如：中油测井公司推出的地层评价随钻测井系统FELWD，中国石化胜利钻井院推出的近钻头井斜+方位伽马LWD测量仪，中海油服公司推出的SPDTE随钻测井系统等。

2004年，苏义脑在接待一位记者采访时，说过如下三句话："进步的起点在于追求，发展的关键在于创新，成功的秘诀在于坚持。"这就是苏义脑在这一攻关中的切身感悟。

成就"地宫之吻"——磁导向技术

2021年10月7日,中国石油工程技术研究院乔磊创新团队,在冀东油田NP32-3640井井场,应用自主创新、国际一流的MGD无源磁导向钻井技术,开创了全球首例老井无磁信标导引"水泥塞型"封堵先例。

如果说地质导向钻井技术是在地层深处"嗅着油味走"的"航地导弹",那么磁导向钻井技术则是在地层深处"循着磁场走"的"智慧向导"。

20世纪80年代,为实现救援井与事故井的快速有效连通,美国人率先提出了开发磁导向钻井新技术,以用于对邻近井眼空间位置的高精度导航。

该技术首先在对接目标井下入强磁场发生装置作为"航标",然后再对接施工井下入磁场探测仪器,通过实时探测井下人工磁场分布特征,辨别"航标"方向,实现地下寻井功能,最终实现两井连通。因此,该技术被称为有源磁导向钻井技术。

经过40多年的创新和发展,哈里伯顿公司不仅走在磁导向钻井技术及系列工具研制的前列,而且实现商业化、规模化应用,占据全球90%以上的磁导向技术服务市场份额。

国内磁导向钻井技术及工具的研发,是从一位年轻的硕士毕业生开始的。2005年7月,刚硕士毕业的乔磊有幸参加了国内首次使用美国VM公司RMRS有源磁导向技术施工的武M1-1井组作业。结果,贯穿不足

200 毫米的目标靶点，偏差却超过了厘米级，致使后续两井对接未能成功。年轻的乔磊暗下决心要攻下这一世界级难题，并开启了对磁导向钻井技术的调查研究和技术发展跟踪。

机遇垂青有准备的头脑。2008 年，国家启动"油气与煤层气开发重大专项"，设置项目 36 个课题，中国石油承担了其中的"远距离穿针技术"研究内容。乔磊闻讯后主动请缨，带领三人团队"背靠背"开展自主攻关。

四年"磨一剑"。磁导向创新团队"螺蛳壳里做道场""方寸之间做腾挪"，使 RMRS 有源磁导向钻井技术实现国产替代，不但开创了磁导向技术在国内应用的先河，也开启了中国磁导向技术向更多市场、更广应用进军的新征程。

在"十二五"国家课题的资助下，磁导向创新团队将目光锁定攻克水平井从 100 米远距离钻向一个直井并对穿 177 毫米的玻璃钢"针孔"这一堪比"天宫对接"的世界级难题。

为突破技术卡点，磁导向创新团队连续三年坚持基础研究，攻克"机理、结构、软件"三个关键点：在机理研究上，引领原始创新，化繁为简；在结构设计中，精益求精，反复验证；在软件测试时，不厌其烦，逐个修补漏洞，终获成功。

2013 年，国外磁导向技术在风城油田应用失败，业主找到中国石油工程技术研究院求援，磁导向创新团队快速"上马"，在施工现场连续奋战 5 天，使双水平井磁导向钻井技术在新疆"一炮打响"。

2019 年，磁导向创新团队开发的非开挖管道穿越磁导向钻井系统研制成功，与双水平井磁导向钻井技术均填补国内空白，实现国内该类技术的自主可控。

2020年，因一口井井喷无法实施有源磁导向技术救援，磁导向创新团队由此启动了无源磁导向技术的自主攻关。相比有源磁导向技术，无源磁导向技术只能依靠高精度探测器，在数千米地层深处"摸黑捕捉"目标井底剩余铁磁物质微弱的磁信号，有如"海底捞针"，难度之大，可想而知。

2021年10月7日，中国石油首次应用国产无源磁导向钻井技术及工具，在冀东油田NP32-3640井井场完成首例复杂老井封堵施工作业，再次在高端磁导向领域实现从"0"到"1"的突破，成为全球少数几个掌握这一高端技术的国家。

截至2024年4月，针对井筒对接这一"厘米级"井眼轨迹控制世界级难题，中国石油磁导向技术团队，成功研发MGD磁导向钻井技术及工具，形成"有源"和"无源"两大系列4类磁导向工具，成为国内磁导向技术创新的主导者和技术规范的制定者。

中国工程院院士、中国石油钻井工程权威专家苏义脑曾这样评价：如果说我国航天的空间交会对接技术是实现"天宫之吻"的神器，那么中国石油的磁导向钻井技术则是实现"地宫之吻"的神器。

入地导航从20世纪30年代早期用斜向器给钻头导向，到现在可以用旋导和测传导向马达给钻头导航，不知不觉走过了90余年的时间，从低效烦琐的人工导航，到现在的自动化智能导航，技术进步之快，令人赏心悦目。随着人类向更深、更远的地下探索地球奥秘，未知因素增多，风险因素加大，对导航工具和导航决策要求也越来越高，人们迫切希望有一种能预知钻头前方远处的地质状况并据此进行导航的技术。令人可喜的是，在这方面，国内外石油科学家正在利用随钻地震的成果，在近钻头处安装地震检波器，相当于给钻头加装了"千里耳"，并取得了令人鼓舞的进展，相信在不远的将来，一种能以"千里耳"听到的为目标的下一代导航技术能应运而生。期待它将为人类探索地下奥秘打开更大的空间。

利器在握
石油工程技术精粹

钻井的"血液"
钻井液

1960年,王进喜率领1205钻井队奔赴大庆参加石油大会战。他们在2589号井钻井施工时遭遇了高压油层,发生井喷。大量的油气呼啸着喷出井口,现场随时可能发生燃爆,要制止井喷,必须提高泥浆密度,用高密度泥浆的液柱压力将地下油气压住。当时由于车辆不足,井场上重晶石粉不够,王进喜紧急和工人们研究决定加水泥来提高泥浆密度,避免灾难的发生。然而水泥加进泥浆里立刻就沉了底,井场又没有搅拌器,眼看着强大的油气流越喷越高,站在池边的王进喜不顾腿伤,"噗通"一下跳进了齐腰深的泥浆池里奋力地拍打着泥浆,用身体充当搅拌机,其他同志也纷纷效仿他跳进泥浆池。经过几个小时的奋战,井喷终于被控制住。当地一个老大娘看到满身泥浆、油污的王进喜,感叹说出"真是铁人呐",此后"铁人"就成了王进喜的代名词,他的事迹激励了一代又一代石油人顽强拼搏,奋勇争先。故事中压井用的泥浆,就是本篇的主角——钻井液(早期称之为"泥浆",后来由于承载的功能增多,就改称为"钻井液"),它在钻井工程中起着举足轻重的作用。

"血液"决定钻井成败

如果把钻井过程中不断加深的井筒比喻成不断成长的人体,那么钻井液就好比是它的血液。血液不健康,人就会生病,钻井液性能不好,井下就会发生各种复杂事故,造成严重的经济损失和人力物力浪费,严重时甚至会导致井的报废。人的血液最怕高压、高糖、高脂、血栓等危害,钻井液同样要经受高温、高压、高盐、高摩阻、敏感性地层等考验。人若想在严寒、酷暑等极端条件下生存,则需要足够的抵抗力和免疫力,同样,井若想在深层复杂地层下顺利钻成,也需要优良的钻井液为其提供针对井底高温高压环境的抵抗力和敏感性地层的免疫力。

钻井过程中,钻遇不同的地层会带来不同的问题,如盐层遇水溶解,泥页岩会水化分散等,都会给钻井液性能造成影响。要实现钻井液与地层相匹配,技术人员要在没有全面的直接检查条件

知识链接

钻井液

钻井液是钻井过程中以其多种功能满足钻井工作需要的各种循环流体的总称,又称钻孔冲洗液。其主要功能包括清洗井底岩屑、冷却和润滑钻头和钻柱、造壁作用、控制地层压力、悬浮岩屑和其他加重材料、传递水力功率以及携带地层资料等。这些功能有助于提高钻速、减少钻井事故、巩固井壁、防止坍塌和阻止钻井液滤液进入地层等。

钻井液的主要成分包括淡水或盐水、膨润土(如钠膨润土或钙膨润土)、无机或有机化合物(如天然或合成高分子化合物、表面活性剂等)、柴油、原油等(用于油基钻井液)以及空气、天然气等(用于气体、泡沫钻井)。这些成分的组合形成了各种类型的钻井流体。

钻井的"血液"
钻井液

>>> 钻井的"血"液——钻井液

情况下，通过间接手段对井下可能发生或已经发现的问题"把脉问诊"，根据病情开出合理的"药方"来调整钻井液的性能，从而确保井筒"健康成长"。

新中国成立初期，中国钻井液技术水平较国外整整落后30余年。随着中国石油勘探工作逐渐向深层和非常规资源进军，遭遇的技术难题越来越多，挑战也越来越大。几代科研人员经过数十年的努力攻关，成功突破了一个又一个技术瓶颈，解决了一个又一个"卡脖子"难题，形成了一个又一个技术利器，使中国钻井液技术实现了从"落后"到"跟跑"向"领跑"的跨越。

"由浅入深"的开路先锋——三磺钻井液

>>> 中国工程院院士——罗平亚

20世纪70年代,世界上能钻6000米以深超深井的国家只有美国和苏联,毛主席做出"我们也要打超深井"的指示。1971年8月10日,中国第一口超深井"女基井"在四川武胜县万善场龙女寺构造开钻,钻井液的抗温问题亟待解决。钻井液在高温下高分子处理剂会降解,失去其作用,处理剂本身也会发生改变,不能达到原有的性能。通常表现为本来既能流得畅,又能举得起岩石碎块,还能在井眼与地层之间形成一层致密的保护层。但在温度达到一定水平后,这一切就变了样,可能流不动,可能变得像水一样无法托举岩石碎块,还可能无法形成井眼与地层之间的保护层,钻井可能就面临失败了。

为解决高温条件下钻井液难题,承担钻井任务的四川石油管理局成立了"三结合"钻井液技术攻关组,要求西南石油学院(现西南石油大学)派一名教师到钻井现场协同攻关。时值"文化大革命"期间,学校的教学科研已经瘫痪,一位名叫罗平亚的年轻老师不想浪费时光,主动请缨到遂宁的川中矿区攻关大队钻井液室开展研究工作。组织上要求他担任钻井液攻关组主要技术负责人,因为在攻关组二三十人里面,他是唯一的化学专业大学毕业生。他们要研究的是抗高温深井钻井液，此前钻井液最高耐受温度为 120～150℃，而 6000 米以上则需要耐受 180℃的高温，需要所有处理剂都能耐高温，能有效应对超深井各种复杂地层的挑战，当时没有任何可以借鉴的思路和方法，一切都需要从零开始摸索。那时要搞科研，其困难程度也是现在不可想象的。科研实验条件极度匮乏。他们的实验室在遂宁，中试工厂在成都、重庆，钻井队在武胜，搞新配方研究试验时，来回奔波是家常便饭。十年里，许多单位和工厂处于瘫痪或半瘫痪状态，某些实验需要在工厂中试生产，真是要啥没啥。一次，为找一根玻璃电极，竟在成都足足花了两天时间才找到。在进行新产品试生产过程中，所使用的原材料多属有毒物品或危险品，稍不注意，随时可能发生危险。1974 年的一天，罗平亚在成都栲胶厂做钻井液生产实验，反应釜内温度高达 130℃的高温高压液体意外喷出，落在他的脚边，灌入罗平亚的鞋里，导致他的脚严重烫伤。1975 年，在泸州井队上，他开钻井液搅拌机，三相闸刀因进了雨水，合闸时，闸刀短路，整个闸刀全部烧断了，罗平亚右手被烧得缩成一团，至今手腕上还留有鸡蛋大的疤痕。还有一次，在重庆化工厂做实验，100℃以上的高压苯酚把反应釜的安全阀冲掉，高温且带有腐蚀性的苯酚液体把罗平亚从头淋到脚，致使全身烫伤，被送进了医院。

SMT

SMC

SMP

>>> 三磺钻井液核心处理剂

尽管一次次与死神擦肩而过，罗平亚仍然冲锋在前，毫不畏惧。正是这种把一切置之度外，又把一切都倾注于攻关的敬业精神，才使他战胜困难获得成功。800多个日日夜夜过去了，罗平亚与现场技术干部和工人师傅们密切配合，终于探索出了钻超深井最关键的钻井液技术新途径，研制出了急需的抗高温钻井液处理剂磺化单宁、磺化褐煤和磺化酚醛树脂，配套形成了"三磺"钻井液，抗温可达180℃，支撑了1976年"女基井"的顺利完钻，得到了中央领导的高度评价。随后1977年在四川梓潼打成了国内第一口7000米超深井"关基井"。1978年国家召开全国科学大会，罗平亚牵头研发的三磺钻井液技术作为超深井钻井工程的重要组成部分获得了表彰。

此后，罗平亚继续深耕高温钻井液作用机理，提出了"利用高温改善钻井液性能"这个新观点，完全不同于国外钻井液技术的系列基本理论、概念和实验方法，在世界上处于先进水平。1996年8月28日，美国某钻井液巨头代表慕名来到西南石油学院拜访罗平亚。当听说罗平亚的钻井液研制新思路和成果后，这位代表感到十分惊讶。美国人研制钻井液的技术路线，是想方设法寻找一种处理剂，加入钻井液中后，使钻井液能在高温下保持原有性能，这已是罗平亚早就放弃的老路了。当这位代表听完了罗平亚研制的钻井液体系具有"井越深，温度越高，作用时间越长，而性能越好，工艺越简单，成本越低"的神奇功效后，这位外国人从惊讶变成了钦佩，当即提出要与罗平亚合作的意愿，被罗平亚婉言谢绝了。此后在该理论的指导下，罗平亚将三磺钻井液与新兴的聚合物钻井液技术相结合，逐渐形成了聚磺钻井液技术并得到广泛应用，引领了中国钻井液技术的发展。目前，罗平亚研制的一系列抗高温处理剂产品已由全国几十家工厂生产，年产量达到3~4万吨，年产值上亿元。1978年至今在全国几乎所有深井钻井液中采用。基于其突出贡献，罗平亚于1995年当选为中国工程院院士。

深层钻井的"万金油"——抗"三高"油基钻井液

塔里木库车山前超深层工程地质条件极其复杂，特别是高温、高压和高盐并存的"三高"难题，是世界上公认的钻井最困难的地区之一，甚至被国内外专家称为油气有效动用的"禁区"。油基钻井液是用柴油、白油等油相代替水配制成的钻井液，具有天然的远强于水基钻井液的抗温性、润滑性和抗地层水化膨胀能力，非常适用于超深层钻井作业。自20世纪30年代开始零星应用以来，油基钻井液的体系不断完善，被广泛应用于高难复杂深井和丛式平台井上。但2010年前国内关于油基钻井液技术的研究可以说是凤毛麟角，满足库车山前应用需求的国产油基钻井液材料和技术更是空白，我们只能从国外钻井液公司引进昂贵的油基钻井液技术服务。

>>> 正在现场工作的中国石油工程技术研究院高级专家杨海军

在这种情形下,国内各大高校、油田和钻探公司研究院的科研人员们纷纷开始油基钻井液关键材料和技术的攻关研究。其中有一支走在前列的队伍,是来自中国石油工程技术研究院的油基钻井液团队。一位从海外归来有着多年海外技术服务经历的钻井液工程师杨海军,对油基钻井液技术的先进性有着切身的体会,他深知国产油基钻井液技术一日不取得突破,"三高"钻井难题就一日不得好转。为此,他开始带领团队展开油基钻井液技术攻关。他和团队四处收集国外优质油基钻井液处理剂,反复进行室内配浆实验,对比分析不同公司产品的优缺点。团队成员里不乏博士、硕士等高学历人才,在他的教导下逐渐找准了研究思路。之后,他们经过数以百计的合成实验,数千次的评价实验和数十次的中试放大试验,用完的重晶石以吨来计,记录的实验数据超过 1 千多页,不断优化处理剂分子结构和体系性能,终于在 2012 年形成了一系列具有自主知识产权的油基钻井液处理剂,配套形成了抗温 220℃,最高密度 2.6 克/厘米^3 的油基钻井液技术体系,性能指标达到国际先进水平。

>>> 抗高温油基钻井液关键处理剂

钻井的"血液"
钻井液

"工欲善其事，必先利其器"，如今宝剑既已铸成，剩下的就是试剑利不利了。很快，机会便来了。2014年，团队应征入驻川渝页岩气长宁H4平台，在甲方和井队充满质疑的目光中，他们第一次使用完全自主生产的油基钻井液材料开始了技术服务。没过多久，人们的质疑就变成了喝彩。他们的油基钻井液性能表现完全不输国外体系，他们甚至通过添加自主研发的纳米封堵剂，解决了当时国外公司都无法解决的井壁失稳问题。最终他们顺利完成了长宁H4平台6口页岩气水平井技术服务，并创下当时该地区水平段最长纪录（2250米）。

在长宁H4平台页岩气水平井的成功应用让团队信心倍增，开启了国内难度更大的塔里木库车山前深层油基钻井液技术服务的征程。从2016年、2017年的苏2井、克深1101井，到2018年、2019年的克深21井、塔探1井（井底温度210℃）、佳木2井、KS24-11井和柯7018井，再到2020年的博孜902井、克深17井，再到2022年的博孜25井，这支队伍转战山前东西南北，克服了一个又一个困难，颠覆了一个又一个不可能，取得了一个又一个胜利。

回忆2017年在克深1101井开展钻井液服务时，四开深层遭遇盐间高压盐水层，提高钻井液密度把盐水层压住，其相邻地层又承受不住，想要解决问题，唯有把高压盐水排出降压。但这对油基钻井液抗盐水污染的能力提出了很大的挑战。要知道，钻井液就像血液一样在钻具和井筒中循环流动，随着油基钻井液中侵入的水逐渐增多，钻井液的黏度会越来越大，甚至会失去稳定井壁的功能，整个井就会像血管里患有血栓的病人一样，随时会出现井壁坍塌报废的可能。为了保障正常钻进，团队紧急开展周密的盐水污染实验，在确认体系最高可以抵受住88%的盐水侵入后，立即同甲方和钻探公司共同制定了控压排水的技术方案并开始施工。

排盐水正好赶在春节期间,从大年初一至初六,杨海军连续六天衣不离身、鞋不离脚,吃住在井场,紧盯钻井液性能。最终,在他的坚守下,该井在经历64次控压,排出1100余立方米高压盐水后,经受住了考验,成功恢复钻进。克深1101井的成功,让甲方记住了中国石油工程技术研究院油基钻井液团队,更记住了这位可敬的队伍带头人。从此以后,杨海军和他的团队就如一块金字招牌,深受塔里木油田勘探事业部的信任。"再复杂的井,只要交给老杨他们,我们就放心",勘探事业部的某领导如是说。而这支队伍也确实没让他们失望,在后续的克深21井,他们在与国外知名油服公司同台竞技过程中,创造了地区井最深(8098米)、钻井液密度最高(2.58克/厘米^3)和温度最高(185℃)3项纪录,成果令人振奋。2022年,他们申请的抗"三高"油基钻井液专利荣获中国专利银奖。

>>> 2002年,抗"三高"油基钻井液专利获中国专利银奖

开启万米深地宝藏的钥匙——超高温水基钻井液

2004年，中国石油计划钻当时国内陆上最深的风险探井——莫深1井。该井所在地区深部地层预测压力系数为2.12，预测井底温度为204℃，国产钻井液技术抗温能力难以达标，使用国外技术则需要支付超过8000万元人民币的天价服务费。面对着"国产药"不行，"进口药"太贵的卡脖子难题，时任中国石油勘探开发研究院钻井所钻井液室主任的孙金声博士勇挑重担，负责该井抗超高温水基钻井液技术的攻关任务。

对于水基钻井液来说，200℃的超高温是一个重要的分水岭，越过这道"坎"就意味着井可就敢往8000米以深的地层迈进了。三磺钻井液解决了180℃以内地层的抗温难题，但面对200℃以上的超高温地层仍显得力不从心。油基钻井液虽然性能满足需求，但材料价格昂贵、废弃物处理费用高。能够完全替代油基钻井液的抗超高温水基钻井液技术一直是科研人员的最高追求，也是钻井液技术最前沿的研究方向。

孙金声和他的团队经过反复的研究，确认是国内外文献里关于钻井液耐高温的机理理论存在问题，为此他又重新着手研究水基钻井液抗温新机理，终于发现了活性黏土在高温下出现异常是导致水基钻井液不能抗高温的关键因素，这有点像卤水点豆腐，在一定温度下豆浆中的蛋白质就会在卤水作用下变成豆腐。找到机理后，他们又花了两年多时间，做了无数次探索性实验，终于找到了一种特殊高分子材料，可以在黏土表面进行"贴膜"来防止活性黏土去水化的办法，成功将水基钻井液的抗温上限提高至240℃，远超过当时美国技术的210℃指标。

>>> 抗超高温水基钻井液关键处理剂

项目研究期间，新疆油田为了确保钻井液能满足莫深 1 井安全钻井需要，采用了并行研究方式，当时另外一个研究团队也提交了研究成果及服务方案，但通过新疆石油管理局重复数千次极其严格的重复验证试验，证明孙金声团队所提交的方案不仅在较宽的温度压力范围内性能均优良，且抗各种污染能力更强，重复性更优良，最终选定了孙金声团队的方案。

2007 年，此项技术在莫深 1 井正式应用，实现了该井钻至 7500 米顺利完钻无事故的目标，且钻井液花费仅不到 3000 万元，大大节约了成本。此后，这项技术又陆续在 7 个国家 14 个油田高温深井推广应用，获得了重大的经济效益。2009 年，孙金声在世界石油大会中国年会上宣读了这一成果。2012 年，孙金声团队的"超高温钻井流体技术及工业化应用"荣获国家科技进步奖二等奖。2017 年，孙金声当选为中国工程院院士。

2023 年 5 月 30 日，随着国内首口万米科探井——深地塔科 1 井开钻，孙金声团队又责无旁贷地踏上这一新战场，接受新考验。该井在使用钾聚磺钻井液钻至 7856 米后，孙金声团队的超高温水基钻井液技术就接过接力棒，开始了叩问万米之旅。超高温水基钻井液材料入井后，井浆的抗温能力显著提高，有效解决了长时间高温老化后流变性参数变化大、各

钻井的"血液"
钻井液

>>> 中国工程院院士孙金声（中）指导深地塔科 1 井钻井液施工

项性能指标难以兼顾等难题。同时，他们利用新研发的抗高温微纳米封堵剂有效封堵住了井壁孔隙，提高了地层承压能力和井壁稳定性，在多套压力体系并存的情况下为深地塔科 1 井提供了良好的施工环境，保障深地塔科 1 井于 2024 年 3 月 4 日顺利突破了万米大关。

相信抗超高温水基钻井液将进一步助力中国深地探测工程，为中国深地科学探索与油气开发再创新功。

随着中国油气勘探开发将进一步向深层、非常规、低渗透、海洋油气、新能源等领域拓展。钻井液技术还将会遇到新的挑战。总体来看，未来钻井液技术仍需在抗高温环保处理剂、全过程储层保护材料、钻井液智能化调控和钻井液自动化施工等方面展开攻关，打造更多国之利器，推进油气资源安全、高效、低成本开发，为保障国家能源安全做出新贡献。

利器在握
石油工程技术精粹

钻井液
套管内部水泥浆
套管
地层

注水泥施工原理

守护油气井筒安全的秘密

固井

  2010年4月20日，在墨西哥作业的"深水地平线"钻井平台突然发生大火，此后很长一段时间内，平台下的原油持续泄漏，对墨西哥湾沿岸的生态环境造成了"毁灭性"的影响，导致美国在近1年时间内对近海油气勘探开发实施了禁令，而该井的业主BP公司为此事支出的罚款加赔偿高达187亿美元。事后调查表明，造成此次严重后果的主要原因之一是固井过程中水泥未能封隔住地下油气，导致地下油气大量涌入井筒并喷出地面，最终引发火灾。固井作业的质量直接影响到井筒的稳定性和油气资源的开发安全，这次事故让人们更加深刻地意识到固井工程肩负着保障油气井筒安全的重要责任。

为井筒穿上"盔甲"——固井技术解密

知识链接

固井

固井是指在钻井作业中,通过将水泥浆注入井眼中,固定套管并封闭地层的过程。固井的主要目的是保障井筒的完整性,保护地表水免受污染,防止井壁坍塌、地层流体泄漏以及井筒与地层之间的相互窜通。固井作业的质量直接影响到井筒的稳定性和油气资源的开发安全。

如果说钻井是钻出通向地下深处黑金的通道——井筒,那么固井就是为井筒建造坚固稳定、长期耐用的"壁垒"。在钻井过程中,可能会遇到各种复杂地层,发生垮塌、出水、出油等,为确保施工作业安全,需要对井筒进行有效保护。

早在北宋中期的"卓筒井"时代,中国就发明了井眼加固修补技术,如井眼不圆可以用"蛇皮"补贴;如果井眼局部垮塌形成"大肚子",就用"独脚棒"支撑;如果钻出了水层,就用"木孩儿"或"泥孩儿"堵水。到了明代、

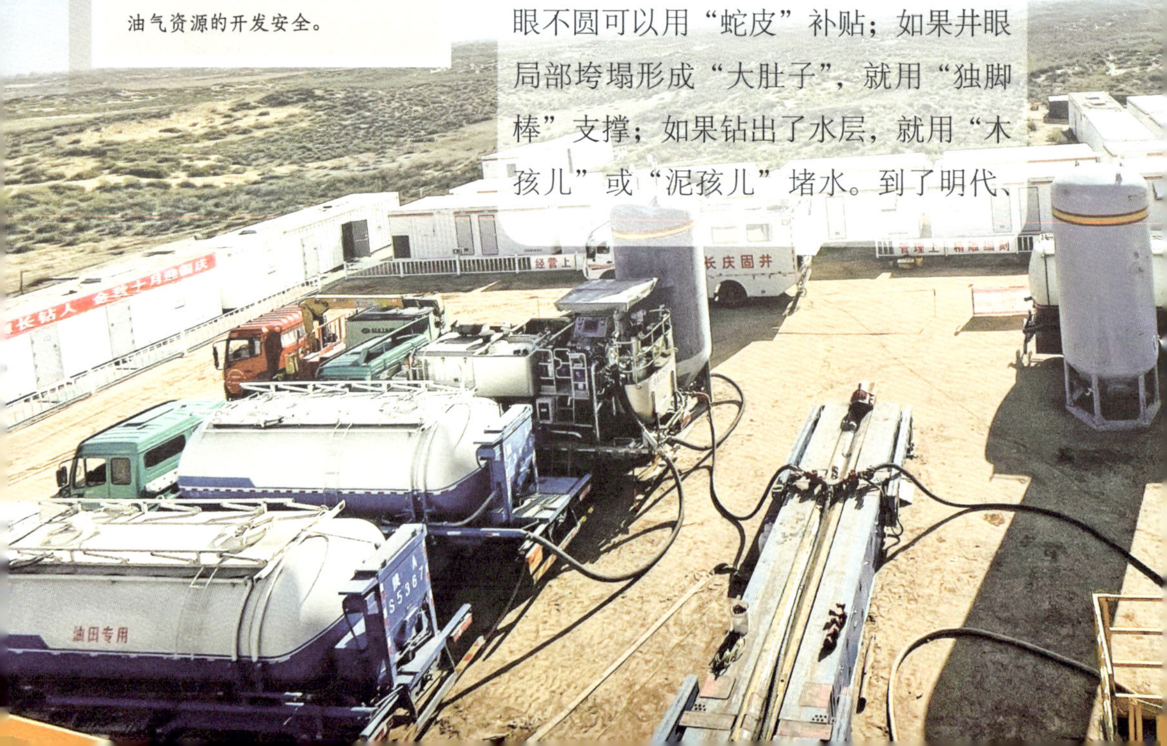

>>> 固井现场

清代，钻井工艺更加完善，形成了开井口、下石圈、锉大口、下木竹等工序。下石圈是在井口坑里叠放十几块或几十块中间凿了圆洞的方石块，目的是防止松散地层井壁坍塌；下木竹就是支撑已形成的井眼，如果钻遇出水地层，就要把木头或竹子做成中空的"木竹"下到井底，保护采油的井筒；锉小口就是下了木竹后，换一个比木竹内径小的锉继续钻进，此时钻成的井眼比原来的小。这些技术可以说是现代钻井中井身结构技术的雏形。

然而，"木竹"无法长时间在地下潮湿环境工作，导致油井寿命也相对较短。1870年，人们为了防止地层中油、水等流体在地层压力下流入井筒，开始下入永久性的、维护井筒安全的第一层"盔甲"——钢套管，并在钢套管和地层的环形空隙中填充吸水膨胀的植物种子或者亚麻类植物。随着时间的推移，人们发现仅有钢套管还是无法解决水进入井筒的问题，容易引发生产事故。1900年开始使用硅酸盐水泥来解决防水密封问题，在钢管外侧为井筒打造了第二层"盔甲"——水泥环。从此，由"水泥环+钢套管"的组合成为油气井加固井筒的"标准套餐"。

柳暗花明又一村——国产油井管的逆袭之路

20世纪90年代初,中国石油工业面临着一个严峻的挑战——石油管材国产化率不足10%。其中,固井用的钢套管是一种特殊的无缝钢管,在石油钻井中套管用量极大,每年达数千万吨以上,更是被西方国家垄断。在几千米深的地下,钢套管不仅要承受高温的炙烤,还要抵抗地层施加的巨大压力。在这种环境下,传统的焊接钢管就像是"灰姑娘",虽然实用,却无法像"小王子"无缝钢管那样坚不可破,无缝钢管也因此成了石油工业中不可或缺的"佼佼者"。这些无缝钢管就像是被施了魔法一般,价格昂贵得让人咋舌。而中国石油工业正在兴起,不得不每年花费大量的外汇去购买,从1949年到1993年,中国进口石油管材累计花费外汇75亿元,而到改革开放前,中国年均外汇储备还不足5亿美元。不仅如此,漫长的交货周期和种种限制,也让人束手无策。

1988年初,时任宝鸡石油机械厂中心试验室主任的李鹤林(1997年当选为中国工程院院士)带领团队深入油田调研当时频发的油井管断裂落井恶性事故。他们仔细分析着这些钢管的服役情况和失效机理,认识到埋到地下的油井管受到钻井与生产过程中温度、压力变化及各种腐蚀、磨损,提高钢管可靠性不仅需要优质的材料与严格的加工工艺,对套管使用载

>>> 李鹤林,中国工程院院士,材料科学与工程专家

守护油气井筒安全的秘密
固井

荷的精准分析与把握同样重要。随着研究的深入，研究团队的视野逐渐拓展到了石油管的力学行为、环境行为、失效的诊断及预测预防三大领域，不断加深对石油套管失效行为的理解。这些认识的突破，支撑了国产油井管生产的起步，1988年12月18日，伴着腥涩海风的吹拂，桩机的铿锵声穿透了寂静，唤醒了沉睡的土地。这个对石油工业举足轻重的"大无缝"工程（石油套管主流制造方式为圆钢轧制而成的无缝钢管，因此专业生产套管的天津钢管厂也被称为"大无缝"），在这片土地上开始了它的征程。

终于，在1993年11月2日，第一根石油套管顺利下线。紧接着，1994年1月22日，第一根石油套管在中原油田成功下井。与其他产品不同，每口井下井的套管达数百根，如果有一根出现质量问题，则意味着花费数百万元甚至数千万元钻出的油井会全井报废，因此产品质量是关键。初期石油行业并不认为国产套管可以满足使用要求，只在简单工况条

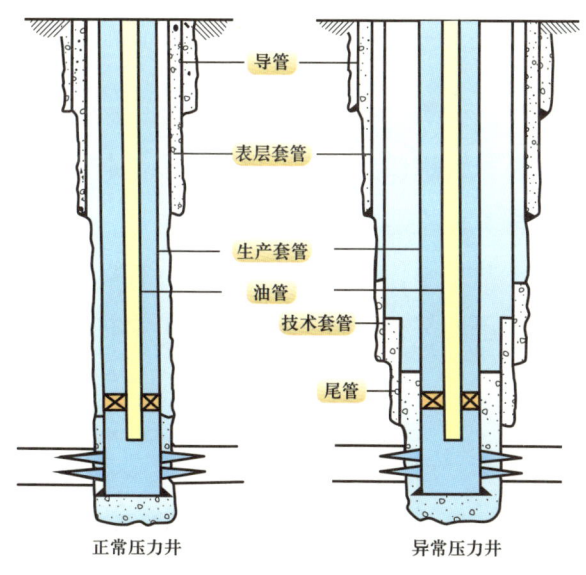

>>> 油井套管结构

件下的井中进行了少量的应用。2000年时，中国石油启动了大规模驻厂监造，并让用户了解监造的过程，逐步坚定了使用国产套管的信心，中国的石油管材国产化率在21世纪前十年里如火箭般攀升，达到了95%！产品也从最初的3个钢级几十个品种，发展到了26个钢级近万个品种规格。随着技术的不断积累，中国石油管技术逐渐从"跟跑"变为"领跑"。如今，我们可以自豪地说，我们的无缝钢管已经能够为"万米井筒"保驾护航了。

近几年，石油管材从花费国家大量外汇，已经变成了为中国赚取大量外汇，物美价廉的"中国制造"石油管材在全球市场上迅速崛起，犹如一阵旋风，席卷了世界的每一个角落。中国的优质无缝钢管产品出口到了100多个国家和地区，成了国际市场上的明星产品。针对复杂深井乃至万米特深井，中国套管厂商研发了屈服强度超过1045兆帕，韧性、低温脆性等各种指标都满足要求的套管，而工业上普遍应用的Q235碳素结构钢屈服值仅235兆帕。同时又研发了各种密封特性的螺纹类型、各种不同的耐腐蚀材料、耐极端高温等多种类型的套管，产品规格可以覆盖世界所有厂商。

中国石油管材从依赖进口到销往世界，其成长走过了一条充满艰辛的奋斗之路。这是一段充满机遇与挑战的历程，也是一个书写着开拓与进取的石油故事。在这个故事中，有勇气、有智慧、有坚持，更有无数辛勤付出的人们。他们用自己的努力，为中国的石油工业书写了辉煌的篇章。

千磨万击还坚劲——韧性水泥技术的突破之路

2012年,中国石油启动了大规模储气库建设。储气库就像一个巨大的"天然气银行",在供气淡季将多余的天然气储存起来,在供气高峰期释放出来,以平衡天然气的供需关系,保障供气的稳定性和可靠性。受成本制约,储气库需要在有限的注采井、有限的储集空间内快速存储并释放更多的天然气,固井水泥环抵抗这种交变应力的可靠性是其中的关键。为了保障储气库能安全顺利建成,中国首先引入了多家技术上处于国际领先水平公司的水泥技术,然而,他们却遭遇了滑铁卢,他们引以为傲的水泥浆体系似乎出现了"水土不服"的症状,建成的储气库运行一段时间后,仍出现井口带压现象,意味着地下深处的天然气透过套管和水泥,窜漏到了地面。面对国外技术的"水土不服"、自己技术不成熟的情况,中国石油决定走自主创新之路,组成了以中国石油工程技术研究院为主体的科研团队,打响了韧性水泥技术研发的攻坚战。

攻关团队面对的第一个挑战是国内没有储气库井固井的设计与施工经验,而常规油气井固井技术参考价值有限。针对储气库井井下工况了解不深入问题,就自主设计储气库井下模拟评价装置;不懂得井下水泥石受到的应力作用,就建立复杂地质条件下水泥环密封完整性力学分析评价方法,对水泥环压力场开展数值模拟。经过不断的实验和模拟,攻关团队设计出了适合我国国情的固井方案,以此为基础制定了两项行业标准规范。

在破解第一个难题的同时,他们开始研发适合储气库井强注强采且保证高效密封的水泥浆体系。那么储气库井在反复的排采压力作用下,需要

什么样的水泥环呢?我们的祖辈曾经告诉我们一个极具智慧的道理,"刚则易折,柔则长存",做人如此,做水泥亦如此。水泥石强度越高,其韧性就相对降低,容易在外力作用下发生脆裂。因此,为了使水泥环能够在复杂苛刻的应力环境下"长存",提高水泥石的韧性成为了解决该问题的关键,"千磨万击还坚劲"的韧性水泥也因此应运而生,成为保障油气井井筒完整性的利器。水泥石是一种多孔的、具有先天脆性的材料,如何让它具有更强的韧性呢?建筑上在水泥中加入钢筋是一个好办法,可以实现"小震(地震)不损,大震不倒"。而油井水泥需要在流动状态下通过水泥泵送入套管与井眼的环形空隙内,加入钢筋很难实现,工程师们创造性地想到在水泥里面加入纤维状微型颗粒作为减震器,这些具有弹性的微型减震器犹如弹簧,在水泥石受到不断变化的外力作用的时候,不仅能够吸收并耗散掉外力产生的能量,而且像是分散在水泥中的钢筋,使水泥形成一个整体,共同受力,使它们发挥各自的特长,既能受压又能受拉,起到增韧的作用。通过工程师们的不懈努力,创新形成高温高强度韧性水泥浆技术,水泥石韧性得到极大提升的同时,抗压强度比国外同类产品提高30%以上,不仅满足了储气库井固井要求,也满足了复杂地质条件下高压、高产气井的水泥环完整性要求。

任何一项技术没有得到现场的检验,都不能称之为解决问题的答案。那我们自主研发的这套韧性水泥能成为储气库固井技术的"中国方案"吗?每个人都在心中打了一个大大的问号。经过反复论证及室内模拟实验,攻关团队将这套韧性水泥浆技术用于华北苏桥储气库苏49K-2X井。该井按照自主制定的规范进行固井施工,施工过程一切顺利,当最后测井结果出来时,掌声、欢呼声此起彼伏,不仅水泥石性能完全达到储气井高强度注采工作要求,而且固井质量优质率也由国外知名油服公司的24.7%大幅度提升到91.6%,合格率更是高达98.8%,所有指标全部达到预期目标,成为中国石油实施自主创新、增强企业核心竞争力的一项标志性成

守护油气井筒安全的秘密

固井

果。石油人凭借这项自主创新技术扬眉吐气!威德福国际公司钻完井技术总监 Rould Povell 博士是这样评价我们的技术:对中国储气库固井技术取得的成绩表示钦佩,也值得庆贺,它为世界其他国家深层复杂条件开展储气库固井提供了很好的学习范例。

如今,中国加大了储气库群的建设规模和步伐,韧性水泥技术也成为储气库井固井不可或缺的王牌技术。在华北苏桥、辽河双 6、新疆呼图壁、重庆相国寺、大港板南、吉林双坨子等 12 座储气库成功应用 500 余井次,固井质量合格率 100%。中国的韧性水泥技术,还在复杂地层条件下高压高产气井、大规模体积压裂的页岩油气井得到大规模应用,为中国油气勘探开发向复杂超深层、非常规页岩油气转型发展提供了安全支撑。

>>> 固井施工现场

各领风骚数百年——"自动驾驶"固井的引领之路

早期从事固井施工作业的队伍被称为"打灰队"。那时候是靠人工控制水泥灰的加入速度,水泥灰与混合装置中的水混合后形成水泥浆,工人通过不断测量水泥浆的密度判断水泥混合效果,密度太高时意味着下灰速度太快了,这时指挥就会向操作人员伸出手势,拇指向下,反之则拇指向上。

20世纪末期,"打灰队"逐渐蜕变,通过引进国外机械化固井设备,固井施工从依赖"人拉肩扛",逐渐过渡到机械化施工,但依然耗费大量人力物力,施工效率低下,混浆效果难以保证。而此时的国外,已经实现了从"机械化"到"自动化"的转变,相继出现了自动混拌、自动测量等装置。为了紧跟时代步伐,中国引进了国际油服公司自动化固井相关装备,但却面临着高昂的成本以及严密的技术封锁。在自动化固井的赛道上,我们再一次落于人后,发展属于自己的"自动驾驶"固井技术已经成为不二选择。

>>> 自动化固井水泥车

守护油气井筒安全的秘密
固井

进入21世纪后，中国自动化固井技术的研究还是一片空白，从"0"到"1"的突破谈何容易！面对如此窘况，攻关项目负责人却说："没有相关经验是我们的巨大劣势，但这也给了我们在一张白纸上自由挥洒笔墨的机会，我们要绘制出属于中国自己的固井自动化、智能化画卷。"这不经意的一句话给攻关团队队员注入了一剂"强心剂"，坚定了他们研发属于自己的自动化固井技术的信心和决心。团队中的每个人都期待着自己在这个"自动化固井"的画布上添上浓墨重彩的一笔，要像甩掉"贫油国"的帽子一样，让自己的国家摆脱固井技术持续落后的困境。

攻关团队面临的第一个问题就是要建立什么样的自动化固井平台？他们统一思想、深入调研、反复论证，制定了一套有别于国外技术的全流程自动化固井平台，实现从固井设计、施工到监测的全生命周期固井作业的自动化管控。平台功能需求确定好之后，如同建设一座巨大的城堡需要一个系统的主体结构那样，攻关团队首先开始建造软件框架，然后精心设计和布局各种功能模块，建立"云上数据管理平台"，实现

知识链接

自动化固井

自动化固井就是根据设计要求，自动做出优质无偏差的水泥浆体，并通过实时监测与控制泵注参数，确保优质的水泥浆体均匀地充填到套管外与井眼之间的小缝隙中，并保持水泥凝固过程中地层油气、水不会对水泥凝固过程产生干扰。这一技术不仅减少了固井施工及现场指挥的劳动强度，同时对于从本质上保证水泥封固质量具有非常重要的意义。

>>> 自动化固井指挥车

固井大数据管理，为未来智能化固井奠定基础。经过不懈努力，攻关团队终于自主开发出固井设计—仿真—监控—管理一体化的 AnyCem 固井平台系统 V1.0，构建起全流程自动化固井作业"智慧大脑"。攻关队员面对着自己亲手建立的"城堡"，激动不已，虽然此时的应用软件还未达到国际先进水平，但也是"麻雀虽小五脏俱全"了，它是中国自动化固井的重要里程碑。

面对当初给平台建设定下的"引领下一代固井技术发展"的目标，攻关团队并未就此止步，继续深耕软件与自动化装备技术，研发形成了 AnyCem 固井软件 V2.0 版本，并牵头研制了固井群控模拟器、自动化固井监控水泥车、自动化固井指挥车等固井装备利器，实现了自动化固井施工技术的初步定型。但在攻关过程中，攻关团队又遇到一个大难题——软件与硬件协同控制始终不到位。面对前期已遭遇的上百次的测试失败，项目团队启动了"会战模式"，攻关团队长驻试验基地，历经半年集中昼夜奋战，终于成功发现并解决了其中的数据流问题，在现场试验中实现了全流程自动化固井作业，软件平台与自动化装备完美衔接，数据、装备和智慧交织在一起，为固井领域带来了前所未有的革新。这种国际首次实现全流程多工序"无人操作"自动化固井作业平台，推动了固井作业由经验向科学决策转变，引领固井工程步入自动化、信息化新时代。面对这巨大的成功，队员们激动地鼓掌拥抱，兴奋之余，一位年轻队员说："终于可以睡个好觉了，我还要把最近丢掉的肉给补回来"，惹得在场的人哈哈大笑。

2020 年至 2022 年，团队继续研发，形成了 AnyCem 一体化固井软件平台 V3.0 版本和自动化固井成套关键核心装备。AnyCem 固井软件平台成为掌握固井全局的"智慧大脑"，也是固井全过程安全施工的"云端守护者"。在它的指挥下，不同功能模块各司其职，精准而娴熟地传递和分析各类固井数据，构建数字化模型，帮助工程师更好地预测油井动态，优

固井

>>> 自动化固井软件与装备在现场应用

化固井设计，降低潜在风险。数字化为自动化固井装备注入生机与活力，数据的流动如同美妙的音符，在油田间奏响。传感器捕捉水泥浆从地面配制到地下井筒环空的微妙变化，智能算法将信息转化为决策基础。自动化固井机器接收指令后，如同灵动的精灵，默契配合完成固井施工任务。截至目前，AnyCem 一体化固井平台已在 12 个油气田、5 大钻探公司应用万余井次；全流程自动化固井技术现场试验百余井次，涵盖多种井型。固井施工各阶段监控作业成功率及远程传输准确率达 100%，水泥浆密度控制精度提升 80% 以上。三年间，AnyCem 自动化固井技术两次被鉴定为"国际领先"。2021 年，该技术在世界上最大的石油石化装备展——中国北京国际石油石化技术装备展览会上被业内专家评为唯一的金奖产品。

展望未来，新一代固井技术将更加充分地利用智能化技术，自动化固井装备将变身为智能机器人，具有自主处理数据、发布指令、处理异常情况等能力，助力智能完井，固井技术也将因此向少人化和无人化方向发展，中国固井人终于走上了引领固井技术发展的道路。

利器在握
石油工程技术精粹

中国钻机钻达"地下珠峰"

2024年3月4日14时48分48秒,中国首口设计井深超万米的科学探索井——深地塔科1井钻探深度突破10000米,成为世界陆上第二口、亚洲第一口垂直深度超万米井,标志着中国自主攻克了特深井钻探技术及万米级钻井装备制造瓶颈,深地油气钻探能力及装备配套技术跻身国际先进水平。这既是油气钻井工程技术的突破,同时也是石油钻井装备技术的突破。

前世今生——中国的石油钻机

钻机是打通地面到地下油气层通道的关键装备,在钻井过程中,石油钻机带动钻具破碎岩石,向地下钻进到达油气层。

中国先民们依靠人力、畜力冲击顿钻钻井的方式,于1853年钻成了史上首口超出1000米的燊海井。在工业革命后,大约19世纪初期,西方出现以蒸汽机驱动的冲击顿钻钻井设备。19世纪中期又创造出可以旋转钻井的钻机。旋转钻井钻机可以使钻头在一定的钻压下旋转,将岩石切削或碾压成碎屑,与冲击顿钻钻井相比可大幅度提高钻井效率。20世纪,旋转钻机技术迅速发展,依次产生了机械驱动钻机、液压驱动钻机、电动

>>> 冲击顿钻钻机

钻机等。然而,在新中国成立前中国都是引进国外的旋转钻机进行钻井作业。

新中国成立后,中国钻机发展大致经历了三个阶段。第一阶段是从新中国成立之初到改革开放之前,中国钻机先是从苏联、罗马尼亚进口,到后来仿制钻机出现,比如从苏联进口乌德3200米大型钻机和贝乌1200米的中型钻机等,1959年兰州石油机械厂制造了3200米钻机,中国石油钻机工业起步。第二个阶段是1980年至2000年,中国石油钻机得到了初步发展,相继出现了直流电

知识链接

石油钻机

石油钻机就像耸立在地面的铁塔,井架是塔身,底座是塔座,它们承受着钻井过程中的各种载荷。起升系统是一组滑轮组,天车是定滑轮,游车是动滑轮,动滑轮下悬挂钻杆柱,钢丝绳在天车和游车的滑轮上缠绕,绞车收放钢丝绳,通过滑轮组实现一组组钻杆柱的上提和下放,钻头安装在钻杆柱最下端。旋转系统驱动钻杆柱和钻头在井底旋转破岩钻孔。钻井液循环系统将钻井液加压后通过管汇和空心钻杆柱送入井底。钻井液在钻杆柱与井壁之间的环空循环后返出地面,并带出井底岩屑。动力系统为各单元设备提供源源不断的能量。控制系统指挥着各设备按照作业要求运行。

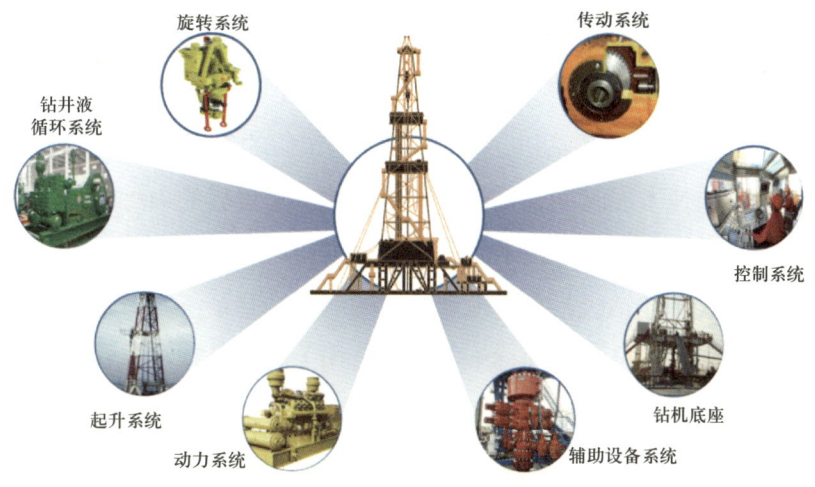
>>> 石油钻机八大系统

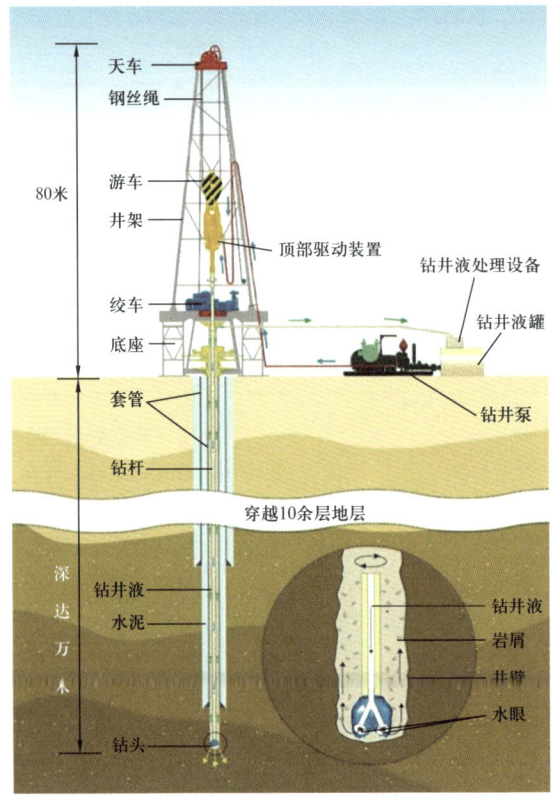

>>> 石油钻机钻井示意图

驱动钻机和柴油机驱动的链条传动钻机，兰州石油机械厂在 2000 年研制了国内首台 4000 米交流变频电驱动钻机。这个时期，兰州石油机械厂生产了中国大部分的石油钻机。在进入 21 世纪后的第三个阶段，中国石油钻机迎来了快速发展时期，钻机的产量大约占全世界的 60%，并占据国外市场的一半。相继出现了技术先进的全系列交流变频电驱动钻机，满足沙漠移运的轮式拖挂钻机，满足海洋环境的海洋钻井系统等，中国石油宝鸡石油机械有限责任公司（简称宝石机械公司）成了推动中国石油钻机技术高速发展的行业引领者。

不负众望——成功研制 9000 米超深井钻机

中国地大物博，幅员辽阔，但却是一个油气资源相对贫乏的国家。地下浅层油气资源，经过几十年的开采，储量逐渐减少。"向地球深处进军，向深地领域钻进"，就必须有钻地能力更强的钻机。开发中国深层油气资源，为国家"加油争气"，成了中国石油人应有的责任与担当。

20 世纪 90 年代后期，为探明新疆准噶尔盆地腹部深地油气资源储藏情况，需要开发出可钻至地下 9000 米深度的石油钻机。但是，9000 米超深井钻机在中国还是空白。对于研制 9000 米钻机，曾有人主张引进国外技术装备，走捷径。但是，国外装备价格昂贵，并且存在核心技术被限制的风险。况且，9000 米超深井钻机对于保障中国油气资源开采来说，意义十分重大。"靠别人，不如靠自己！走自己的路，自己研发自己造！"中国石油科研团队喊出了豪言壮语。

面对中国当时基础工业薄弱的现实，研发复杂的 9000 米超深井钻机，受原材料性能、制造工艺及控制技术等制约，科研团队心里还是有些拿不定主意，再加上可供参考借鉴的资料非常有限，方案确定及关键计算等环节稍有不慎，都可能会造成难以估量的损失。

科研团队不畏艰苦，深入新疆、胜利等油田现场考察，详细了解钻机使用工况，深入交流钻井作业工艺，与钻井、装备专家组成联合研发团队，全面分析研究油气勘探开发的特点与需求。石油钻机涉及八大系统，数百个设备，科研团队需要整理出每个系统的研制需求，分析制定每个设备的合理方案，并广泛开展技术论证。但问题往往不是那样简单，一个

>>> 9000米超深井钻机成功应用

"卡点"就制约了整体方案的推进。团队邀请行业专家深度参与技术评审，深入研讨设计方案的先进性与合理性，经过一轮又一轮的论证，最终，凝结着中国科研人员心血与智慧的9000米超深井钻机总体方案完成了。

面对零下35℃的超低温作业环境，科研团队需要综合考虑钻机工作的可靠性，例如低温环境下钢材的韧性降低，脆性增大，焊接的性能也会下降，如何选择材料才能保证材料低温和焊接性能。针对这些难题，科研团队从钢材、焊材、环境温度和焊接温度以及焊接方式等方面进行了重点研究，对井架及底座等部件的材料进行了低温性能测试，对焊接部位进行了数百次焊接试验，确定了耐低温材料，完成了焊接工艺评定，保证了研制工作的顺利实施。

为了实现钻机设备的精准控制，团队中的电气工程师们深入学习当时最先进的交流变频控制技术，组织各路专家深入交流，探讨控制策略。从一对一的控制策略，到一对多的控制策略，再到一对一的模式，方案一次次被推翻，在反复研讨论证及小模块测试中，变频系统与钻井设备结合越来越成熟，经过不断验证，很好地解决了多电动机速度、扭矩的精准控制等难题。

钻机在关键技术上实现了巨大突破，675吨提升钩载国内最强，3000马力绞车功率国内最大，4台大功率电动机同步控制技术在钻机上首次应用，国内首创新型井架底座结构和52兆帕高压大功率钻井泵，这一个个壮举成功打破了西方国家在超深井钻机领域的垄断。

截至2022年底，该钻机已成功应用60余套，被广泛应用于国内塔里木、川渝地区，以及国外中东、波斯湾、南美等油气储量丰富的地区，完成了一大批风险勘探井钻探作业。

首开先河——12000米特深井钻机

2006年,为了提升中国陆地和海洋深水油气田、大位移井及其他复杂油气田超深油气藏的勘探开发需要,中国启动了国家"863"计划重点课题项目——12000米特深井钻机研制立项论证工作。虽然9000米超深井钻机的成功研制为12000米特深井钻机研制积累了一定经验,但从9000米到12000米不只是钻井深度和提升能力的增加,许多技术难题需要攻关和验证,这在中国钻机研制史上前所未有。

人们常说,一深带万难,研发团队面对一个个国内空白,正视困难,迎接挑战,同时积极联合国内其他资源与力量,又开始更加艰难的科技攻关。

12000米钻机最大提升能力为900吨,相当于能同时提起150辆自重为6吨卡车,它的钻井深度要达到地下12千米,意味着井架、底座、天车、游车、大钩等关键部件都具有超强的承载能力,这就要求钻机在结构设计、新材料研发及加工制造等方面必须有新思路、新措施。

科研团队首先对超大承载能力和高钻台井架与底座进行了结构设计,完成了主体材料选型,但是设计完成的井架底座能否满足各种工况要求呢?科研团队对井架底座在10余种工况下最大钩载时的稳定性、水平状态到垂直状态的受力、承受飓风的倾覆等展开全面的分析和虚拟仿真计算,经过数百次的模型优化和模拟推演,最终经过专家论证,得出了令业界信服的井架底座重要承载部件的设计数据。

钻机提升系统的关键部件，如大钩等，要求在低温环境下能够提起900吨的钻具，且具有不小于2倍的安全系数，这对材料提出了更高的要求。当时已知的材料力学性能均无法达到此要求。科研团队需要研发一种新的高强度耐低温钢材。经过研究论证，他们决定采用新元素添加的方法来提高钢材性能。他们经过反复试验，不断地尝试新元素添加类别和比例，改善材料组织和提高钢材性能，功夫不负有心人，终于找到了合适的配方，显著提高了钢材的强度。接下来，他们进行了多批次实验性生产。新钢材在强度、屈服测试中表现均优于已有钢材性能，经济性指标也达到预期。

研制出了新的材料，但是大钩壳体结构复杂，形状不规则，承受载荷大，而且部件尺寸需要精确到毫米级，这对铸造工艺又提出了极高要

>>> 铸件铸造现场

求。科研团队经过深入研究，决定采用树脂砂铸造工艺。他们设计出了一个由几百个零件组成的复杂模具，各组件经过巧妙设计、精准加工，保证了各个腔道能够完美连通。在多次试验中，团队解决了模具组装和脱模难的问题。在成功的试铸后，开始进行真实铸件的铸造，经过多次X射线检查，铸件质量均高于设计要求。它的成功铸造解决复杂大钩壳体制造技术难点。

为了实际验证井架底座、提升系统承载能力，研发团队建设了国内最大的钻机试验井场1000吨垂直加载装置和室内2000吨卧式拉力试验装置，开展井架底座和提升系统能力验证，确保钻机使用工况下的可靠性。

2007年11月，钢铁巨人——全球首台陆用12000米特深井钻机成功产出，成为中国钻井装备发展的里程碑，把中国复杂油气田、超深油气藏的勘探开发水平提高到了一个新的层次。

2008年，关于12000米特深井钻机成功研制的新闻被评为"2007年中国十大科技进展新闻"（位列第二名）。2011年，这台钻探利器斩获国家科技进步奖二等奖。

>>> 提升设备静载试验装置在2023年升级为25000千牛

大国重器——全球首创12000米自动化钻机

传统的油气勘探开采属于劳动密集型作业,作业程序复杂,同时重复性动作多,再加上油气勘探全部是野外作业,石油工人工作条件非常艰苦,作业风险高。那么高强度劳动能不能由机器人代替完成呢?答案是肯定的,但要实现,难度却很大。

钻井过程中钻杆的输送、连接和转移有数百个动作,都需要人工操作完成,劳动强度大,还存在一定的安全风险。科研团队仔细分析了钻井过程,决定采用机器人替代人工完成这些动作。

科研团队结合前沿技术,交叉融合机械、电气、液压、软件、通信等多学科,勾画了一系列全新的作业场景——操作人员坐在有空调的房间内,按下一个按键,机器人自动运行,相互配合,替代人钻井作业。这是一个大胆的设想,也是一个复杂的系统工程!

钻杆从地面输送到10余米高的钻台,看起来是一件简单的事情,如果要实现,却不是那么容易。起初,科研团队想研发一个机械臂,利用机械臂将钻杆提起,通过伸缩和转动将钻杆从地面送到钻台面。但是机械臂体积大,安装困难。研发人员想了很多种方法,都不理想,工作陷入了僵局,但他们的思考一刻都没有停止。在一次旅行中,有人看到水车将水从低处输送到高处的原理,就想能不能也采用类似于水车的原理来输送钻杆呢?他们研制了一种被专门用于钻具输送的机器人,先将钻杆滚动到一个可以起升的槽体中,槽体和钻杆一起起升到钻台面,再利用小车推动钻杆至钻台,实现了钻杆的自动化输送。

>>> 钻杆输送机器人

>>> 上卸扣机器人

>>> 12000米自动化钻机成功应用

将一根根钻杆连接在一起形成钻杆柱是钻井的必备工序,以前都是人工操作实现钻杆连接,工作量大。想要通过机器人实现,研发人员想到了利用扳手扭螺丝的原理,研制了具有两个操作臂的机器人,一个臂夹持固定钻杆,一个臂夹持扭转钻杆,两只强有力的"铁手臂"握紧两根钻杆,自动旋扣连接。

为了实现各种动作自动化完成,科研团队还相继研制了扶管机器人、提管机器人、排管机器人等一系列钻井作业机器人。为了指挥这些个体机器人高效、协同动作，科研团队开发出了"智慧大脑"——集成控制系统。作业时，只需 1 名控制人员在像飞机驾驶舱一样的控制室内按下一个按钮，所有机器人都按照设定程序开始工作，实现了整个流程的自动化。

2023 年 5 月，中国石油宝鸡石油机械有限责任公司成功研制的全球首创 12000 米自动化钻机在新疆塔里木盆地深地塔科 1 井开钻。7 月，第二套钻机又在四川盆地深地川科 1 井开钻，为中国石油万米深地科探工程提供了"大国重器"。

12000 米自动化钻机成功获选 2023 年度央企十大国之重器、能源行业十大科技创新成果、全国油气勘探开发十大标志性成果等称号。

春风化雨，时代进步。以人工智能等为代表的第四次工业革命已经到来，中国钻井装备研发团队将继续自主创新，将人工智能技术全面应用于钻井装备，逐步实现智能决策、集群控制和无人操控。不断向高度自动化、智能化发展，助力中国石油钻机技术沿着绿色、安全、智能、高效的发展方向阔步前行，开启中国油气勘探装备发展新纪元。

>>> 12000 米自动化钻机顺利开钻

利器在握
石油工程技术精粹

油气钻井的"心脏"
钻井泵

2022年11月,在宝石机械公司的一个生产车间,四五个工人正在紧锣密鼓地组装一个"大家伙"——钻井泵,它是为德国客户量身打造的,待组装完毕即包装发运。据悉,这是宝石机械公司钻井泵首次出口德国市场,"以前我们都是学习德国的先进技术,现在我们亲手组装的钻井泵马上要出口德国了,我们特别自豪",组装的工人兴奋而又激动!

"心脏"的起源和进化

钻井泵,被石油工人形象地称为油气钻井的"心脏",它的作用是在钻井过程中让钻井液循环起来,使钻井液起到润滑冷却钻头、平衡地层压力、稳定井壁、为井下动力钻具提供动力。它主要由动力端和液力端组成。动力端类似于心脏的心肌,为心脏的跳动提供动力,它主要由动力源、曲轴、连杆、十字头、拉杆等组成。液力端类似于心脏的心房和心室结构,它主要由阀箱、活塞、吸入阀、排出阀、吸入管、排出管等组成。

在1901年左右,钻井泵起源于美国,那是一种双缸钻井泵,相当于有两个"心室",它能提供的压力大致等于175个标准大气压,它的出现,带动了旋转钻井技术的快速发展。

20世纪60年代末,工程师们发明了一种具有三个"心室"的更强的"心脏",叫作三缸钻井泵。这种钻井泵在

知识链接

钻井泵工作原理

钻井泵的工作原理就像小朋友们玩水枪,先使劲拉手柄把水吸进来,再使劲推手柄把水喷出去。不同的是,水枪是从同一个口吸入和排出液体,而钻井泵的吸入口和排出口是分开的。在动力的驱动下,曲轴不停地旋转,通过连杆十字头带动拉杆、活塞杆、活塞做往复运动,活塞后退时,返回的低压钻井液("静脉血液")进入吸入管,穿过吸入阀进入阀箱,活塞前进时,将低压钻井液加压变成"动脉血液",穿过排出阀进入排出管,然后进入油气钻井的"大动脉"——高压管汇,随后从钻具中心进入井底,又从钻具与井壁之间的环形空间返回地面,从而形成一个完整的循环。

油气钻井的"心脏"
钻井泵

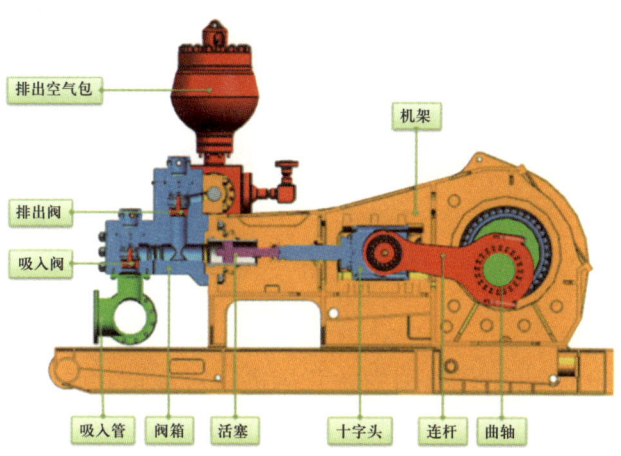

>>> 钻井泵的结构

当时的大、中马力钻井泵中脱颖而出,迅速取代了老式的双缸钻井泵。直到今天,三缸钻井泵仍然被当作主流产品使用,能提供的最高压力已经达到350个标准大气压,有的甚至达到了520个标准大气压!

到了2000年前后,国内外掀起了研发五缸、六缸、七缸等多缸钻井泵的热潮,因为工程师们发现"心室"数量越多,"心脏"输送的"血液"波动越小、工作越平稳,这对油气钻井作业非常有利。最终诞生了美国NOV公司的六缸泵、宝石机械公司QDP系列五缸泵、四川宏华公司的2400马力五缸泵等新产品,这些大"心脏"能提供的最高压力已经达到500~700个标准大气压!

钻井泵在中国的发展主要经历了"从小功率到大功率""从跟随模仿到自主创新"两个阶段。目前,中国自主研发的钻井泵输入功率已达到3000马力,最高压力达到70兆帕,这个压力可以将水从海平面举升到7000米的高空,有力支撑着中国油气钻探事业向地下更深处开进,中国油气钻井的"心脏"——钻井泵已经完全实现了自主设计和制造。

从小功率到大功率
——国内首台 2200 马力 52 兆帕高压钻井泵

直到20世纪80年代,国内才开始进行三缸钻井泵的研制,在此之前,只能生产小功率的双缸钻井泵,这比国外晚了近20年。

中国最初从500马力、800马力、1000马力三缸钻井泵入手,随后开发了1300马力和1600马力三缸钻井泵,但受到当时人员技术能力、机床设备和工艺水平、工业基础条件等限制,生产的钻井泵存在导板拉伤、齿轮点蚀、轴承破损和密封不严等质量问题。为了解决这些问题,工程师们深入油田现场收集第一手资料、分析原因,然后制定各种设计和工艺改进措施,历时近十年努力,钻井泵的质量性能更加稳定、可靠,技术更加成熟,为钻井泵的自主创新奠定了坚实的基础。2000年左右,钻井深度的增加和钻井新工艺的应用对钻井泵提出了新的要求,更高压力、更大排量、更高可靠性。宝石机械公司F-2200HL高压钻井泵就是在这种背景下诞生的,它是中国首台52兆帕高压钻井泵,排量达到每秒78升。

为了提高钻井泵的承压能力,工程师们努力研发新型高强度、高耐磨、耐腐蚀的材料,用于制造泵的关键部件,如缸体、活塞、阀等。研究材料的热处理

>>> 中国首台52兆帕高压钻井泵——F-2200HL高压钻井泵

油气钻井的"心脏"
钻井泵

工艺和表面处理技术,提高部件的性能和寿命;研究新型密封材料和密封结构,提高密封性能,减少泄漏。F-2200HL钻井泵的工作压力比以前更高,活塞推力也比以前更大,每个冲程一次能排出更多的钻井液,这意味着几乎所有零件的尺寸都比以前大,因此,如何在保证性能的前提下,尽量减小重量和提高密封能力,方便用户搬家运输和工作可靠成了工程师们关注的重点。工程师们综合运用流体力学、机械力学等理论,对泵的工作原理和性能进行分析计算;建立数学模型,模拟泵在不同工况下的运行情况,对泵的整体结构进行优化设计,减少应力集中,提高结构的强度和稳定性;改进泵的液力端结构,优化流道设计,降低流体阻力和压力损失。

为了验证F-2200HL钻井泵的可靠性,工程师们从油田搬来100余吨钻井液进行模拟现场试验,试验共持续了260天,从春季一直进行到冬季,经历了炎热的夏天和寒冷的冬天,可靠性得到了充分的考验。刚开始试验时,活塞几十个小时就损坏了,有的甚至几个小时就坏了,工程师们设计制造了十余种密封结构、采用了多种橡胶材料,都没有解决这个致命问题。就在大家一筹莫展之际,一名工程师在洗手时突发奇想:"现在缸套内部有喷水管给活塞冷却。是不是可以在缸套外面加装个水龙头?让缸套也降降温"。当他把这个想法说出来时,大家都觉得可以试一试,于是"钻井泵缸套内外表面冷却装置"就这样出现了,并应用到后续的试验中,大幅度降低了缸套的温度,提高了活塞的使用寿命。随后,工程师将"钻井泵缸套内外表面冷却装置"申请了专利,2011年获得国际专利授权,2013年获得"中国专利优秀奖"。针对研制过程中发现的问题,设计团队逐一分析原因,提出优化改进方案,使产品日趋完善,最终产出了质量性能优异的F-2200HL钻井泵。

F-2200HL钻井泵的成功研制,是从小功率钻井泵到大功率高压钻井泵的突破,使中国完全掌握钻井泵设计制造核心技术,摆脱了高压钻井泵依赖进口的窘境。

从跟随模仿到自主创新
——全球首台 3000 马力 70 兆帕五缸钻井泵

随着"万米科探工程"被提上日程，对技术水平更先进、作业能力更强大的新型钻井泵的需求就更迫切，拥有三个"心室"的三缸钻井泵已无法在性能上形成新的突破，需要工程师们进行多缸钻井泵的技术研究，国内外许多厂家都开始进行相关工作，希望在这个方向上取得技术领先。

宝石机械公司选择了"3000 马力 70 兆帕五缸钻井泵"作为研究目标。在研究过程中，设计团队发现随着"心室"数量增多，"心脏"的结构变得更加复杂，活塞的进退顺序选择也更复杂，同时还增加了设计、制造的难度和振动的风险。研发团队老、中、青三代相结合，认真总结分析三缸泵的结构性能表现，研究五缸泵的结构需求目标，最终形成了更加科学合理的设计路线和方案。他们建立完整的三维模型，运用计算机仿真和分析技术，模拟装配制造过程，分析高压密封件的密封性能，并根据分析结果进行设计优化，解决了五缸泵结构复杂、活塞的进退顺序选择、超高压动密封寿命短等难题。

钻井泵往复运动件（十字头、中间拉杆、活塞杆、活塞）和缸套的对中性，直接影响缸套、活塞的使用寿命，但受尺寸和重量限制，五缸泵的缸间距比三缸泵小，这增加了十字头同心度调整的难度。如何才能做到十字头与缸套的同心度不用调整，还不影响缸套、活塞的使用寿命呢？为了实现这个目标，设计团队的每一个人都在出谋划策，但想出来的方案无法得到大家的一致认可。受到摩托车后视镜旋转的启发，一名工程师提出：

十字头与中间拉杆之间采用球铰代替原来的法兰连接,当十字头与缸套不同心时,球铰会自动旋转,调整活塞角度,避免活塞的金属部分与缸套直接摩擦,这样就可以不用调整十字头与缸套的同心度了。这个大胆的想法很快就被付诸实践了,并在随后的应用中证明了其有效性,大幅度提高了五缸泵的使用维护性能和易损件寿命。

随着设计、制造的技术难点被项目团队逐一攻克,全球首台3000马力70兆帕五缸钻井泵面世了,它经过500余小时的厂内试验,性能得到了充分验证,随后应用于万米钻机,为中国的"万米科探工程"提供装备保障。

在钻井过程中,钻井泵的工作是不能停止的,那么石油工人是如何掌握它的运行情况呢?这就需要他们走进高压工作区,依靠听觉和视觉手段来判断零部件的运行情况,检查判断工作量特别大,存在较大的安全风险和滞后性。

随着自动化和智能化技术的发展,研究设计适合钻井泵的"感觉器官",如用于测量传动系统振动、压力波动等可靠实用的传感器,随时监测运行情况。依靠工程师们丰富的经验积累数据模型,形成"智慧大脑",最后,运用大数据和科学算法实现钻井泵无人值守自我监测、故障诊断和全生命周期自动化、一体化管理,指日可待!

>>> 全球首台3000马力70兆帕五缸钻井泵

利器在握
石油工程技术精粹

石油钻塔上的铁人
顶部驱动钻井装置

20世纪80年代,转盘钻井有两个突出问题让全世界的钻井工程师们感到困扰。其一,这种方法每钻进方钻杆的长度(约10米)就需要拆卸方钻杆,接上新的钻杆单根后才继续钻进,影响钻井效率的提升;其二,起下钻柱时无法建立钻井液循环通道,也不能实现钻柱旋转,不利于及时处理井下复杂工况。如何才能克服转盘钻井的这两个问题呢?工程师决定给钻井水龙头配上旋转动力来控制其旋转,直接从顶部连接并驱动钻柱旋转,这就是顶部驱动钻井装置(简称"顶驱")的雏形。

"力贯千钧，钻探无虞"——顶驱有什么独门绝技？

发展到今天的顶驱，是现代钻机唯一无备份的核心装备，其可靠性有着近乎苛刻的严格要求，是融合材料、机械、电气、液压、信息等多个学科的集大成者。顶驱上部连接钻机游吊系统和钻井液循环通道，下部接钻杆等井下工具，可以在井架空间内沿专用导轨上下运动，完成钻井、循环钻井液、上卸扣、接立根等作业。

它有三项独门绝技：

第一，力大无穷。顶驱上部的提环可以连接钻机游吊系统的大钩，保持机体平衡，下部连接向下钻进的钻杆，同时驱动钻杆快速旋转，带动最底下的钻头打碎岩石。在钻机上，顶驱要抓住井下数千米甚至万米的钻杆，最大型号顶驱的提升能力达到一万多千牛，可以在旋转中提起数百吨的井下钻具。

>>> 顶驱在现场的应用

第二，灵活强壮。顶驱有两根强壮的吊环，可以向前后左右各个方向伸出去，吊环前端还有灵活的吊卡，可以像手腕和手指一样翻转与捏合。有了这么灵活的吊环，顶驱就可以轻松提起沉重的钻柱，还可以抓取分段的钻杆，在钻井的时候一段段往下接续，完全替代以往的人工操作，显著降低工人的体力劳动强度。

第三，反应迅速。石油藏在很深的地下，由于受到上层岩石的挤压，存储石油的封闭空间就像一只巨大的高压锅，温度和压力都超乎想象。当顶驱驱动的钻杆带动钻头钻透这只"高压锅"时，巨大的压力可能会驱使油气、岩屑沿着中空的钻杆迅速上窜，稍有不慎就会导致"翻江倒海"的灾难事故。在与钻杆连接的旋转轴上有一个超级阀门，当司钻下达指令后这个超级阀门可以在数秒内自动关闭，切断高压流体在钻杆内的流动通道，给后续救援创造有利条件，可谓是"一夫当关，万夫莫开"。

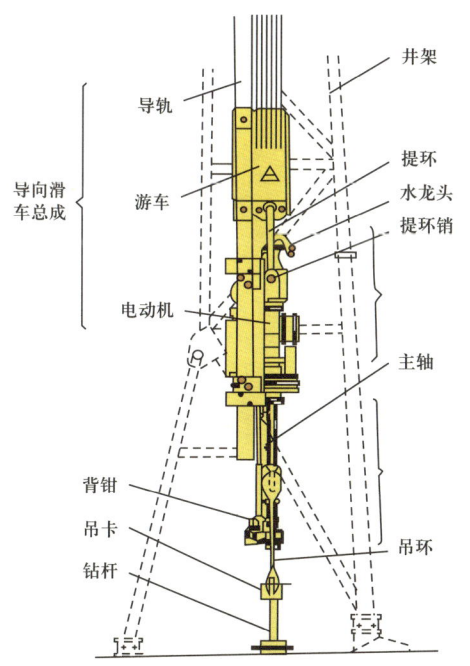

>>> 顶驱主机

破茧成蝶——国产顶驱的诞生之路

>>> 刘广华检查顶驱情况

20世纪90年代，中国的钻井队遇到了一个问题，想要钻井快，就要用顶驱，想要买顶驱，就要找国外的厂家，一问价格，上百万美金。一时间顶驱成了"卡脖子"技术。

不能眼睁睁看着外汇流入那些坐地起价的外国石油公司手中，2002年底，中国石油研究决定，尽快实现国产顶驱的研发与产业化，北京石油机械厂接下了这个重担。

机械制造不是简单地"照搬"就可以完成的，而是要对原方案进行完善和再创造。具体到顶驱的制造过程来说，对原设计方案的完善和再创新达到80%以上。

装备制造领域每一个细节都需要得到重视。制造顶驱减速箱期间，有个齿轮按设计要求装上去后，总发出不正常的响声，怀疑是质量原因，但送到两家重点检测中心都没有找到问题。连续熬夜奋战使大家又疲惫又迷茫，时任北京石油机械厂厂长、顶驱项目负责人刘广华看在眼里急在心里。得给大家鼓鼓劲，他提议一起去天安门广场看升旗仪式。曙光中，同志们望着鲜红的国旗冉冉升起，感觉一切的辛苦与劳累都烟消云散！回想起国旗护卫队整齐铿锵的步伐，刘广华突然想到：会不会是两套旋转动力系统的动态特性有差异,导致几组齿轮运转时不同步产生的?回到测试台,大家迅速制定试验方法,验证了这个猜想。随后通过一系列针对性的控制参数优化,终于解决了问题。凭着这股劲儿,项目组先后攻克了双负荷提升通道、倒油杯式密封等技术难关,使中国成为继美国、加拿大、挪威等国家后少数可以制造顶驱的国家。

顶驱制造出来了,如何才能试验它的性能?研制专用试验台时,没有资料可借鉴,项目组先后光方案就做了19个。专家组成员、矿场机械资深教授陈如恒感叹:研制专用试验台难度不亚于顶驱制造本身。

2003年底,中国第一台拥有自主知识产权的DQ70BS交流变频顶驱成功下线。中国人自己的顶驱造好了,谁来在实践中验证它的性能?它真的可以钻井吗?国内外千百双质疑的眼睛静静地看着这位初次登台的新角色。

次年春,刘广华亲自带队奔赴新疆霍001井,在大家的将信将疑中,带着10多名员工从15时开始,在钻井平台上安装顶驱。起吊、对接、调

>>> 2004年3月,国产顶驱在新疆霍001井安装投入使用

试……个个干得浑身是汗。深夜，同事看到，大雾中，刘广华静静地站在井场，一动不动地凝望着安装中的顶驱，"那专注的神态，好像他眼中只有顶驱，忘掉了世上的一切"。第二天10时，当顶驱开始运转时，一夜未眠的刘广华情不自禁地对伙伴说："看，咱们的顶驱多像一位力拔千钧的钢铁巨人。"

时间证明了一切。DQ70BS交流变频顶驱在霍001井运行7个月，累计钻进2000多米，经受住了跳钻、卡钻、井漏等多种恶劣工况的考验。完井后，运回北京石油机械厂，在多方的见证下打开顶驱，各部件均完好如初，证明顶驱性能参数完全满足现场工况。

同年4月，四川石油管理局国际工程公司巴基斯坦项目部SPA-2钻井队在巴基斯坦施工时，使用的两台顶驱都因电磁干扰无法正常使用，无奈之下他们向国内紧急求援。国产顶驱在这时迎难而上投入使用，成功进入国际市场。

短短三年间，从研发到制造，从应用到出口，国产顶驱的起跑值得一个"赞"字！

>>> 各大媒体争相报道——中国顶驱成功出口国外

璀璨前行——中国顶驱的现状与未来

一件产品的诞生，往往只是开始。为了适应不同的环境，不同的需求，它会由一化为二，由二化为多，顶驱也是如此。20年间，中国顶驱陆续实现了钻井环境全覆盖，从3000米到12000米，从陆地到海洋，从沙漠到雨林，从酷热到极寒。国人不论去哪里钻井，都可以带着"家里的设备"出发奔向远方。

进入21世纪，页岩气等非常规油气资源开发如火如荼。随着水平井的长度逐年增加，横躺在井壁上的水平段钻柱受摩擦阻力无法有效向前延伸，严重降低了油气钻井速度。单一的旋转动力输出已经不能满足非常规钻井需要，怎么办？"慈母手中线，游子身上衣"，工程师们从古诗中找到了灵感。他们发明了一种利用"软"方法解决"硬"问题的技术，通过顶驱控制钻柱在特定的范围内安全往复旋转，使长长的钻柱也能像纳鞋底一样，在极薄的油层中精准穿行。这项"纳鞋底"技术，在2021年助力长庆油田创造了5060米的亚洲最长水平段纪录。

直驱顶驱是近年来出现的新型顶驱，相比于传统顶驱，它省去了减速箱，使得机械结构更加简单、维护方便，适合与2000~4000米的小型钻机进行配套。能不能把直驱技术用在更大型的顶驱上呢？直驱顶驱会不会因为性能更加优渥逐渐替代传统顶驱？全世界的顶驱工程师们都在思考。经过统筹协调，一支平均年龄30岁出头的攻关团队对永磁直驱发起挑战。数月间，3000多个零部件，5000余张图纸在夜以继日的攻关中聚沙成塔。为攻克恶劣环境条件下永磁直驱电动机高效

散热这一技术难关，团队创新性提出顶驱相变散热技术，通过工质相态变化实现废热再利用，巧妙依靠重力实现工质自主循环，提高综合能效。技术方案有了，要实现工程转化又是一道难题。经过仔细摸排，在上海找到了一家合适的专业机构进行技术试验。

"做产品就像养孩子，顶驱就是我的孩子。"中国顶驱从业者昼夜不息，又传捷报。项目组最终攻关形成了配套一键式人机交互7000米自动化钻机的4500千牛交流变频永磁直驱顶驱关键核心装备。该成果彻底改变了传统顶驱设计理念，突破了永磁直驱顶驱电动机精准测速与控制、节能静音热管理系统的技术瓶颈，在低碳环保和静音低噪方面引领行业进步，整体达到了国际领先水平。2024年，"静音节能永磁直驱顶驱"在2000多件参赛项目中脱颖而出，获得了第18届北京发明创新大赛金奖殊荣。

中国顶驱在走向何方？深地塔科1井上中国顶驱助力中国石油人创造了垂深万米的亚洲纪录，不久的将来，15000米顶驱也即将投入使用。中国顶驱在走向世界，与国际高端钻井装备供应商们同台竞技。从跟跑到并跑，从并跑到领跑，油气钻井装备发展日新月异，未来，还要努力提升智能化水平，为智慧油田添砖加瓦！

>>> 4500千牛交流变频永磁直驱顶驱成功应用

利器在握
石油工程技术精粹

油气井场的"动力之源"
石油钻采发动机

当我们追溯柴油机的发展历史,不得不提到130余年前的一个"巨人"——鲁道夫·狄赛尔(Rudolf Diesel)。"柴油"的英文单词定为"diesel",就是为了纪念狄赛尔在柴油使用上的重大贡献。1892年,狄赛尔最早设计并成功点燃了第一台柴油发动机,由此,一次新的工业革命由此诞生。经过多年的演变和发展,具有扭矩大、极端情况适应能力强、经济性能好等特点的柴油发动机,在石油行业开启了大规模应用之路。

解锁"动力之源"的奥秘

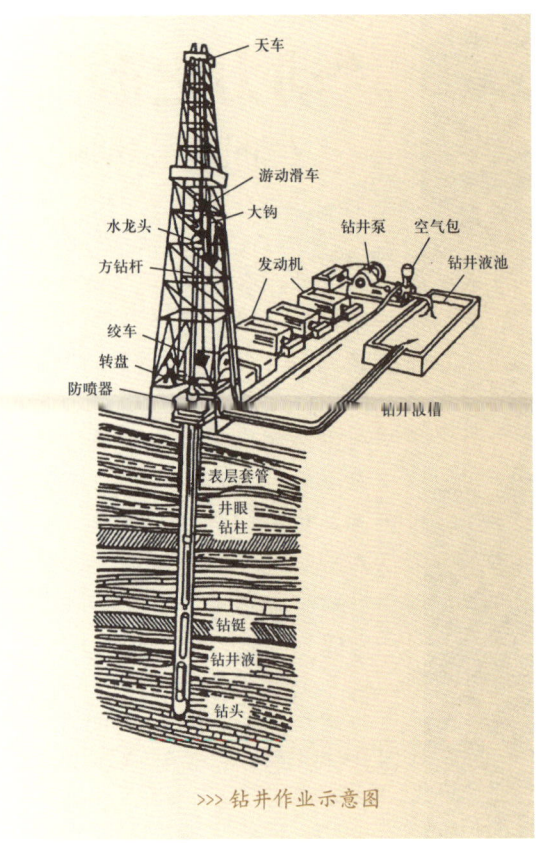

>>> 钻井作业示意图

石油通常蕴藏在上千米甚至万米的深地中,要"取油"就先要用石油勘探设备"修路",经过"破碎岩石、取出岩屑、固井完井"三步钻井作业,打通一条到达油气层的通道,然后通过抽油设备带动地下深井泵,将原油由地下开采到地上。其中,发动机就是在石油开采过程中,为石油钻机、抽油设备以及钻井现场生活区等提供源源不断动力的设备。

如此强大的动力是如何实现的?秘密就在于气缸内的"爆炸力",可以概括为"进气、压缩、做功(爆炸)、排气"四个冲程。

与普通柴油机相比,石油钻采发动机最大的区别,在于其特殊的应用环境。中国的石

油气井场的"动力之源"
石油钻采发动机

油资源主要分布在塔里木、鄂尔多斯、松辽、渤海湾、四川、准噶尔、柴达木、东海陆架等八大沉积盆地，多为高寒、高湿、高温、大风沙等恶劣环境地区，这就需要发动机具有较高的环境适应性和可靠性。通常，完成一口油气井的勘探，短则一个月，长则两年之久。为保证油气生产安全，不仅要求发动机能够适应长时间的工作，而且要具备更大的功率储备，以适应地质条件的变化，以及起钻、下钻、钻进、突发事故等作业对动力的需求。随着钻井作业完成，发动机也将"搬家"到其他井场继续提供动力。

那么，如何给石油钻采发动机穿上一身经得住考验的"金刚甲"呢？

知识链接

发动机工作原理

发动机的气缸，是一个由气缸套、活塞、气缸盖等部件组成的密闭空间。气缸底部的活塞通过向下运动，使空气进入燃料室，与喷入雾化的柴油形成混合气，随即活塞向上运动，混合气在高温高压的作用下，很短时间内发生爆炸，爆炸膨胀的压力促使活塞向下"奔跑"。膨胀做功产生的废气，随着活塞的再次向上运动排出后，又进入了下一个循环。在这个过程中，曲柄连杆机构与活塞相连，将活塞的往复直线运动转化为了曲柄的旋转运动，驱动连接装置持续输出动力，从而带动井场上的石油钻机、发电机等机械运转。当然，不同直径的气缸缸径，输出的功率大小也不尽相同。

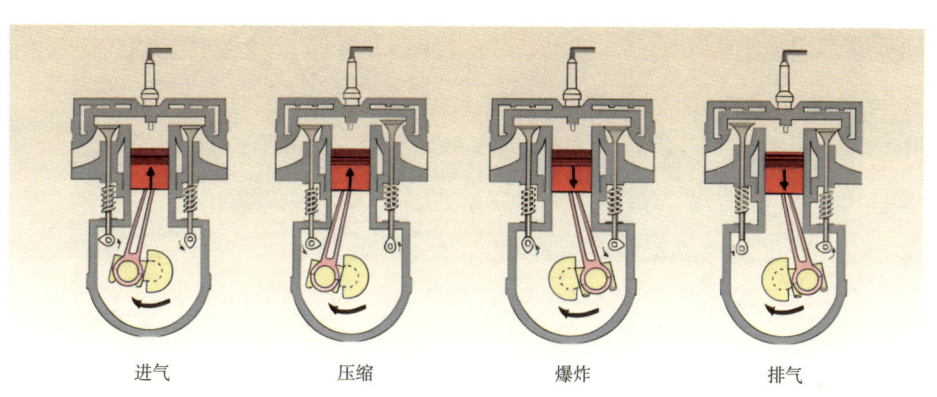

进气　　压缩　　爆炸　　排气

>>> 发动机工作原理

20世纪20年代,发动机技术的发展进入了黄金时代。在此期间,柴油机越造越大,功率也越来越高。燃油喷射改进和增压等技术的革新,促进了柴油机的发展。增压技术的采用,在发动机的发展过程中是一个里程碑,提高进气压力,进而提高了空气压缩比,在同等条件下,显著减少了发动机的尺寸和重量,提升了输出功率。此外,在发动机构造和工作原理上,通过增加气缸数、气门数,改进燃烧室设计和喷油系统等多个技术项点上的突破,提高了发动机进气量、排气效率和燃烧效率等关键参数,大大提高了发动机功率和可靠性。

>>> 济柴175发动机于甘肃省庆城县的川庆钻探70230钻井队作业现场平稳运行

"动力之源"的国产化

20 世纪 60 年代之前的中国，柴油机作为石油勘探和钻井动力设备，主要依赖于老式苏制 B_2-300 柴油机等国外进口设备。国家要建设、要发展，必须有石油。由此，中国打响了石油钻探柴油机的国产化"攻坚战"。石油工业部在全国选择有条件的企业进入石油系统，调整后迅速建成可直接指挥的装备制造基地。华丰机器厂作为中国最早能够独立生产柴油机的厂家就是其中之一。

\>>> B_2-300 柴油机

\>>> B_2-300 柴油机大修攻关

>>> 20世纪30年代的华丰机器厂

>>> 20世纪50年代济柴柴油机装配现场

1920年，37岁的滕虎忱在自己的家乡潍县创办了华丰机器厂（济柴动力有限公司的前身），并在20世纪30年代生产出了中国第一台15马力柴油机。后来，济柴动力有限公司（简称济柴）逐渐摸索、艰苦奋斗，完成了从生产军工产品到民用产品，从维修到制造，从单一基础动力产品到系列化大功率柴油机的转变。

20世纪60年代，为了摆脱对国外的技术依赖，经过石油工业部批示，作为"打基础"工作的B_2-300柴油机大修会战在这家企业打响了，研发攻关团队不断学习调研、摸索试验，成功完成了三台大修机投产任务。

但实际上，B_2-300柴油机性能无法满足"多打井、快打井、打深井"的大会战需要。因此，国产石油钻采发动机的自主研制便成了一道历史"必答题"。

油气井场的"动力之源"
石油钻采发动机

1965年,以程尚敏为代表的济柴年轻设计人员们敢想敢干,在一无实践经验、二无技术资料、三无设备的"三无"困难条件下,踏上了国产制造的攻坚之路。

对于石油钻采发动机来说,设计制造的最大技术难点是机体、缸盖等几何形状复杂的核心结构件研制。在全靠手绘的年代,对于口头难以描述的零件,木型工就通过画图,用橡胶泥捏模型,配合设计人员思考画图,改进结构尺寸。凭着经验摸索,通过跟套定位、两边钻孔等方法,解决了机体油孔道精度不高、进排气道充气效率不足等技术难题。而制作机体这样一个"大家伙",共需要580多套工艺装备,其中有260多套是车间工人自己设计制造的。

>>> 程尚敏(左一)带领技术人员进行产品研发

功夫不负有心人。最终研发技术人员们用时88天就设计研制出了第一台国产12V190大功率柴油机。随后,他们又一鼓作气,连续奋战66个昼夜,设计制造出国产首台20GJ型径流式增压器,并试制出指标更加先进的中增压Z12V190型柴油机,功率由原来的882马力提高到了1200马力,经技术改进,进一步提高其动力性能,降低油耗,升级为Z12V190B型柴油机,彻底终结了中国石油钻采发动机依赖进口的历史。

>>> 第一台国产 12V190 大功率柴油机原型机

>>> 第一台国产 12V190 大功率柴油机配套机组

此后，该型柴油机如"雨后春笋"一般，装备了全国上千个钻井队，累计生产近万台，占据国内石油钻探动力设备保有量的 95% 以上，为加快石油工业发展做出了历史性贡献。1986年，该产品获得了"国优产品金质奖"，是当年唯一获得国家最高质量奖荣誉的发动机产品。

>>> 1986年，济柴 12V190B 型柴油机获得"国优产品金质奖"，是当年唯一获得国家最高质量奖荣誉的发动机产品

从"国产化"到"国产创"

打造能够适应不同工况、不同作业环境,且质量更加可靠的石油钻采发动机,一直是研发人员追求的目标。

20世纪70年代,济柴研发人员以提高产品质量可靠性和效率为重点,在柴油机的缸盖、活塞、连杆、高压油泵、喷油嘴等关键零部件上进行了大量的技术攻关,将气缸套材料由合金铸铁改进为含硼合金铸铁,提高了其耐磨性;采用中凸椭圆活塞,有效解决了影响柴油机的穴蚀问题;改进喷油嘴的流量系统,提高涡轮效率,从而大大提高了柴油机的可靠性和使用寿命。

20世纪80年代后期,中国确定了"稳住东部、开发西部"的石油发展战略,新疆沙漠地区逐渐成为石油勘探会战的"主战场"。前线会战,动力先行。为打造各种极端环境的电动钻机,济柴对标国际先进技术水平,加大科技创新,破解关键难题,技术人员们驻扎现场试验,克服零下30℃的严寒、零上50℃的酷热,漫天飞舞的鹅毛大雪、遮天蔽日的沙尘暴等重重困难,全力以赴攻关关键核心技术,解决了抗冲击负载能力差、可靠性差等重大技术难题,打造出了新一代"拳头产品"——电动钻机用12V175柴油机,成功提高了其动力性和工况适应性,各项功能性指标、维修性指标、可靠性指标、排放指标均达到国际先进水平。

自2018年以来,已有超500台175柴油机在中国大江南北石油钻采现场运行。"175"接棒"190",石油钻采动力装备国产化实现"质"的飞跃!

>>> 175 发动机在新疆进行工业性试验

>>> 济柴 175 发动机应用于深地塔科 1 井钻探现场

2023 年，在塔克拉玛干沙漠腹地，中国深地塔科 1 井钻探深度突破 10000 米，刷新亚洲最深直井纪录，其中 175 发动机被选用为主发电机组，成为特深井钻机的"动力之源"，肩负起保证国家能源安全的重任。

在进军地球万米的大考中，超高温、超高压、超高入井载荷等苛刻的工况，对动力产品提出了超高难度。为加快装备自动化、数字化、智能化迭代升级，济柴研发人员结合多年

油气井场的"动力之源"
石油钻采发动机

钻探经验,充分考虑万米钻机特殊性以及现场恶劣的环境,经过反复评估和逐渐强化,有针对性地强化175发动机燃油系统、活塞连杆系统、冷却系统、辅助驱动系统等核心零部件。此外,研发人员还为每台发动机量身定制了智慧物联系统,实现了发动机数据实时采集、作业工况智能识别,以及发

>>> 深地塔科1井服务人员进行发动机机组调试

动机保养维护等多数据采集工作,形成了一支现代化的数字化井场动力集群,在海量的数据中找到可能存在的异常点,及时为现场操作人员提供预警,让发动机在操作过程中的一切决策都有据可依。作为万米纪录背后的"动力源泉",升级换代的175发动机,凝聚了中国石油钻探的科技力量,国产能源动力装备走出一条绿色、智能、高端科技创新之路也更加坚实。

经过50多年的发展,适用不同钻采工况的175、190、200、260、270等缸径系列的国产大功率发动机应运而生,不仅完成了中国石油动力装备一次彻底的升级换代和革命性技术跨越,更为国家能源安全、科技自立自强、实现伟大的中国梦做出了积极贡献。

进入新时代,在"双碳"目标及数字经济快速发展的时代背景下,中国石油钻采发动机将以"绿色、低碳、智能"为方向,以"保障能源安全、服务中国石油"为己任,继续阔步前行,为油气井场提供持续不断的"动力之源"。

利器在握
石油工程技术精粹

油气开采战场的利器

压裂车

地壳中蕴藏着丰富的油气资源，但大部分像捉迷藏一样躲藏在地壳深处的岩石缝隙中，比较分散，使用常规的钻采方法无法开采出来。聪明的工程师发明了"水力压裂"这一油气开采先进技术，那又是什么神奇的装备发挥了主攻手角色呢？它就是"压裂车"。虽然是美国率先研发了压裂车，但中国也不甘示弱，奋起直追。如今中国自主研发的电驱动压裂装备已经全球领先，它犹如绿色战士，让油气开采更高效和环保。

踩着风火轮的大力神——解密"压裂车"

知识链接

水力压裂技术

水力压裂是将高压流体通过油井注入地层深处使岩石产生裂缝，形成可以自由流动的通道，让油气流入井筒中，这样躲藏在岩石缝隙中的油气就能够被集中开采出来，从而实现从"磨刀石"里开采油气的革命性突破。

压裂车，一个自备动力、可移动的大功率高压力泵，能够驶向各个油井进行压裂作业。它的动力可以达到数千马力，输出压力高达140兆帕，想象一下，这就像一位脚踏风火轮的大力神，在各种地形上自由行走，恶劣环境也挡不住它前进的步伐。它成了国家油气开采的强大助手，是真正的油气增产利器。压裂车主要由重载底盘车、发动机、传动箱、压裂泵四大件组成，最终由控制系统发出指令实施压裂作业。

>>> 水力压裂技术原理图

油气开采战场的利器
压裂车

● **发动机** 是大力神的心脏。它持续运转为压裂车各部件不断供给能量，让"全身"都能动起来。家用轿车的发动机一般在几十到几百马力，而压裂车的发动机功率可达到3000马力，相当于二三十台普通家用轿车的功率总和，为压裂车提供充沛的动力。

● **传动箱** 是大力神的臂膀。压裂车想要工作起来，面对不同的工况，传动箱一边从发动机取得动力，一边变换挡位输出需要的转速和扭力，它就像我们臂膀结实而又灵活，依靠心脏供能，接受大脑控制，灵活的变化速度，让我们挥出去的拳头有节奏、有力量。

>>> 压裂车四大主要部件

● **底盘车** 是大力神的风火轮。它装备了强悍的全轮驱动重载车桥、山地轮胎、480马力强劲动力，能够攀登崎岖的山路、穿越无边的沙漠戈壁、踏足冰天雪地，克服各种地形挑战，抵达作业现场。

● **压裂泵** 是大力神的重拳。它每次出拳都给井下输送高压流体，撑开地下岩层，形成油气通道，实现油气有效开采。工作原理如同玩具水枪，拉动枪杆把水吸进来，推动枪杆把水喷射出去。目前压裂泵的最高工作压力可以达到140兆帕，相当于把水柱喷射到14000米的高空。这个高度大约是中国第一高楼——上海中心大厦632米的22倍。根据作业需求，喷射量可自由控制在每分钟0.1~2.8立方米之间，可见它的力量之强大、拳法之精妙。

>>> 20 台压裂车组成的压裂机组作业现场

　　大力神压裂车拥有强劲的心脏，坚实的臂膀，有力的拳头，灵动的风火轮，而这一完美组合，均来源于大脑的精准控制。这个大脑就是控制系统，他给各部件下达命令，根据不同工况进行智能调整，让压裂车发挥出最大作用。控制系统经过不断的升级迭代，从最初的人工手动控制到现在的自动化一键控制，让这个大力神越来越"聪明"！

　　在油气开采的激烈战场上，单独的大力神压裂车虽然强大，但仍需众志成城的团队合作。众多压裂车汇聚成一个协同运作的"压裂团队"，它们齐心协力将高压液体注入同一油井，如同蛟龙入海，裹挟着沙粒克服地下的阻力，顺利地完成它们的使命——释放沉睡在地下深处的油气宝藏，为世界能源供应贡献他们的力量。

压裂车的诞生与成长

受第一次世界大战的影响，工业化国家意识到了石油无比重要的战略作用，在战后纷纷加速了对石油的勘探开发。1920年后，美国得克萨斯州发现一系列大油田，该地区石油产业蓬勃发展，哈里伯顿公司异军突起，1949年首次研发出350马力压裂车，完成了石油工业史上第一次商业化水力压裂作业，极大地推动了这一传奇技术的发展。而这一技术则为50年后的"页岩油革命"奠定了基础，从此压裂车登上了历史的舞台。

1998年，美国开展"页岩油革命"，大规模使用水力压裂技术，2000马力的压裂车开始批量生产使用，油气开采从此迈入压裂时代。到2011年，美国通过压裂技术增产，使油气生产当量超过油气资源更丰富的俄罗斯，成为世界油气第一生产大国。2019年，美国油气生产当量达到22.6亿吨，实现了能源独立，并成为油气净出口国，由此改变了世界能源格局。

>>> 宝石机械公司研制的2500型压裂车

中国现代石油工业起步较晚，但我们的科技人员与时间赛跑，不断攻坚，通过学习苏联压裂技术，在 1965 年，成功研制中国第一台 500 型压裂车。这台压裂车就像星星之火，点燃中国压裂装备发展的燎原之势。

近年来，随着中国对页岩油气开采需求的加大，国内的压裂车技术迎来了快速发展的黄金时期，从早期的 500 型、700 型小功率设备，到 2000 型、2500 型乃至 3000 型等大功率压裂车的迭代创新，填补了国内压裂装备领域的多项空白，支撑起中国油气开采令人瞩目的成果。2011 年，中国的油气总产量为 2.96 亿吨，而到了 2022 年，这一数字攀升至 3.81 亿吨，实现了超过 29% 的增产。性能持续提升的压裂装备在油气开采中发挥了十分突出的作用，大幅度提升中国油气产量，有力保障了国家能源安全。

>>> 压裂作业现场

国产替代——自主压裂

随着中国对页岩油气资源开采投资的不断加大,推动了压裂装备持续创新。我们见证了从初期小功率设备到如今大功率、高性能压裂车的跨越,这一过程从依赖全进口设备,发展到引进关键部件并在国内集成组装,最终实现全国产化的研制与应用。

长期以来,压裂车的核心组件——发动机、传动箱、压裂泵和底盘车,这"四大件"大多依赖于国外进口,不仅成本高昂,而且经常面临技术受制于人的困境。为了打破这种被动局面,中国工程师和企业开始了自主研发的艰辛之路。

2003年,中国石化四机厂成功研制出2500马力的大功率压裂泵,其最高工作压力达到140兆帕,这在中国压裂泵的发展历史上具有里程碑式的意义,为后续更多创新型压裂车的出现奠定了坚实的基础。

2010年,宝石机械公司的研发队伍,在深入的市场调研和丰富的资料研究基础上,借助多年积累的钻井泵设计经验,创造出2800型、3000型、3300型系列压裂泵。

然而,系列压裂泵的研发之路并非一帆风顺。随着压裂泵功率的提升,其体积亦随之增大,这带来了泵体载荷如何均衡分布的挑战。工程师们在确保安全技术标准的同时,也在努力控制设备的体积与重量。经过无数次的讨论和试验,他们提出了超高连杆载荷的创新理念,从而诞生了一体式机架结构,这一结构采用焊接机器人进行精密焊接,整体浑然天成。超高强度合金钢铸造连杆重量轻、承载能力强，达到了世界领先技术水平。

工程师们不断攀登技术高峰，再次突破了高强度大推力曲轴、耐震泵架结构等众多技术难题。特别是液力端阀箱的设计，经过上百次的优化和上千次的试验验证，最终实现了将泵阀箱寿命从200小时提升至1500小时，达到了惊人的7.5倍增长。与同类进口部件相比，在高压力、大排量的作业中，自主研发的国产压裂泵展现出卓越的工程适应性。

经过近十年努力，济柴和中国船舶河柴重工相继研发出3000马力高压共轨柴油发动机。中国航天科工集团贵州凯星研制出智能控制的双变一体式液力变速箱。中国重汽研发出承载能力强、适合崎岖道路的重载底盘车，打造了国产压裂车的"中国风火轮"。

随着国产化部件突破技术壁垒，实现了压裂车"四大件"全国产化。中国自主建立了全球领先的大功率压裂泵和压裂机组综合试验平台，推动了国产压裂装备质量提升和技术进步，打造具有纯正中国血统的压裂车为祖国"加油争气"，实现压裂装备的自立自强。

>>> 正在进行压裂作业

科技引领——绿色压裂

在双碳目标的推动下，中国电动汽车技术的跨越式发展同样映射在石油开采技术上。面对压裂作业中的噪声和排放问题以及对更高功率的需求，中国工程师利用国内领先的电动机和电力传动技术，创新开发了绿色高效的电驱动压裂装备。这种装备以大功率、低能耗、零排放和低噪声等特性，为石油开采带来了环保与效率的双重提升。随着压裂需求增加，宝石机械公司、东方宏华、杰瑞集团等制造企业展现出了非凡的创新能力，相继研制出5000马力、6000马力、7000马力的大功率压裂泵，不断打破功率纪录，让我们的"出拳"带着"中国风"，更加强劲有力。

2019年，宝石机械公司的工程师们深入现场，与用户紧密沟通，明确了既要设备功率大又要体积小便于运输、吊装这一矛盾需求。工程师们突破传统车载模式，采用橇装化集成设计，对每个部件进行了精心设计和优化，实现了小体积集成。面对7000马力压裂泵每分钟高达550升的润滑油流量需求，他们采用了两路大排量并联润滑系统，将大型润滑油箱巧妙集成于橇底座中，实现了高集成度、大排量润滑及双重保障的目标。7000型压裂橇在现场应用中展现了卓越性能，在一次井场压裂作业中，遭遇井下压力突然激增，7000型压裂橇就像一位沉着冷静的守护者，在其他压裂装备纷纷紧急停机，陷入一片混乱之时，只有7000型压裂橇保持着它的冷静与坚定，继续平稳地运作，仿佛在告诉大家：别担心，有我在！它的不动摇确保了井下压裂工作的连续性，避免了可能发生的巨大损失。

>>> 宝石机械公司研发的7000型电驱压裂橇

在石油开采的舞台上，7000型电驱压裂橇以其"大力神"般的力量傲视群雄。它与2500型压裂车重量、体积相当，却具有后者3台的工作能力，能以每分钟1.6立方米的流量将液体泵送至珠穆朗玛峰的高度，这位不知疲倦的主力战士，总是保持着旺盛的活力和卓越的表现，为中国的石油开采注入了源源不断的动力和智慧。

在大功率压裂装备领域，中国不断突破技术壁垒。不仅实现国产化追赶，更在电动化技术上实现了领先的飞跃，使中国的压裂装备技术在国际舞台上弯道超车，成为领跑者。随着油气勘探开发力度加强，我们的创新铸就了一条绿色压裂之路，不仅保障了天然气的绿色低碳开发，也守护着千家万户的灯火通明，展现了中国在能源领域的实力与责任。

油气开采战场的利器
压裂车

在未来的发展蓝图中,压裂装备将不仅拥有更加强大的功率,还将被赋予更高级的智能化水平。它们将能够实时感知地下的情况,并智能调整各系统参数,如混合比例、流量和压力等,实现机组的自动协同工作。就像一场攻城战,这些智能装备将能够高效改造地下的每一寸含油气储层,开创压裂装备的新篇章。

>>> 绿色压裂现场

利器在握
石油工程技术精粹

油田开发举升利器

潜油电泵

"一个细长匀称的家伙,在井底大头朝下,用脚把石油踢到了地面上。"这是1938年的《塔尔萨世界报》当时对潜油电泵采油的描述,自1928年在美国埃尔多拉多油田安装世界第一台潜油电泵起,其成功的运行效果轰动了美国石油界,潜油电泵采油技术从此诞生。

潜油电泵的诞生

关于泵最早可以追溯到大约公元前 300 年,古希腊数学家、物理学家阿基米德提出了可以让水往高处流的想法,即利用螺旋原理让水上升。他设计了一种叫作阿基米德螺旋泵的装置,通过旋转螺旋形的导水装置,可以将水从低处提升到高处。这项发明至今仍被广泛应用。中国的南北朝时期出现了一种水车(现称为方板链泵),它根据方板的密封性能不同,可以通过手拉、脚踏、牛转和水转等多种动力驱动,提升了汲水效率,为人类的生活和生产提供了重要支持。文艺复兴时期的多才艺术家达·芬奇创造了旋转叶轮产生离心力的机械装置,为现代离心泵奠定了基础。

20 世纪初,采油井的井筒直径通常只有一个较大的碗口那么大(大约 140 毫米),深度有的往往达到两三千米甚至更深。当时,人们普遍采用地面抽油机通过抽油杆带动井下抽油泵做上下往复运动,将石油带出地面。但这种方式抽吸量有限,满足不了快速、大量举升的需求。受潜水泵原理的启发,人们希望制作出一个能在井中快速抽吸的机器。

20 世纪 10 年代后期,一位名叫阿鲁秋诺夫的年轻俄罗斯工程师在潜油电泵发展中扮演了重要角色。他出生

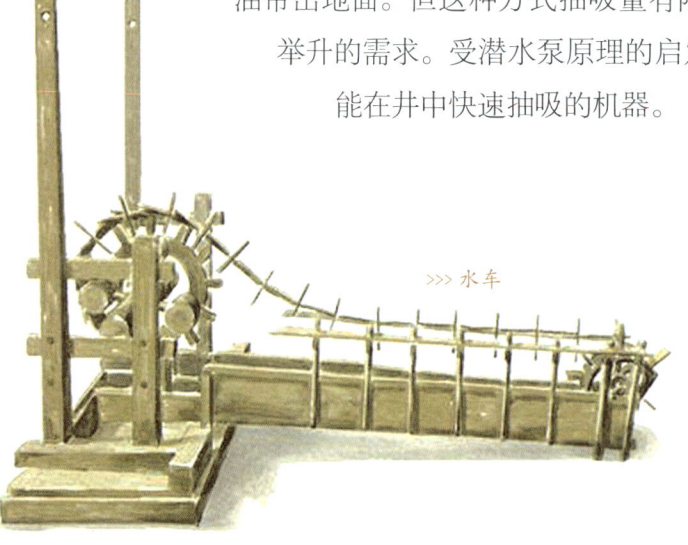

>>> 水车

油田开发举升利器
潜油电泵

于 1893 年，后来成长为一位电气工程师，曾在俄罗斯的油田工作，深知石油开采的艰辛和挑战。1911年，他创立了电气发电机公司（REDA），发明了可潜入水中的电动机并设计制造了最早的潜油电泵雏形——潜水电泵。当时在乌克兰第聂伯罗彼得罗夫斯克市的布利安斯克钢厂

>>> 潜水电泵成了"火场救星"

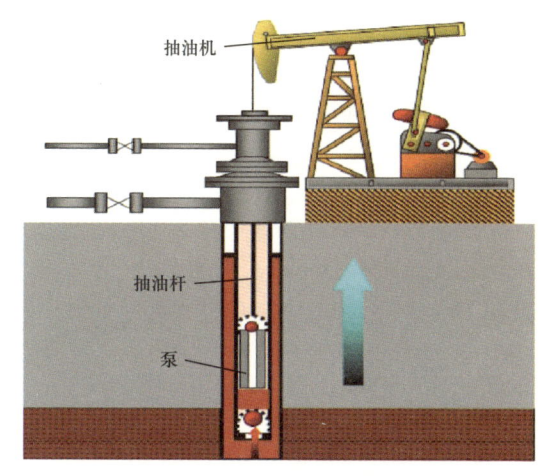

>>> 抽油机结构不能满足快速、大量举升需求

知识链接

潜油电泵的组成

潜油电泵主要由电动机、保护器、分离器、离心泵和电缆等组成。电动机是能够在液下工作的潜油电动机。离心泵是潜油电泵的举升部件,由叶轮、泵壳组为一对,再由很多对串在一起组成,它抽吸井下原油并输送到地面。保护器用于隔离井液与电动机润滑油,同时起到压力平衡作用。分离器则负责分离出原油中的气体,防止气体进入离心泵使其不能正常工作。电缆负责连接地面电源为井下电动机传输电能。潜油电泵工作时,将其下入千米井下,沉没在井液中。通过电动机转动驱动离心泵的叶轮高速旋转,产生多级离心力,将井下原油举升到地面。

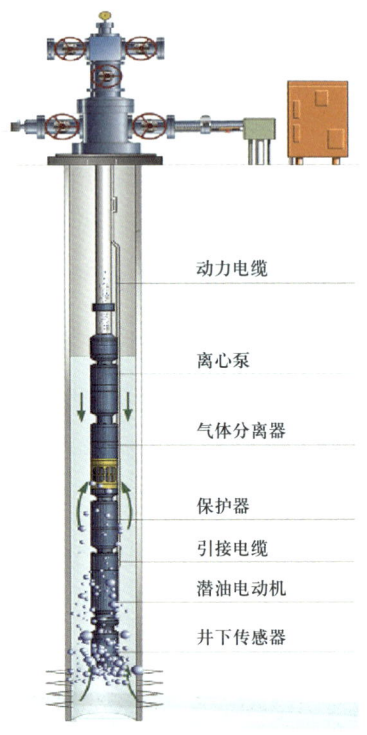

>>> 潜油电泵的结构

试验该潜水电泵时还发生了这样有趣的一幕:夜幕降临,意外失火,火光冲天,情况危急。消防部门奋战一晚未果,火势依旧凶猛,就在人们感到绝望之际,突然有人想到了工程师阿鲁秋诺夫研制的机器,灵机一动把这台新机器平放于大水池中,通电以后迅速排出的巨大水流瞬间扑灭了大火,这带来了意外的惊喜,这台潜水电泵竟成了当晚的"火场救星"。

在追逐梦想的道路上,阿鲁秋诺夫可谓是一位不畏艰难、执着追求的科技探险家。为了改进石油开采技术,1919年,他毅然决定去德国学习先进技术,结果却遭遇到当地电动机制造商对新技术的冷淡,铩羽而归。不畏挑战的他于1923年又远赴美国,面对当时美国市场对于全新潜油电泵技术的保守态度,加上美国科创公司众多,市场竞争激烈,以及法规烦琐,审批过程漫长,阿鲁秋诺夫可谓处处碰壁、一路挫折。但是,他并没有气馁,坚信自己的技术理念,经过艰辛的努力,终于设计出了梦寐以求的潜油电泵。然而,在实际制造和试验过程中,一系列挑战又接踵而至,电动机的稳定性、转速匹配等问题不断困扰着他。经过反复尝试,不断改进,最终成功制造出了一套完整的潜油电泵系统。一经入井开采,效果一鸣惊人,潜油电泵在井下似乎拥有自己的生命,它不知疲倦地工作着,不断将石油从井底抽送至地面。

随后,潜油电泵迅速得到发展,在原油举升方面表现出色,尤其在陆上深井、高产井和海上油井上得到广泛应用。据估计,全球石油产量中有10%以上来自这项高效的潜油电泵举升技术,这一切得益于阿鲁秋诺夫不屈不挠的精神,让他的梦想最终变为现实,为石油开采行业带来了革命性的变革。

>>> 潜油电泵井口

潜心锻利器——中国泵秀出中国范儿

通过国人不懈努力，1979年第一台国产潜油电泵诞生，当时的天津市电机总厂受原机械部的委托，成功地开发出中国第一台自行设计和制造的潜油电泵样机，并于1981年在大庆油田投入工业试运行取得成功。1984年，天津市电机总厂引进美国REDA公司的整套潜油电泵制造技术，使中国潜油电泵制造技术建立在高水平的技术平台上。紧随其后，油田所属装备企业大庆力神、胜利无杆泵和大港中成分别又引进和借鉴美国REDA公司、CENCERILIFT公司和ODI公司潜油电泵制造技术开始自主研发和制造，从此开创了中国潜油电泵用于原油开采的历史。

随着石油工业和采油技术的不断发展，国内科研人员在国外技术消化吸收基础上不断创新，制造工人不断砥砺奋进，中国泵业快速成长，实现自主设计并大量出口海外，由跟跑者逐渐向领跑者转变。

"九瓣梅花"，创造电动机下线奇迹。潜油电泵的心脏部位是电动机，电动机分为定子和转子，其中有一项重要的工作是给电动机定子下线，下线环节

>>> 中国开始走向潜油电泵自主研发和制造之路

油田开发举升利器
潜油电泵

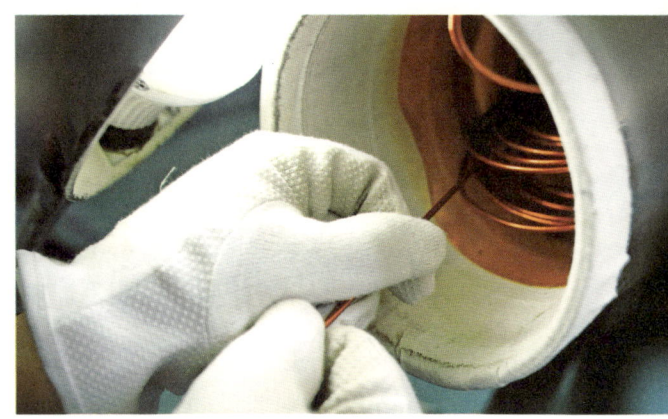

>>> 全国劳动模范黄玉梅和其创新提出的"九瓣梅花"的下线工艺

稍有差池,就可能让整个潜油电泵崩溃。因为电动机定子种类繁多、空间狭小且细长,电磁线细且软,所以即使是在自动化高度发达的今天,国内外所有潜油电泵电动机下线,仍然需要手工操作。具体来说就是把一根直径两三毫米的带有绝缘的铜线从定子硅钢片内侧蓝莓大小的一排排槽孔穿进去,从另一头拽出来,然后再穿回去,循环往复。特别是新型电动机的定子长达10米,一圈有36个槽孔,每个孔要穿10根线以上,1台穿线总长达750米,穿线难度前所未有。在这里就不得不提到全国劳动模范黄玉梅,一位普普通通的女工人,她30年一心只为做好一件事,那就是干好下线这个本职工作,她前后设计了50多幅走线工艺图,创新提出"九瓣梅花"的下线工艺,通过多年的摸索和实践,实现了每个孔电磁线匝数多达15根的多级电动机制造,创造20余年电动机下线零缺陷的成就。其所在班组也成为全国质量信得过班组,被命名为黄玉梅班。

智能工厂,领跑潜油电泵生产制造。国内潜油电泵不仅拥有无数黄玉梅似的匠心工人,同时在先进制造、智能制造方面也在不断探索前行,走在了世界前沿。前期国内潜油电泵制造厂面临资金短缺、技术瓶颈等困难,但始终坚持不懈,投入大量资金,不断创新和迭代,逐渐在先进制造、智能制造方面取得突破。最终,以渤海装备潜油电泵厂为代表的实现

"5G+互联网智能"生产的自动化工厂应运而生,一些关键零部件智能制造可以被描绘成这样一个"黑灯工厂"的加工场景:工厂里一排排机器在基本无人干预的情况下自主运转,形形色色的机器人不知疲倦地工作,而极少的人员只是做好运维和监控。例如,制造一个电机头,原来靠工人的车钳铣刨磨技术,现在即使下班后,机器也照样通过人工智能自我工作,不会出现任何差错,一段时间后按照设计加工的电机头就生产出来了,甚至还能自动检测,其生产效率、产品质量都是呈指数级上升。工业互联网传感器送来的数据,则通过5G网络汇总到"智慧大脑"。在每一条生产线上,智慧大脑都可以自主判断解决生产过程中遇到的问题,从而达到设备动态检测生产、自动控制的最佳效果,其生产速度和品质处于国际领先地位。如今在智能制造的赋能下,国产潜油电泵的生产制造跟美国、欧洲等发达国家和地区相比,生产技术、生产质量和生产速度处于领先地位。

>>> "5G+互联网智能"生产的自动化工厂——"黑灯工厂"

油田开发举升利器
潜油电泵

勇毅前行,叩开国际市场大门。国产潜油电泵在国内发展迅速,但真正走出国门却经历了很多艰辛和考验,例如,当国产潜油电泵第一次进入非洲苏丹时,开始只能采取"搭船出海"的方式,通过重重关口,努力争取到了 4 套潜油电泵机组的现场试验许可。在试验过程中,现场技术人员冒着 50℃的高温和西方监督人员的"不屑","被迫"执行更严的标准,他们没有任何抱怨,坚持 48 小时连续作业,紧盯死守,累了就在爬满虫子的集装箱底板上休息一会,经过艰苦努力试验验证成功了,获得了参与苏丹市场投标的资格,并最终拿下了首批 30 口井 1400 万美元的合同,为国产潜油电泵进入国际市场迈出了坚实的一步。在此基础上,又主动采取了"造船出海"的战略,自主开发了一直被斯伦贝谢公司所垄断的印尼市场,面对世界潜油电泵行业公认的最复杂、最困难的区块,汇集了高温、含砂、结垢、腐蚀等难题,国产潜油电泵与世界上 13 个知名潜油电泵厂家残酷竞争,结果脱颖而出,一举打破斯伦贝谢公司 35 年的市场垄断,赢得了 7560 万美元的潜油电泵服务合同。

>>> 国产潜油电泵在国外服务现场

顺利进入国际市场只是万里长征的第一步。如何经得住市场的检验,是站稳脚跟的关键。虽然在前期测试过程中表现优异,但苏丹第一批正式投产的国产潜油电泵频繁出现了电动机温升过高烧毁的问题,面临着刚进入就要被赶出来的尴尬局面。针对这种情况,国内潜油电泵技术人员上下紧急行动,夜以继日迅速研制出了浮动瓦高承载止推轴承。时任力神泵业公司总经理杨元建亲自背着新研制的止推轴承,昼夜兼程飞往前线,及时更换了现场机组的全部止推轴承,使问题得到及时有效的解决,最终国产潜油电泵的运行效果超过了西方老牌公司,国外业主重新认识了国产潜油电泵的技术能力,苏丹的市场份额不断增长,逐渐占据了苏丹潜油电泵市场的半壁江山。

国产潜油电泵利器,为油气开采大显身手。油井里采出的不仅仅是石油,里面可能含有沙子、腐蚀性物质、气体以及沥青等,潜油电泵需要把这些东西统统吸进去,吐出来。在不断追求进步的过程中,涌现了宽幅、防腐、耐高温等特色潜油电泵产品。

宽幅潜油电泵,特色是解决油井产油量变化幅度大的问题。通过优化拓宽高效工作区,同时保持效率和举升能力,使得泵型种类大幅度减少。如果说中国潜油电泵是无畏的战士,肩负解决各种原油举升难题的重担,那么宽幅潜油电泵就好比一位身手不凡的全能战士,可以以一敌十,在更广的排量范围内灵活自如,稳定可靠地提升石油产量。2020年,6种典型宽幅潜油电泵在中国海油项目中大显身手!流量范围可覆盖每天50～1900立方米,工作区范围优于常规潜油电泵87%～275%,泵效优于国标4.5%～17.5%,达到国外同期产品性能水平且运行可靠性优于国外。

耐腐蚀潜油电泵,特色是解决油井中的腐蚀问题。针对油田深处的一些不速之客,如二氧化碳、硫化氢等腐蚀性介质和氯、钙等结垢离子的腐蚀"破相"、结垢"卡泵"的破坏,耐腐蚀潜油电泵采用不锈钢等耐腐蚀材料,附加穿上耐蚀合金定制款铠甲,保护整个潜油电泵不被腐蚀。通过对表面涂以防垢、防蜡"神奇"涂料,层层防护,不给破坏分子任何可乘之机。耐腐蚀潜油电泵就像一位百毒不侵的战士,在面对强腐蚀、超黏稠、易结垢、易结蜡等恶劣环境时表现出超强的能力。2005 年，大港中成潜油电泵在伊朗 MIS 项目中面对超高腐蚀油井表现出色，平均寿命达 670 天，打破了国外技术垄断。2010 年，在塔河成功开采出牛皮糖一样黏稠的原油，令国外潜油电泵望尘莫及。

高温潜油电泵，特色是解决油井的高温问题。面对稠油开采，井下往往通过注入高温蒸汽，使环境温度高达 200~300℃，需要潜油电泵仍能正常运转把原油开采出来。高温潜油电泵就像一位浴火重生的战士，他冲破技术界限，实现高温下的出色能力。2022 年，中海油研究总院研制的高温潜油电泵仅用两年时间实现了从 250℃到世界最高水平 350℃的跨越！

这些中国潜油电泵，在中国海洋石油开采中扮演着至关重要的角色，贡献着超过 70% 的石油产量。它们的功绩遍布陆地深井、高产井和大位移井，展现出强大的力量。其壮硕的大腿，能把塔河油田地底 5 千米石油轻松开采出来，创下了深度 5012 米世界纪录；孔武有力的胳膊，在雄安新区，一天就可抽出约 3 个标准泳池水量的地下热水供千家万户取暖；超好的体格，大港油田羊 5-12-1 井可以创下无故障运行 16 年的纪录；异常聪明的头脑，实现了远程操控且自主适应油井的集约化智慧化开采。在中东、南美、非洲和中亚等全世界很多角落都有中国潜油电泵的身影，越来越受到大家的欢迎。

未来，潜油电泵诊断系统将愈发智能。通过互联网、大数据和人工智能技术可以实现自主对万里之外的潜油电泵井进行参数优化、诊断分析、故障预警、预防运维；产品品类将更加多元，潜油电泵逐渐实现多元化发展，在潜油离心泵基础上延伸出潜油螺杆泵、潜油柱塞泵和潜油隔膜泵等产品；服务范围将不断扩大，可为开采石油、排水采气、同井注采、地热利用等提供一揽子服务，逐渐将潜油电泵生产打造成数字化、智能化油田开发井工厂，不断打破潜油电泵的局限性，让潜油电泵有更广阔的空间。

利器在握
石油工程技术精粹

可盘卷的万米柔性钢管
连续油管

　　1942年，为了能向前线运输油料，保障盟军能顺利登陆诺曼底，盟军正式开始铺设海底管道。海军"霍尔法斯特号"铺设船拖着一个巨大的圆形浮筒，横穿英国西部布里斯托尔海峡，在移动中缓慢旋转滚筒，将钢管从滚筒上解脱沉入海底。1944年，世界第一条海底燃油输送管道历经千辛万苦终于铺设完成了，它成为了诺曼底战役中的"海底生命线"。这些特制的海底管道就是"万能管"——连续油管的前身。

诺曼底登陆背后的"神器"

1944年，代号为"霸王行动"的诺曼底登陆即将开始。盟军为了能顺利实施诺曼底登陆，需要为前线运输大量油料，而油轮目标明显，会遭到德军的轰炸或截获，如何在隐蔽下快速供给油料一时成为盟军此次战役的一个关键问题。这时，早在1942年开始铺设的海底管道起到了关键作用。

那个时候，时任英国石油部长杰弗里·劳埃德和联合作战部长蒙巴顿将军针对运输燃料问题商议，轮船运油非常危险，在英吉利海峡中铺设管

>>> 诺曼底登陆

道，将燃油从德军的眼皮子底下送到法国，这个办法更为可靠。要从风急浪高的海峡中采用管道穿越输油，谁也没有成熟的经验和把握。这时候，英国—伊朗联合石油公司的总工程师亚瑟·哈特利挺身而出，提出改进现有的海底电报电缆，将中间的电线去掉，将直径3英寸（约7.6厘米）的铅管连接起来作为输油管道，将燃油送到欧洲大陆。但是铅比较昂贵，成本太高，这时，技术专家就想到采用钢管，将一节一节20英尺（约6.1米）长的单根钢管焊接起来，并缠绕在一个大型浮筒上，实现跨海快速铺设。1942年12月，盟军正式开始铺设海底管道。1944年8月14日，这条诺曼底战役中的"海底生命线"——世界第一条海底燃油输送管道正式铺设完成！

"第二次世界大战"期间盟军总共铺设了23条金属输油管道，其中17条长约30英里（约48.3千米），其余的6条长约70英里（约112.7千米），在当时为了保密，整个海底燃油输送管道计划被称为"PLUTO计划"。这些特制海底管道就是"万能管"——连续油管的前身。依托"万能管"发展起来的井下作业技术掀起了西方的"油气革命"。50年后，"万能管"作业成为世界油气工业的"香饽饽"。

>>> "PLUTO"计划正在实施

"万能管"的十八般武艺

要把石油这些"黑金"宝贝从地下开采上来,首先需要修建一条从地下通往地面的油气通道——井筒,井筒的修建是从钻井开始,到固井、完井结束,最后才能开始采油。随着地下油气的不断开采或地质结构的变化,井筒有时会发生堵塞或泄漏,造成地层的油气采出减少,这就需要修井或增产处理,不管什么样的作业,都需要从地面把各种各样的工具或高压流体送到井底下。

如果现在要往井下深达3000米的位置送一个工具,通常是采用10米一根的钢管,通过接箍连接起来一根接一根往井里面送,就像猴子捞月一样,后面的嘴咬着前面的尾巴,大家齐心协力手拉手勇敢地朝3000米的地底下进发,这个过程需要一根接一根的连接钢管,工作量很大,作业风险也很高。直到有一天,一根长度达几千米甚至万米、像"蛇"一样缠起

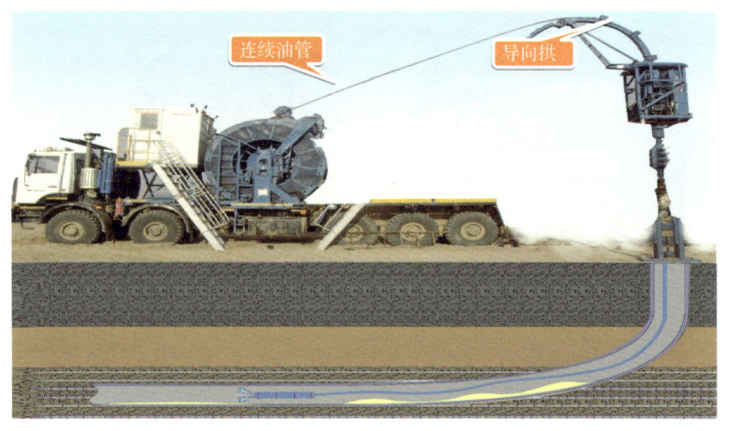

>>> "万能管"或"蛇形管"

来的庞然大物出现在作业现场,规规矩矩地缠绕在轮盘上。这个神奇的管子就是连续油管,直径 30~80mm 粗的钢管,以柔软的身姿,刚强的力量,成为人们眼中了不起的神器,被亲切地称为"万能管"或者"蛇形管"。

油气开采用的井筒或油气生产通道,就像人身体上的血管一样。油气通道里面出现结垢、砂堵和蜡堵,犹如我们的血管出现狭窄或堵塞,造成管道不通畅,井筒就会"生病",这时,就需要"专家会诊"、技术攻关,想方设法"医治病井"。早在 1962 年,美国加利福尼亚石油公司和波纹石油工具公司就利用这种柔韧性很好的钢制连续油管或者"蛇形管"对"病井"进行治疗——修井,主要用于油井的冲砂、洗井作业。说起修井作业,这项工作给人的印象总是一身油污、灰头土脸,井筒的油污不受控制,在起管柱的时候总有原油被带出井口,遗落在地面,特别是稠油井的油污很难处理。为此专家们提出了"清洁作业"的理念,推出了环保作业技术,至此"万能管"——连续油管开始闪亮登场了,在油气领域充分展示自己的"十八般武艺"。

>>> 传统修井作业

>>> "万能管"修井作业

由于"万能管"是连续的、中间没有任何接头,利用"万能管"给井筒做"外科手术",可以在不拆卸井口装置、不动井筒管柱的情况下,对油井进行"介入治疗",其独特的"武艺"可以快速、准确地作用于蜡堵、结垢等关键部位,冲洗清理井下堵塞物,达到"血管"疏通效果,油气又可以顺畅流出来。同时,这种"万能管"作业由于不需要接管和拆管,地面自然就干净了,相比于传统修井作业,现场环境彻底改观,让工人成了"穿白大褂的操作工",从传统的"大老粗"变成了今天的"高精尖",让人耳目一新。

如今的连续油管,不但用于修井,而且还用于钻井、测井、完井等多个作业领域,已成为名副其实的"万能管"。

"万能管"的出现,堪称油气史上的伟大奇迹,作为一项新兴技术,尤其是作为一种有效的增产措施,"万能管"对于水平井发展缓慢的中国可谓是"及时雨",也为中国迈入非常规油气时代带来了福音。

刚柔相济、韧性十足——揭秘"万能管"的黑科技

"万能管"既然拥有这么多的"武艺",拥有什么样的黑科技,才能让它在作业中"样样精通"?"万能管"单根可达万米,中间没有接头,之所以能够缠绕到卷筒上,这主要得益于其所采用的先进材料和制造工艺。首先制造它的原材料功不可没。采用特殊的成分设计和制造工艺,使得它的性能跟普通碳钢可不一样,材料成分配比,合金元素的数量,只有两者达到非常精准的匹配,才有可能提高"万能管"的强度和延展性。

>>> 高性能低碳微合金连续油管

但只有化学成分的精准设计还不行,怎么才能让"万能管"深入万米超深井安全作业,不会被拉断,同时作业完成后又能完整地卷曲在地面滚筒上呢?一系列的加热处理也是必不可少的,通过调控加热温度,让它"身体"中的肌肉结构跟随我们的意愿发生变化,这是一个艰难的摸索过

程，毫无经验可循。而且连续油管在生产制造过程中，内部会产生一些残余应力，这些残余应力如果处理不好，与作业过程中管材受到的载荷相叠加，就会对管材的寿命或性能产生较大影响。另外，若是它从井中起出的时候受到的拉伸载荷过大，就会产生永久性伸长或"缩颈"，甚至当达到一个极限的时候就会断裂，特别是存在压力的时候，它的"身体"就会明显发生物理和几何形状的变化。宝鸡石油钢管有限责任公司（简称宝石钢管公司，现更名为中国石油集团宝石管业有限公司）。科研人员通过深入研究，提出了一种充分释放管体中的应力，改变原材料的显微结构，增大其强度和塑性的方法，使得国产"万能管"表现出了超强的性能，这一"黑科技"，凸显了自身的优势和个性。

>>> 连续油管作业示意图

中国"万能管"的攻关之路

作为黑科技的"万能管",其技术创新不是一蹴而就的事情,需要在不断探索和试错的过程中逐渐得到升华。在20世纪70年代,中国就引进了首台连续油管作业车,当时由于连续油管制造技术长期受到国外垄断,国内无连续油管生产线,且核心材料制造与研究几乎完全空白,国内企业无法自主生产连续油管,只能长期依赖进口,而进口连续油管价格昂贵,订货周期更是长达两三年,导致国内连续油管处于"用不起、不敢用"的状态,一旦进口渠道受阻,国内企业将面临无管可用的困境,严重制约了中国连续油管作业技术的发展。

2007年,作为"中国焊管发源地"的宝石钢管公司(现中国石油集团宝石管业有限公司),承担了研究开发具有自主知识产权的国产连续油管产品这个重任。从原材料成分和组织设计、管材成型焊接技术研究、热处理工艺试验、疲劳性能检测等全面开启了艰难的"攻城拔寨"之旅。

期间,国外的公司得知中国要研发连续油管,不但技术上封锁,而且从原材料上也拒绝给中国提供。宝石钢管公司科研团队联合国内钢铁材料科研院所和企业,联合攻关,认真研究分析材料的每一个成分配比和性能数据,由于钢材的强度与塑性、韧性往往成反比,在材料成分设计、热处理工艺、焊材等方面一直存在诸多困难,为突破卷板开发的技术瓶颈,科研人员先后设计出几十种化学成分,并对制管后材料组织及性能的变化进行细致分析和持续改进,历经上百次试验,终于功夫不负有心人,研制出了性能优异的国产连续油管原材料。

然而万里长征这才走了第一步，在制成成品时，钢带对接接头又成了"拦路虎"，研发人员在焊材匹配、焊接工艺优化调整上狠下功夫，发明了新型焊接材料、管体热处理和焊缝无缝化处理的技术方法，巧妙解决了钢带接长焊接难题，使这种新型管材的抗弯曲疲劳性能大幅提高。科研人员经过两年多的艰苦攻关，突破了连续油管五大核心技术，成功研发出了连续油管制造用原材料、焊丝等新材料，研发出了钢带接长工艺、热处理工艺等一系列制造工艺技术及产品性能试验检测装备与技术，并试制出了性能优异的连续油管样品。在关键核心技术突破的基础上，开始建设国内第一条连续油管生产线。

2009年6月24日，亚洲首盘连续油管在宝石钢管公司诞生。CT80钢级、直径31.8毫米、壁厚3.18毫米、长度7600米的连续油管成功下

>>> 国产连续油管诞生

线，标志着中国成为全球第二个掌握连续油管关键核心生产技术的国家。经过数十年的持续攻关，目前宝石钢管公司已经开发了全球强度级别最高的 CT150 连续油管、耐蚀合金连续油管等系列化高端连续油管产品，形成了丰富的产品结构，为国产石油装备增添了新的"国之利器"。

"万能管"油气探索之旅长路漫漫。放眼未来，大功率连续油管电加热技术、光纤连续油管技术、多通道连续油管等技术的发展，在不久的将来会成为连续油管作业的标准配置。把握世界油气的脉搏，连续油管及其作业技术将会以高效快捷、安全可控、智能化、低成本等多种特点为油气勘探开发继续发挥"万能管"的独特优势，并向煤炭地下气化干馏、页岩油原位转化、可燃冰开采等新领域逐渐拓展，应用空间将进一步广阔。

【延伸阅读】

连续油管的发展与应用

连续油管是一种低碳微合金管材，管径 25.4～88.9 毫米，壁厚 2.77～6.5 毫米，长度可达上万米，依据井深选择管长。2009 年之前，连续油管及其制造技术受国外垄断，严重制约了中国连续油管作业技术发展，在国家"863"计划支持下，宝石钢管公司科研团队开展了连续油管制造技术及产品研发工作，突破了五大核心技术，在此基础上建成了国内第一条连续油管生产线，成为世界上第二个可工业化生产连续油管的国家。产品和技术获省部级科技进步一等奖和发明奖，获授权发明专利 30 多件，制定国家标准 1 项，行业标准多项。

利器在握
石油工程技术精粹

"油气大动脉"诞生记

输送管

1970年，为了解决大庆原油外输问题，国家决定集中力量和资金，铺设大庆—抚顺663千米原油外输管道。1970年8月3日，东北管道建设领导小组开会正式筹备，命名为东北"八三工程"。当时建立长距离、大口径管道在中国还是第一次，缺乏技术和经验，更缺乏建设管道用的大口径钢管。当时生产管子的制管机组成为关键设备，而作为国内唯一能生产大口径螺旋焊缝钢管的宝鸡石油钢管厂（现中国石油集团宝石管业有限公司），也未生产过720毫米的大口径管子。面对国家重大工程急需，宝鸡石油钢管厂发扬苦干、实干加巧干的"干"字精神，争分夺秒，重新设计改造原有生产线，反复进行工艺试验，最终圆满完成了任务，为"八三工程"提供管径720毫米钢管1089.8千米，为新中国长距离原油输送钢管国产化做出了巨大贡献。

拉多加湖上的"生命之路"拯救了列宁格勒

1941年秋,德军包围了苏联的第一大城市列宁格勒,这个300多万人口的城市被围困了近900天,希特勒甚至扬言,要在9月1日前占领列宁格勒。在多次进攻未果的情况下,他说:"应当用饥饿来扼杀这座城市,切断一切运输走廊,让老鼠都爬不进去,要对城市狂轰滥炸,不要吝惜弹药。"当时德国侵略者以北方集团军为主,与苏军相比,步兵多1.4倍,火炮多3倍,坦克多0.2倍,飞机多8.8倍,所有的公路、铁路都处于德军的大炮和飞机轰炸之下。9月8日,列宁格勒陷入了德军的三面包围,只能从拉多加湖和空中得到补给。

>>> "拉多加湖"补给线

冬季城外的拉多加湖上,苏联开辟了被称为"生命之路"的冰上运输线。因为它是唯一一条运送生活物资和军火的通道。汽车司机冒着危险拉运粮食,两个冬天里大约有1100辆汽车落入湖中,每四辆车中就有一辆落水。可是，春暖花开，这条通道就要中断。列宁格勒只剩下三四十天的燃料了。为了向列宁格勒供给军用燃料，1942年4月，苏联最高统帅部决定，突击抢修一条穿越拉多加湖底的地下运输线——水下成品油管道，这条全长30千米，管径101毫米的石油管道，其中绝大多数在湖底，最大水深12.5米。冒着敌机的轰炸，一节节钢管靠木排拖运到湖中，并实施焊接和铺设，战士们用生命和鲜血最终建成了这条水下"生命之路"，每天向列宁格勒供应400吨汽油等石油产品，有力支持了列宁格勒保卫战。这是现代输油管道的开始，管道建设对苏联卫国战争的胜利提供了有力的保障。

>>> 水下"生命之路"铺设

揭开大口径钢管的神秘面纱

在中国，20世纪50年代建成了第一条长距离输油管道，直径只有400毫米左右，输油量极其有限，而当时输气管道还是空白。随着改革开放和国家经济建设的快速发展，油气需求量不断增加，国家提出建设西北、东北、西南和沿海四大能源通道，并建设横跨中国东西南北的长距离油气管网，如西气东输、中缅管线、中俄管线等长距离干线油气管道。需要研究开发强度高、韧性好、管径1米以上、输送压力10兆帕及以上的高承压能力钢管，所用管材当时在国内还从来没有见过。

大口径管道默默地埋在地底下，就像人体的"大动脉"一样，向全国各地输送"血液"——石油和天然气，"血压"最高时能达到12兆帕，这么高的压力，血管"大动脉"不会破裂吗？这就与制造"血管"的材料有关。在西气东输这个超级工程中，管道材料需要强度等级高、韧性好的管线钢，这样既可以提高输送压力，增大输送量，还可以减少钢材用量，节约管道建设成本。但管材强度并非越高越好，太高了韧性就很难提高。既要强度高又要韧性好，这对材料成分、组织和制造工艺提出了很高的要求。西气东输一线管径1016毫米，输送压力10兆帕，管道材料采用的是X70钢，它是一种晶粒尺寸只有5~10微米细小的铁素体为主的组织。这个在显微镜下看起来像"扁豆"一样的组织，能够很好地阻止裂纹扩展，具有很好的韧性。

到了西气东输二线，管道直径提高到1219毫米，管材强度等级提高到X80，管道承受的压力也提高到12兆帕，建设一条横跨西北、华北、华东、长度达几千千米的 X80 钢级大口径管道，这在全球管道建设历史上还是首次。要在强地震带、高山峡谷、多年冻土、沙漠戈壁等特殊地区应用这些大口径钢管，对于钢管的材料、成型、焊接等提出了更高的要求。钢级更高了，口径更大了，壁厚更厚了，焊缝韧性控制更难了。焊接钢管最重要的是焊缝，这条缝不仅强度要高、韧性要好，而且不能有气孔、夹杂等缺陷，否则会在使用中因缺陷而出现泄漏，引起管线爆炸等严重事故。

>>> 管道破裂

中国石油组织开展了管材与管道技术的科技攻关，提出要实现管道建设用管材的国产化。宝石钢管公司（现中国石油集团宝石管业有限公司）联合国内钢铁冶金企业，成功开发出了国产 X80 钢材，并自主研发出了 X80 管线钢配套的焊丝、焊剂，通过对焊缝合金成分的精准配比，细化了晶粒，达到了增加强度、提高韧性的目的，焊缝韧性指标达到世界先进水平。产品在生产中不仅焊缝质量优良，更重要的是提高了焊接速度，将生产线的制管效率提升了 30% 以上，自此中国 X80 钢级大口径螺旋焊管的生产技术稳步迈入国际一流。2014 年，由中国石油负责完成的"我国油气战略通道建设与运行关键技术"科研成果获国家科技进步奖一等奖。西气东输二线工程用 X80 高钢级大口径焊管开发也获得了国家能源局科技进步奖一等奖。同年，基于应变设计地区用 X70 抗大变形钢管获得了能源局科技进步奖二等奖。

创新驱动
——科技引领大口径钢管助力西气东输东西共赢

西气东输管径为 1016 毫米及以上，全线采用 X70、X80 钢级管线钢。说起这，就不得不提一下宝鸡石油钢管厂，它是中国规模最大，建设最早的油气输送管制造企业，是国家"一五"期间 156 个重点建设项目，是"中国焊管发源地"，生产了"共和国第一管"。1959 年，在苏联专家的援助下，中国第一根直径 426 毫米、壁厚 7 毫米单面螺旋埋弧焊钢管下线，并送到北京，为国庆十周年献礼，国庆前夕，千里之外的松基三井喷出了工业油流，发现了大庆油田。

围绕西气东输、中缅、中俄等国家重大油气管道工程建设，新时代的宝管人发扬"干"字文化，科研人员突破了大口径、厚壁螺旋缝埋弧焊管一道道技术难关，又一次创造了多个行业第一，开发出了管径 1016 毫米、

>>> 西气东输二线用直径 1219 毫米螺旋埋弧焊管

"油气大动脉"诞生记
输送管

>>> 第一条焊管机组

>>> "共和国第一管"

1219毫米、1422毫米，厚度最高达22毫米，强度达到X80钢级的系列化螺旋埋弧焊管，引领了螺旋管行业技术的发展。为西气东输二线、三线及中俄管线等管道工程技术提供了强有力的管材保障和装备支撑。

除了螺旋焊管外，直缝焊管也是"功不可没"。宝石钢管公司（现中国石油集团宝石管业有限公司）和渤海装备生产的X70、直径1016毫米、壁厚17.6毫米的大口径直缝钢管，打破了国外X70焊管制造技术的垄断，解决了中国油气管道建设"卡脖子"问题，实现了中国油气管道用高钢级焊管产品大跨步的技术进步，使中国油气管道建设迈入"高钢级时代"。

油气管道工程中大口径钢管的诞生和应用，全过程贯穿了技术创新、材料创新、工艺创新、装备创新、施工技术创新、运营管理创新等，创造出几十个中国乃至世界管道建设的新纪录和"第一次"，助力中国油气管道建设与运营迈向国际先进行列。

>>> 西气东输用直缝焊管

近年来，氢气作为一种清洁能源，被大家所熟知。世界主要能源大国均制定了氢能源发展目标和战略，投入研发力度巨大，绿色清洁能源发展进入了"快车道"。随着用氢需求量的增加，在长距离、大规模的氢气运输中，输氢管道成本低廉，经济高效，能耗损失低，将成为最佳的运输模式，因此高压氢气输送管道是未来趋势。高效经济的管道运输方式，管道的"绿色化"输送，是输氢管道实现大规模发展的重要方向，攻克一系列输氢管材关键技术难点并实现工业化生产，是中国制造企业的重要任务。

【延伸阅读】

西气东输二线工程

西气东输二线工程是目前世界上 X80 钢级管线钢管用量最大、铺设长度最长、输气压力最高的一条输气管道。管道设计年供气量 300 亿立方米，与西气东输一线采用的 X70 钢级管线钢管相比，强度增加了 14%，管道输气量增加一倍，管材费用节约 8%~12%，项目总费用节省了 5% 左右。

利器在握
石油工程技术精粹

给天然气供气系统装上"中国心"
天然气压缩机的国产化之路

21世纪,中国西北盆地地层下的天然气储量被探明,天然气这款优质高效的清洁能源开始快速扩张市场。然而,中国疆域辽阔、人口分布不均,人在东、气在西的供需矛盾让一条横跨东西的能源输送大动脉架设起来——西气东输工程孕育而生!这"路"是铺好了,怎么让天然气动起来?压缩机功不可没!据了解,整条线路4000多千米,每隔200多千米就要设置一个压气站,而压气站的核心装备就是压缩机。

古代、近代到当代——中外"压缩气体"的探索

知识链接

橐龠

橐龠,"橐"指的是风袋,"龠"指的是输风管。拉开皮橐,外面的空气通过进气阀进入橐中。压缩皮橐,橐中的空气通过排气阀进入输风管,最后集中进入冶炼炉中。

压缩机通过气缸、活塞来压缩气体,气阀控制气体在气缸内的进出,活塞环保持活塞与气缸之间的密封性,将低压气体压缩成高压气体,为天然气的流动提供动力,可谓是天然气供气系统的"心脏"。

中国人对于"压缩气体"的尝试最早可以追溯到战国时期。在铸铁冶炼中,人们通过挤压动物皮制成的橐龠鼓风吹火,来加大火势和温度。到了唐宋时期,助火工具逐渐发展为木质风箱,

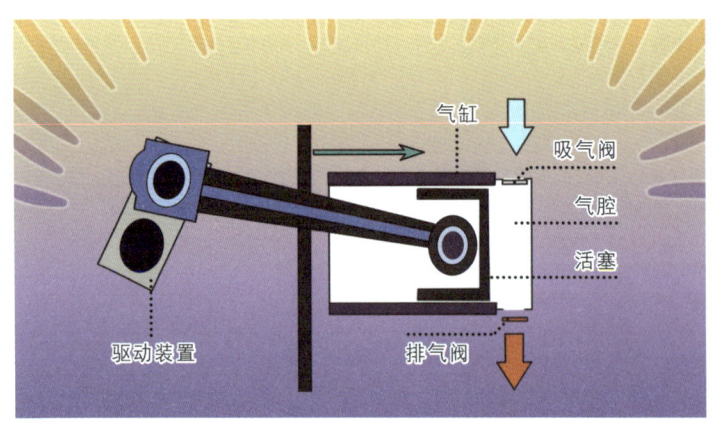

>>> 压缩机通过活塞的左右往复运动吸入、压缩、排出气体,完成天然气输送

其已经具备活塞、气阀等结构，可以看作现代压缩机的雏形。

现代压缩机正式诞生于欧洲。1640年，德国人发明了第一台机械式真空泵，是真正意义上现代压缩机的鼻祖。随后，大约在1800年，第一台单级往复式压缩机在英国制造成功，压缩机开始蓬勃发展。在此期间，欧美的工业化大大拓展了压缩机的应用领域。到了19世纪中后期，各油田相继被发现，也拉开了石油工业的帷幕，国际上最先进的压缩机开始广泛应用于石油化工行业。

天然气属于易燃易爆气体，天然气压缩机对比普通空气压缩机在结构设计方面有着更高的要求。首先要求密封性好，不能漏气或让空气进入气缸。其次

知识链接

压缩机工作原理

压缩机通过活塞往复的机械运动实现对气体的吸入、压缩和排出，这个过程总的来说分为吸、压、排三步。第一步，吸气。吸气过程中活塞向左运动，气缸内的工作容积逐渐增大，气体压力逐渐降低。当压力降低到稍低于进气管中压力时，进气管中气体便顶开吸气阀进入气缸，直到活塞达到最左位置（又称内止点）时，工作容积为最大，吸气阀开始关闭。第二步，压缩。压缩过程中活塞向右运动，气缸内的工作容积逐渐缩小，气体压力逐渐增大。虽然此时气缸内的气体压力大于进气管、排气管中的气体压力大于气缸，但由于气阀的止逆作用，气体不会在气缸内外进出。第三步，排气。排气过程中活塞依然向右运动。当活塞右移到一定的位置时，气缸内气体压力升高到稍高于排气管中压力时，气体便顶开排气阀进入排气管中，直至活塞运动到最右位置（又称外止点）时，工作容积为最小，排气阀开始关闭。这样"三步一周期"的运作，相当于人体心脏有节律地搏动，心脏舒张时血液流回心脏，收缩时将血液排出。压缩机通过活塞的左右往复运动吸入、压缩、排出气体，完成循环的工作日常。

>>> 压缩机是现代工业产物，但古代中国人有"压缩气体"的尝试和雏形

连接活塞和驱动装置的活塞杆要准确传递活塞力,防止气体压力过大引起物理性爆炸。除此之外,天然气内含有硫化氢、二氧化碳等腐蚀性物质,天然气压缩机的材质应耐腐蚀、抗老化。

20世纪20年代末,得益于管道运输技术的发展,从美国掀起了天然气贸易的热潮,国外天然气压缩机的制作工艺也随之快速发展。受制于国外的技术壁垒,国内天然气压缩机的制造直到20世纪80年代初才正式拉开帷幕,主要生产油田内部管线输送用小功率、小排量天然气压缩机,且生产工艺落后,整体质量和技术依然和国外存在较大差距,不能适应中国天然气工业发展和天然气市场对压缩机的需求。

>>> 国产压缩机

长输管线压缩机——打破西方技术壁垒

到了 21 世纪，为了更好地开发利用现有的天然气资源，西气东输工程应运而生。西气东输工程整条线路长达 4000 多千米，每隔 200 多千米设置一个"压气站"是必须的。

压气站的核心装备是长输管线压缩机。技术上的封锁，让美国、英国、德国对其市场长期垄断，大功率、大排量长输管线压缩机完全依赖进口，这也导致了设备价格居高不下。整条线路算下来光是压缩机的投资就需要两千多亿元，后期维修费用更是一笔天文数字。就算达成合作，也不能保证按期交货。

这样一条关乎中国能源供给和安全的"国脉"，它的关键设备在建设初期却要完全依赖进口。这不仅引起了国家的重视，也极大地触动了中国的石油装备人。2008 年，国家就西气东输二线工程向能源"国脉"装备国产化发出了动员令。此后三年，石油装备人肩负责任使命，踏上了困难重重的西气东输工程关键装备国产化之路。

当时世界压缩机研发制造正在向大型化、系列化、运行高效化、结构小型化、低噪声化的方向发展，而这些均取决于压缩机的模型级系统。中国此前没有掌握模型级系统，导致压缩机体积大、耗能高、材料消耗多，功能达不到要求。此外，长输管线压缩机的安装环境恶劣，会极大影响压缩机的稳定运行。而机组运转既要安全、可靠，还要便于安装、维护和检修，最终实现一键启停及无人值守。

知识链接

三元叶轮加工方法

对于三元叶轮，常用的加工方法主要有三体焊形式加工和整体铣制加工两种。三体焊形式加工是将轮盘、叶片、轮盖分别加工后进行焊接，对设备要求比较简单。而整体铣制加工则是利用多坐标设备将对材料整体加工后得到叶轮，设备成本高，加工难度大。

面对如此苛刻的要求，2009年，沈阳鼓风机集团（简称沈鼓）临危受命，承担起了长输管线压缩机的主要研制工作。

为了让压缩机在不同的工作条件下都能实现最佳的性能效率，沈鼓设计小组自主研发出高效管线压缩机模型级，确定了各项技术参数的变化范围，压缩机能量转换效率最高达到87.7%。在机组整体结构设计上，设计小组采用先进的转子动力学和结构分析设计软件，对管线压缩机进行了整体结构分析和优化设计，显著提高了机组的稳定性。在压缩机配件的制造上，面对西方对压缩机核心器件——整体铣制三元闭式叶轮制作技术的垄断，沈鼓还派出了专家崔连顺带领团队进行压缩机叶轮的研发制作。

要掌握压缩机叶轮的制作技术，首先要解决的问题就是原材料钢坯的制作。耐磨、耐温、弧面光滑度等对原材料的特殊要求，都是需要攻克的难题。低温加工而成的钢坯造价极高，在研发成本有限的情况下，崔连顺必须在节约成本的前提下保证研发成果。面对这样

>>> 压缩机核心器件——叶轮的制作技术一度被西方控制，崔连顺带领团队开始自主研发

巨大的压力和苛刻的要求，崔连顺和团队直接住进了实验室和车间里。经过夜以继日的努力和不断的尝试，研究成果总算有所突破。

可是刚刚解决材料问题，第二个难关又到了眼前——那就是如何在钢坯上画出叶轮的形状。因为钢坯极其昂贵，对叶轮前期粗加工的要求也十分精细。后续在数控铣床上进行整体铣制时，更是只要出现一点偏差就会导致整个钢坯直接报废。崔连顺团队从图纸设计开始，到机床调试，刀具选择再到程序编制上，对整个流程进行严格把关。为了减小误差，小到像刀头、刀杆、刀柄这样的用具都要仔细调试。在加工刀具上，崔连顺利用整体硬质合金刀具代替传统的高速钢刀具，并摸索出一套"3＋2直线轴"的加工技巧，利用此方法研制一套叶轮的时间比当时国外的高端技术操作还要快上20小时。在崔连顺的优化设计下，叶轮的效率和耐磨性也得到了很好的提升。就这样经过9个月的努力，沈鼓顺利攻克压缩机叶轮技术。

为了保证机组具有良好的综合性能,沈鼓还开发出可模拟工况条件下的高可靠性试验技术和试验平台,建立了管线压缩机专用的试验手段。压缩机组群控制系统的开发设计,也实现了远程调控中心监控功能,达成无人值守作业。2011年,沈鼓成功完成4次机组全系统(包括电动机、变频器、压缩机)的全速、满负荷72小时联调试验。经历了上千个日日夜夜的艰辛,终于完成长输管线压缩机的设计制造,进入设备试验阶段。长输管线压缩机的国产化突破,不仅实现了为国家省钱几百亿元的目标、保证了国家的能源安全,还有效推动了中国装备制造业的发展。

>>> 2009—2011年,中国潜心独立研发出长输管线压缩机,打破西方多年技术封锁

储气库压缩机——全面安上"中国心"

突破了长线运输问题,天然气供应迎来最后一道难关——储存。储气库是天然气专属的地下"停气场",它在用气低峰时储存天然气,在用气高峰时释放,能有效调节中国冬夏季节因北方冬天集中供暖而导致的天然气消费峰值差距,而其核心设备正是压缩机。

长久以来,中国储气库压缩机都依赖进口,交货期长、后期运行成本高,大大阻碍了中国储气库的建设。攻关储气库注气压缩机,可谓一代石油装备人的"国之重任"。

>>> 21世纪以来,为了满足国家应用需求,储气库压缩机产品功率规模不断扩大

与国外相比,中国长输天然气管网运行压力大、储气库埋藏深,储气库具有注采压力高的特点,而天然气在工业领域的需求增长更是要求现

代储气库设施具备短时间内的大流量吞吐能力。因此储气库所需压缩机组具有高功率（单机最高达6000千瓦）、高转速（最高达1200转/分）、高排压（不小于30兆帕）、运行工况多、系统多、专业性强等"三高二多一专"难点。多台压缩机同时运行时，还要平衡与协调高压、大功率天然气压缩机组的脉冲和振动。

2010年，中国石油立项了"天然气压缩机组研制与现场试验"项目。历经7年科技攻关，国内首台大功率（6000千瓦）的高速往复活塞式压缩机研制成功。主导该项目的，正是中油济柴成都压缩机分公司的压缩机设计团队。

在设计研发之初，面对业内的质疑、技术的壁垒、数据的缺失，这支"国家队"从市场调研开始、从信息收集整理入手，一步步迈过方案设计、图纸设计、样机制造、主机装配、厂内试验、现场验收等主机研发环节众多的技术难关。

设计团队自主研发了储气库大型高速往复式压缩机组交互设计软件，可对复杂多变的工况进行提前评估，实现了压缩机参数的快速选型和分析，极大地缩短了设计时间；针对压缩机组系统多的难题，设计团队采用成橇技术，将压缩机一整套装置分为多个橇块进行安装，并基于抑制脉冲和振动的关键技术进行优化设计，让机组各系统间相互匹配；为保障长周期安全运行，还创建了压缩机组远程监测与故障诊断云平台，给压缩机这颗"中国心"装上"动态心电图"，能实时对压缩机健康进行"把脉"，监测系统能及时预判机组故障和隐患，减少非计划停机，实现设备预知性维修。

基于这些关键技术，中国在2017年实现了大功率（6000千瓦）储气库压缩机主机及关键配件国产化，成为继美国之后第二个能够自主设计制造同类产品的国家。

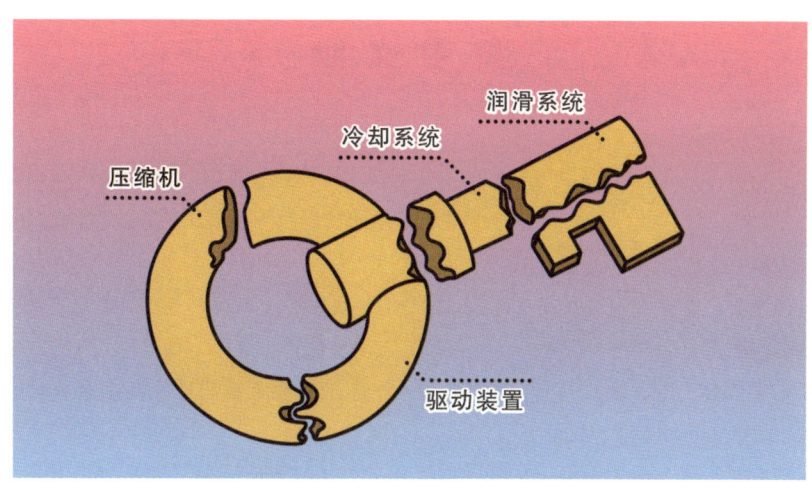

>>> 以扭振分析方法为支撑的多系统集成的成橇技术

2020年5月，沈鼓研制首台国产离心式储气库压缩机组注气投产成功，解决了储气库离心压缩机"卡脖子"现状。单台日处理气量为以往单台进口往复式压缩机的5倍。

2023年10月，杰瑞天然气研发制造的国内首台注采一体、一缸两段离心式压缩机组启机成功，能有效减少机组数量。在中国当前最大天然气储气库——新疆呼图壁储气库投产后，储气库日注气能力较之前提升62.5%。

这样的精益求精的探索还在继续，从起步落后到被动封锁再到自主可控，中国的石油从业者犹如接力赛般坚守着自己的专业和信念，一步步突破，让天然气压缩机真正实现了国产化替代。

未来，中国的石油装备人还将继续自主研发与开放交流相结合，让压缩机领域的"中国心"更加强大！

参 考 文 献

毕宗岳，2019. 新一代大输量油气管材制造关键技术研究进展［J］. 焊管，41（7）：10-25.

毕宗岳，余晗，鲜林云，等，2023. 连续油管技术研究现状与发展趋势［J］. 焊管，46（7）：1-13.

蔡昕，马永生，李平，等，2020. 中国石油产业发展报告（2020）［M］. 北京：社会科学文献出版社.

陈建新，梁国林，等，2021. 奋斗者的脚步——中国石油计算机应用与信息化建设历程［M］. 北京：石油工业出版社.

大庆油田有限责任公司《大脚印》编纂委员会，2014. 大脚印：大庆油田勘探开发历程揭秘（上部）［M］. 北京：石油工业出版社.

冯永仁，左有祥，王健，等，2019. 地层测试技术及其应用的进展与挑战［J］. 测井技术，43（3）：217-227.

何雨丹，肖立志，毛志强，等，2005. 测井评价"三低"油气藏面临的挑战和发展方向［J］. 地球物理学进展，20（2）：282-288.

贺承祖，华明琪，2005. 低渗砂岩气藏的孔隙结构与物性特征［J］. 新疆石油地质（3）：280-284.

胡砺善，1957. 四川盆地自流井构造天然气开采的研究［M］. 北京：石油工业出版社.

胡文瑞，刘振武，马新华，等，2021. 中国科技之路. 石油卷. 加油争气［M］. 北京：石油工业出版社.

黄隆基，1985. 放射性测井原理［M］. 北京：石油工业出版社.

降蕴彰，2023. 天津百成：深海采油的"小巨人"［J］. 小康（7）：37-39.

金之钧，2023. 藏起来的"能源之王"［M］. 北京：中国少年儿童出版社.

靳荣博，孟令坤，程文佳，等，2023. 高温电潜泵注采一体化管柱自动Y工具设计［J］. 石油矿场机械（5）：43-52.

李亮，王宇，郭欢，等，2022. 20WM级西气东输国产化首台套长输管线压缩机研制［J］. 机电产品开发与创新，35（5）：61-63.

李敏，熊文凌，罗晟，2023. 地下储气库用高压离心式压缩机的应用探讨［J］. 天然气与石油，41（1）：41-49.

李宁，1984. 阿尔奇公式中指数 m 的物理意义［J］. 测井技术（2）：18.

李宁，2020. 学科大发展，方有大作为［N］. 石油商报，2020-08-02（1）.

李宁，王才志，武宏亮，等，2021.CIFLog 测井软件自主研发与发展方向［J］.石油科技论坛，40（3）：113-117.

刘广华，2010.顶部驱动钻井装置操作指南［M］.北京：石油工业出版社.

刘泓波，王明毅，2009."中国顶驱"创一流——记北京石油机械厂厂长刘广华［J］.中国石油企业（5）：104-107.

刘堂宴，马在田，傅容珊，2003.核磁共振谱的岩石孔喉结构分析［J］.地球物理学进展，18（4）：737-742.

龙安厚，2014.钻井液技术基础与应用［M］.哈尔滨：哈尔滨工业大学出版社.

陆大卫，2014.油气井射孔技术［M］.北京：石油工业出版社.

罗平，裘怿楠，贾爱林，等，2003.中国油气储层地质研究面临的挑战和发展方向［J］.沉积学报，21（1）：142-147.

美国机械工程师学会振动筛委员会，2008.钻井液处理手册［M］.郑力会，译.北京：石油工业出版社.

牛德成，陈鸣，张聪慧，等，2019.低频偶极横波远探测测井在南海油田的应用［J］.测井技术（2）：190-194.

潘吉星，2009.深井钻探技术［J］.盐业史（4）：3-33.

裘怿楠，薛叔浩，1994.油气储层评价技术［M］.北京：石油工业出版社.

宋强功，刘宽宏，等，2021.自立自强 芯耀东方［M］.武汉：中国地质大学出版社.

苏义脑，周英操，蒋宏伟，等，2023.开凿地下油气通道：石油钻井［M］.北京：石油工业出版社.

唐波，王立辉，唐瑜，等，2022.在线监测及故障诊断系统在高压注气压缩机组中的应用［J］.压缩机技术（1）：33-38.

唐晓明，魏周拓，2012.声波测井技术的重要进展——偶极横波远探测测井［J］.应用声学（1）：10-17.

天津大学化工机械教研室，1973.石油气的性质及其对压缩机设计提出的要求［J］.化工与通用机械（9）：15，19-20.

田方，刘显明，程玉梅，1999.鄂尔多斯盆地低渗透气藏测井解释技术［J］.测井技术，23（2）：93-98.

田在艺，2002.流体宝藏——石油和天然气［M］.北京：石油工业出版社.

铜绿山考古发掘队，1975.湖北铜绿山春秋战国古矿井遗址发掘简报［J］.文物（2）：1-12.

汪中浩，章成广，柴春艳，等，2004.低渗透储集层类型的测井识别模型［J］.天然气工业，24（9）：36-38.

王才良，周珊，2006. 石油科技史话［M］. 北京：石油工业出版社.

王才良，周珊，2011. 找油的故事［M］. 北京：石油工业出版社.

王珺，陈鹏，骆庆峰，等，2016. 随钻方位伽马测井仪器设计及试验［J］. 中油测井，31（1）：476-481.

王玲玲，秦伟，赵爽，2012. 国家超级工程——西气东输装备国产化之路［J］. 装备制造（12）：28-41.

吴思静，2022. 大型储气库天然气压缩机国产化应用［J］. 压缩机技术（6）：41-44.

奚仲坡，2013. 潜油电泵工业的鼻祖——阿鲁秋诺夫［J］. 石油知识（5）：41.

肖立志，1998. 核磁共振成像测井与岩石核磁共振及其应用［M］. 北京：科学出版社.

肖显志，2019. 王进喜：铁人是这样炼成的［M］. 北京：党建读物出版社.

谢然红，肖立志，张建民，等，2006. 低渗透储层特征与测井评价方法［J］. 石油大学学报（自然科学版），30（1）：47-52.

徐铁军，2011. 天然气管道压缩机组及其在国内的应用与发展［J］. 油气储运，30（5）：313，321-326.

鄢捷年，2012. 钻井液工艺学［M］. 东营：中国石油大学出版社.

杨双定，赵建武，唐文红，等，2005. 低孔隙度、低渗透率储层气层识别新方法［J］. 测井技术，29（1）：43-45.

张承森，肖承文，刘兴礼，等，2011. 远探测声波测井在缝洞型碳酸盐岩储集层评价中的应用［J］. 新疆石油地质，32（3）：325.

张光一，杜丹阳，李令喜，等，2020. 宽幅电潜泵技术开发及渤海油田应用［J］. 中国化工贸易（2）：74-75.

张烈辉，2021. 油气简史［M］. 北京：石油工业出版社.

张鑫鑫，梁博文，张晓龙，等，2023. 智能钻井装备与技术研究进展［J］. 煤田地质与勘探，51（9）：20-30.

周明高，刘书民，冯永仁，等，2008. 庞钻井中途油气层测试仪（FCT）研究进展及其应用［J］. 测井技术（1）：72-75.

《石油老照片》编委会，2010. 石油老照片［M］. 北京：石油工业出版社.

《岁月流金》编委会，1998. 岁月流金：记石油科技专家［M］. 北京：石油工业出版社.

《中国石油测井简史》编委会，2022. 中国石油测井简史［M］. 北京：石油工业出版社.

《中国油气管道》编写组，2004. 油气管道［M］. 北京：石油工业出版社.

D.V. 埃利斯，1993. 地球物理测井基础及应用［M］. 张守谦，译. 北京：石油工业出版社.

参考文献

David E. Johnson, Kathryne E. Pile, 2009. 石油测井 [M]. 曹文杰, 吴剑锋, 高淑梅, 译. 北京: 石油工业出版社.

ELLIS D V, SINGER J M, 2007. Well logging for earth scientists [M]. 2nd ed. Dordrecht: Springer.

FAUVELLE P P, 1846. On a new method of boring for artesian springs [J]. Journal of the Franklin Institute, 42(6): 369−372.

TANG X, CAO J, LI Z, et al, 2016. Detecting a fluid-filled borehole using elastic waves from a remote borehole [J]. The Journal of the Acoustical Society of America, 140(2): 211−217.